Automatisierungstechnik

Yuri A.W. Shardt · Carsten Gatermann

Automatisierungstechnik

Springer Vieweg

Yuri A.W. Shardt (iD)
Technische Universität Ilmenau
Erfurt, Deutschland

Carsten Gatermann (iD)
Technische Universität Ilmenau
Ilmenau, Thüringen, Deutschland

ISBN 978-3-662-72648-8   ISBN 978-3-662-72649-5   (eBook)
https://doi.org/10.1007/978-3-662-72649-5

Die Deutsche Nationalbibliothek verzeichnet diese Publikation in der Deutschen Nationalbibliografie; detaillierte bibliografische Daten sind im Internet über https://portal.dnb.de abrufbar.

Springer Vieweg ist ein Imprint der eingetragenen Gesellschaft Springer-Verlag GmbH, DE und ist ein Teil von Springer Nature.
Die Anschrift der Gesellschaft ist: Heidelberger Platz 3, 14197 Berlin, Germany

Vorwort

Dieses Buch fokussiert sich auf die Darstellung von Grundlagen der Automatisierungstechnik in einer Welt, die immer stärker auf eine Entwicklung und Implementierung von Automatisierungssystemen ausgerichtet ist. Ziel ist es, den Leser mit grundsätzlichen Prinzipien und Komponenten der Automatisierungstechnik vertraut zu machen und aufzuzeigen, wie diese Prinzipien in der Industrie kombiniert und implementiert werden können. Dabei liegt der Fokus im realen Leben auf der Bereitstellung von sicheren, ökonomischen und effizienten Systemen. Die Anwendungen erstrecken sich über ein weites Feld, wie unter anderem elektrische, mechanische oder chemische Systeme.

Am Ende jedes Kapitels sind Verständnisfragen platziert, die das Verständnis des Lesers für die gegebenen Inhalte vertiefen sollen. Zudem wird hier der Raum für vertiefende Inhalte geschaffen.

Zur Unterscheidung zwischen normalem Text und Maschinensymbolik wird die Schriftart `Courier New` für computerbasierte Symbole verwendet.

Dieses Buch ist als kursbegleitendes Material für eine Vorlesung über Automatisierungstechnik auf Bachelor-Niveau konzipiert. Es ist möglich, verschiedene Lesarten einer solchen Vorlesung bereitzustellen, je nachdem welche Interessensgebiete dem Fachgebiet zugrunde liegen.

Dateien zum Buch, genauso wie weiterführendes Material können von der Webseite des Buchs unter https://link.springer.com/book/9783662726488 heruntergeladen werden.

Die Autoren bedanken sich bei Ying Deng und M.P. für ihre Hilfe bei der Vorbereitung einiger Materialien, die in diesem Buch Verwendung gefunden haben. Weiterhin gilt der Dank Herrn Nelu Sprater für sein detailliertes Studieren und Korrigieren der Übersetzung des Buchs. Schließlich bedanken sich die Autoren bei allen Studierenden des Moduls AT.215 Automatisierungstechnik an der TU Ilmenau für die vielen hilfreichen Korrekturvorschläge für den Text.

Yuri A.W. Shardt
Carsten Gatermann

Competing Interests Die Autoren haben keine für den Inhalt dieses Manuskripts relevanten Interessenkonflikte.

Inhaltsverzeichnis

Abbildungsverzeichnis

Tabellenverzeichnis

Beispielverzeichnis

Einführung in die Automatisierungstechnik

1

Automatisierungstechnik ist eine wichtige Komponente moderner Industriesysteme, die auf die Entwicklung, Analyse, Optimierung und Implementierung von komplexen Systemen fokussiert ist. Ziel ist es, sichere, ökonomische und effiziente Prozesse zu gestalten. Automatisierung bedeutet eine weitgehende Elimination von menschlichen Eingriffen in technische Systeme bzw. Prozesse. Das soll aber nicht bedeuten, dass Menschen nicht mehr gebraucht werden, ihre Aufgaben verschieben sich in Richtung der Überwachung und der Unterstützung der Prozesse. Einfach gesprochen übernimmt ein automatisierter Prozess monotone, oft repetitive Aufgaben, für die Computer wesentlich besser als menschliche Arbeitskraft geeignet sind.

Um die Automatisierungstechnik verstehen zu können, ist es wichtig, ihre lange Geschichte sowie ihre wesentlichen Prinzipien und Grundlagen zu wiederholen.

1.1 Geschichte der Automatisierungstechnik

Seit alters her haben Menschen das Bedürfnis entwickelt, komplexe Aufgaben zu implementieren sowie diese schneller und einfacher zu gestalten. Solche Vorhaben führten dazu, dass mit der Kraft der Natur und geeigneten ingenieurwissenschaftlichen Methoden das gewünschte Ziel erreicht werden konnte. Oftmals waren die entwickelten Geräte praktischen oder militärischen Nutzens.

Eine der ersten Kulturen, die ein Interesse an der Findung von Automatisierungslösungen hatten, waren die alten Griechen, die eine Reihe von Geräten entwickelten. Da diese Geräte oftmals selbsttätig arbeiten konnten, erhielten sie den Namen *Automaten*

© Der/die Autor(en), exklusiv lizenziert an Springer-Verlag GmbH, DE, ein Teil von Springer Nature 2026
Y. A. W. Shardt und C. Gatermann, *Automatisierungstechnik*,
https://doi.org/10.1007/978-3-662-72649-5_1

Abb. 1.1 Automatisierungstechnik in der Zeit der alten Griechen: Heronsball (Dampf-maschine) (links) und automatisierte Anlage zur Öffnung von Tempeltoren (rechts)

(aus dem Griechischen αὐτόματον,[1] was *selbsttätig handeln* bedeutet). Die so ent-standenen Maschinen konnten eine Vielzahl von Aufgaben durchführen und wurden erst-mals durch Homer (gr: Ὅμηρος, *ca.* 8. Jhd. v. Chr.) beschrieben. Er berichtete unter an-derem von Geräten wie automatisch öffnenden Tempeltoren oder Tripoden (Dreifüße). Das erste Gerät, was eine Regelung aufwies, war die von Ktesibios (gr: Κτησίβιος ὁ Ἀλεξανδρεύς, bl. 285 bis 222 v. Chr.) entwickelte Wasseruhr, die die Zeit akkurat mes-sen konnte. Tatsächlich blieb die Wasseruhr das genaueste Zeitanzeigegerät bis zur Ent-wicklung der Pendeluhr durch Christian Huygens im Jahr 1656 n. Chr. Später wurde der sogenannte Heronsball (auch Äolipile) durch Heron von Alexandria (gr: Ἥρων ὁ Ἀλεξανδρεύς, *ca.* 10 bis 70 n. Chr.) entwickelt. Ein Beispiel dieses Geräts zeigt Abb. 1.1. Des Weiteren wurden Geräte entwickelt, die bei der Berechnung von Himmels-körpern unterstützen konnten. Diese können als die ersten Computer betrachtet werden. Das bekannteste Objekt ist der Mechanismus von Antikythera, eine Art astronomische Uhr, welcher auf einem zahnradgetriebenen Apparat basiert. Die Tradition der Ent-wicklung automatisierter Objekte wurde bis weit ins Mittelalter hinein aufrechterhalten, sowohl in Europa als auch im Mittleren Osten. Bekannt ist hier das *Buch der genialen*

---

[1] Der erste Teil des Wortes wird vom Griechischen αὐτός, was *selbst* bedeutet, abgeleitet. Der zweite Teil des Wortes stammt vermutlich vom urindogermanischen *méntis ~ mn̥téis und bedeutet *Gedanke* (so entstand z. B. das englische Wort *mind*).

Geräte (ar: كتاب الحيل (Kitab al-Hiyal) oder pe: كتاب ترفندها (Ketab tarfandha)), welches die Brüder Banu Musa 850 n. Chr. veröffentlichten. Es enthält die Beschreibung verschiedener Automaten mit einfachen Regelungsmethoden für beispielsweise automatische Brunnen, mechanische Musikapparate und Wasserspender. Genauso wurden an den Höfen in aller Welt verschiedenste Automaten in Form singender Tiere entwickelt und betrieben. Berühmte Beispiele fanden sich in den (heute zerstörten) Palästen von Khanbaliq der Yuan-Dynastie und am Hofe Robert II., Graf von Artois.

Das Interesse an der Entwicklung von Automaten zog sich bis in die Renaissance, wo lebensgroße Automaten, wie beispielsweise *Der Flötenspieler* (1737) des französischen Ingenieurs Jacques de Vaucanson (* 1709 † 1782), entstanden.

Mit der Wiederentdeckung der Dampfmaschine wurde die Entwicklung großer, komplexer automatisierter Systeme möglich. Dies führte direkt in die erste industrielle Revolution (1760 bis 1840). Eines der ersten Beispiele war der sog. *Jacquard-Webstuhl*, der mithilfe von Lochkarten so programmiert werden konnte, dass er in der Lage war, automatisch vorgegebene Muster zu weben. Die Entwicklung fortschrittlicher Systeme setzte jedoch voraus, dass diese kontrollierbar waren, um Explosionen und Schäden zu vermeiden. Das erste, für die Regelung von Dampfmaschinen entwickelte Gerät, war der sog. *Wattregler* (auch Fliehkraftregler), entworfen von James Watt (* 1736 † 1819). Der Wattregler, dargestellt in Abb. 1.2, reguliert die in die Maschine einfließende Kraftstoffmenge, indem die Fliehkraft von zwei Kugeln ausgenutzt wird. Je schneller die

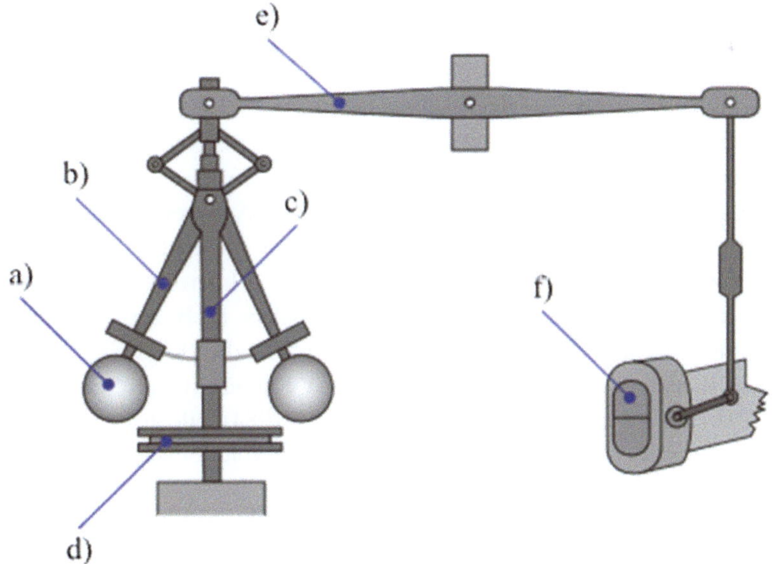

Abb. 1.2 Wattregler (**a:** Flugball, **b:** Arme, **c:** Spindel, **d:** Muffe, **e:** Kugelkopfkurbel und **f:** Drosselklappe)

Maschine dreht, desto weiter werden die Kugeln nach außen gedrängt und damit die Drosselklappe geschlossen. So wird die einfließende Kraftstoffmenge reduziert, was zu einer geringeren Geschwindigkeit führt. Die Erstentwicklung dieses einfachen Reglers führte zu einer Reihe von Patentanmeldungen, die die Verbesserung des Geräts anstrebten, wie bspw. das von William Siemens (* 1823 † 1883). Es dauerte bis 1868, als James Clerk Maxwell (* 1831 † 1879) in seinem Artikel *On Governors* (dt. *Über Regler*) eine mathematische Beschreibung des Wattreglers lieferte, bis eine fundierte mathematische Beschreibung zur Entwicklung von Methoden für die Regelung von Prozessen gefunden wurde. Nachdem die Systeme in den Folgejahren immer komplexer wurden, war es umso wichtiger, ein Verständnis für die komplizierten Systeme zu entwickeln, sodass diese korrekt betrieben werden und damit unsichere Betriebsmodi verhindert werden können.

Der Bedarf an Automatisierungslösungen stieg mit dem Einsetzen der zweiten industriellen Revolution (1870 bis 1915), welche auf die Entwicklung effizienter Produktionsmethoden (Fertigungslinien, Taylorismus und ähnliche Ideen) in Verbindung mit der Entdeckung von Elektrizität und der Nutzbarmachung dieser in Maschinen gestützt war.

In den 1950er Jahren startete die dritte industrielle Revolution (Digitale Revolution). Hier lag der Fokus auf der Implementierung und Nutzbarmachung komplexer elektrischer Schaltkreise, um Berechnungen schnell und effizient auszuführen. Mit der Entwicklung dieser Schaltkreise wurde es einfach und kosteneffizient, Automatisierungslösungen in einem weiten Feld verschiedener Anwendungen zu implementieren. Aus Sicht der Automatisierungstechnik war die Entwicklung von Speicherprogrammierbaren Steuerungen (SPS), die zur Implementierung fortschrittlicher Automatisierungslösungen in der Industrie eingesetzt wurden, ein Schlüsselereignis. Die ersten SPS wurden von Bedford Associates, einer US-amerikanischen Firma aus Bedford, Massachusetts, entwickelt. Grundlage hierfür war das Weißbuch des Ingenieurs Edward R. Clark (* 1928 † 1999), welches er 1968 für General Motors (GM) schrieb. Eine bedeutende Person, die an diesem Projekt mitarbeitete, war Richard E. „Dick" Morley (* 1932 † 2017), welcher oft als Vater der SPS bezeichnet wird. Weitere wichtige Arbeiten wurden von Odo Josef Struger (* 1931 † 1998) in der Zeit von 1958 bis 1960 bei Allen-Bradley durchgeführt.

In dieser Zeit gab es zudem ein rasch ansteigendes Interesse an der theoretischen Sichtweise auf die Automatisierungstechnik, besonders in Bezug auf Regelung und Prozessoptimierung. Die Forschungsarbeit u. a. durch Andrei Kolmogoroff (ru: Андре́й Никола́евич Колмого́ров, * 1903 † 1987), Rudolf Kálmán (hu: Kálmán Rudolf Emil, *1930 † 2016) und Richard E. Bellman (* 1920 † 1984) bildete eine gute Basis für die nachfolgende Entwicklung und Implementierung von fortschrittlichen Regelungssystemen in der Industrie hervor.

Im Kontext der dritten industriellen Revolution wurde auch das Konzept von Robotern bedacht. Das Wort *Roboter* wurde erstmal vom tschechischen Autor Karel Čapek (* 1890 † 1938) in seinem Drama *R.U.R.* (cz: *Rossumovi Univerzální Roboti*, dt. Übersetzung: *W.U.R. – Werstands Universal Robots* – Otto Pick, 1921) als Wort für künstliche humanoide Diener, die günstig Arbeitskraft bereitstellen, verwendet. Karel Čapek schreibt seinem Bruder, dem Maler Josef Čapek (* 1887 † 1945), die Erfindung des Worts zu. Das Wort *Roboter* stammt vom tschechischen *robota*, was übersetzt *Hörigkeit* bzw. *Leibeigenschaft* heißt. *Robota* wiederum stammt vom urindogemanischen Wort $*h_3erb^h-$ ab, was „Veränderung oder Entwicklung eines Status" bedeutet und als Wortstamm für das deutsche Wort *Arbeit* dient.

In letzter Zeit konnte durch die Entwicklung intelligenter Technologien und die erhöhte Interkonnektivität eine neue industrielle Revolution festgestellt werden. Diese wird vierte industrielle Revolution oder Industrie 4.0 genannt und legt den Fokus auf die Entwicklung von selbstfunktionierenden, verbundenen Systemen in einer zunehmend globalisierten Welt. Die Haupttriebkräfte sind die ständig ansteigende Automatisierung und Digitalisierung in der Industrie, kombiniert mit der Globalisierung und Individualisierung von Versorgungsketten.

1.2 Schlüsselkonzepte der Automatisierungstechnik

Automatisierungstechnik kann auf eine Vielzahl von verschiedenen Situationen angewendet werden. Doch anstelle einer separaten Betrachtung der Einzelfälle gibt es in der Automatisierungstechnik abstrakte Konzepte, die es ermöglichen, die Ansätze auf die verschiedenen Situationen anzuwenden.

Das grundlegende Konzept in der Automatisierungstechnik ist der **Prozess** bzw. das **System**.[2] Abb. 1.3 zeigt einen typischen Prozess mit den wichtigsten Komponenten. In der Automatisierungstechnik besteht ein Prozess wie in Abb. 1.3 immer aus **Eingängen** u und **Ausgängen** y. Eingänge repräsentieren diejenigen Variablen, deren Änderung eine Veränderung im Prozess hervorruft. Eingänge können in zwei unterschiedliche Kategorien eingeteilt werden: **Manipulierbare Eingänge** und **Störungen**. Manipulierbare Eingänge beschreiben Variablen, deren Werte durch einen Eingriff von außen verändert werden können. Ein Beispiel ist der Durchfluss durch ein Rohr, welcher mittels eines sich öffnenden und schließenden Ventils verändert werden kann. Störungen sind Eingänge in den Prozess, die in der gegebenen Situation nicht ohne größere Anstrengung

Abb. 1.3 Prozess in der Automatisierungstechnik

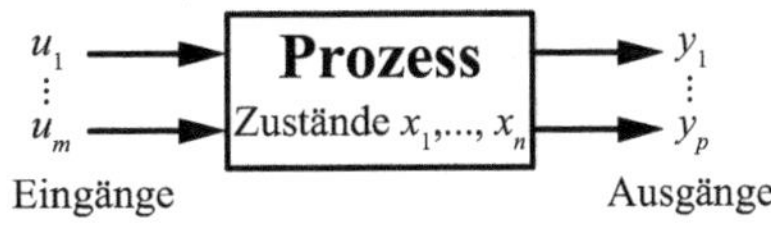

---

[2] Prozess und System sind praktisch gesprochen synonym. In diesem Buch wird *Prozess* genutzt, um den zu betrachtenden physikalischen Teil zu beschreiben, während sich *System* auf das Zusammenspiel von Prozess und Sensoren, Aktoren und Reglern bezieht. Natürlich entspricht ein System ohne Sensoren, Aktoren oder Regler dem Prozess.

verändert werden können. Ein typisches Beispiel ist die Umgebungstemperatur bei einer Messung im Freien. Ebenso wie die Eingänge können auch die Ausgänge in zwei Kategorien unterschieden werden: **Beobachtbare**/messbare Ausgänge und **nichtbeobachtbare**/nichtmessbare Ausgänge. Beobachtbare oder messbare Ausgänge sind diejenigen Ausgänge, die gemessen oder mithilfe eines Messgeräts abgeschätzt werden können. Ein typisches Beispiel ist die Temperatur einer Flüssigkeit, die mittels eines Thermometers bestimmbar ist. Nichtbeobachtbare oder nichtmessbare Ausgänge sind solche Ausgänge, die – zumindest unter den aktuell vorherrschenden Bedingungen – nicht messbar sind. Hier ist beispielsweise eine Mischung verschiedener heterogener Flüssigkeiten zu nennen, deren Dichte nicht direkt messbar ist. Schließlich gehören auch noch die **Zustände** zur Beschreibung eines Prozesses. Sie beschreiben als interne Variablen das Verhalten des Prozesses. Oftmals sind die Zustände gleich den Ausgängen eines Systems und können deshalb mit der gleichen Unterscheidung beschrieben werden wie die Ausgänge. Einschränkend ist festzuhalten, dass oft nicht alle Zustände eines Systems messbar sind.

Zum besseren Verständnis eines Prozesses ist im Allgemeinen ein Modell desselben notwendig. Ein Modell eines Prozesses ist eine mathematische Beschreibung der Beziehung bzw. Wechselwirkung von Eingängen, Zuständen und Ausgängen. Die Komplexität des verwendeten Modells hängt vom Verwendungszweck des Modells ab. Die Modellierung als solche ist ein komplexer Vorgang, welcher genaue Einblicke in die prozessinternen Abläufe sowie die Fähigkeit zur schnellen und effizienten Handhabung große Datensätze voraussetzt.

Zur Vervollständigung des Gesamtbildes eines Prozesses ist es notwendig, auch die Bereiche mit einzubeziehen, die es erlauben, mit dem Prozess zu interagieren bzw. es zu beeinflussen. Die wesentlichen Schlüsselfunktionen bzw. Einflussgrößen auf einen Prozess sind in Abb. 1.4 dargestellt. Es ist wichtig, den Einfluss der Komponenten zu beleuchten, um zu verstehen, wie der Prozess beeinflusst werden kann und wie es darauf

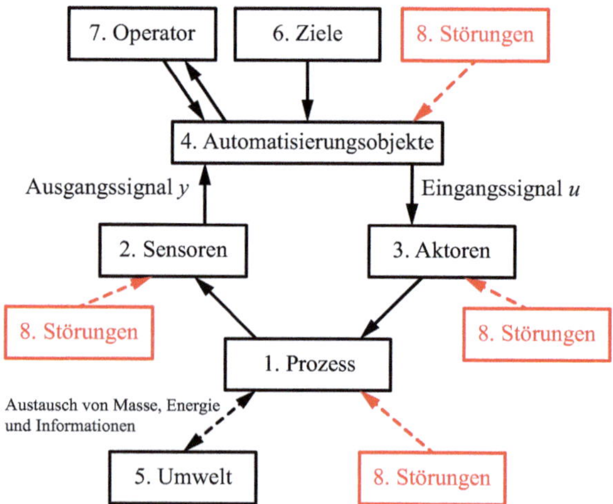

Abb. 1.4 Allgemeine Struktur eines automatisierten Systems

reagiert. Die acht Schlüsselkomponenten (die Nummerierung deckt sich mit den Nummern in Abb. 1.4) können beschrieben werden als:

1) **Prozess:** Dieser Teil repräsentiert den betrachteten Prozess. Normalerweise ist dieser unbekannt, weshalb ein Modell des Prozesses generiert werden muss.

2) **Sensoren:** Sensoren ermöglichen eine Messung des Prozesses und tragen somit dazu bei, zu verstehen, wie sich die Variablen ändern.

3) **Aktoren:** Über Aktoren kann der Wert einer Variablen verändert werden. Ist es nicht möglich, die Werte von Variablen über Aktoren zu verändern, so können diese nur schwierig in den Automatisierungsprozess eingebunden werden. Bei der Entscheidung, welche Aktoren verwendet werden sollen, ist es wichtig, Faktoren, wie die Manipulierbarkeit der Variablen, die Automatisierungsanforderungen (z. B. erforderliche Präzision oder Toleranzen) und die Art des geforderten Service (z. B. dauerhaft, nur in bestimmten Intervallen oder bei Notfällen) zu beachten.

4) **Automatisierungsobjekte:** Automatisierungsobjekte sind Regler und ähnliche Geräte, die genutzt werden, um den Prozess zu automatisieren. Meist besteht die Automatisierungshardware aus Computern und anderen digitalen Geräten, wie Speicherprogrammierbaren Steuerungen, die die gewünschten Funktionen realisieren. Die Auslegung der Automatisierungshardware und -software erfordert Kenntnisse über die Grenzen und Anforderungen des Systems.

5) **Umwelt:** Die Umwelt oder auch Umgebung repräsentiert alle Faktoren rund um den zu automatisierenden Prozess, welche einen Einfluss auf die generelle Leistungsfähigkeit des Prozesses haben können. Diese Einflüsse stammen entweder aus anderen Prozessen, die mit dem betrachteten Prozess interagieren oder direkt aus Einflüssen der Umwelt, wie bspw. Änderungen der Umgebungstemperatur. Der Prozess tauscht im Allgemeinen Masse, Energie und Informationen mit seiner Umwelt aus.

6) **Ziele:** Die Ziele eines Automatisierungssystems spielen eine wichtige Rolle bei der Entwicklung und Implementierung des zu automatisierenden Prozesses. Schlecht oder unklar definierte Ziele im Automationsprozess erschweren dessen Umsetzung. Unter Umständen kann es sogar dazu kommen, dass der Prozess auf Grundlage dieser Ziele nicht implementierbar ist. Eine weitere Herausforderung ist die Übersetzung der Ziele aus Vorgaben der Management-Ebene in konkrete Handlungsanweisungen für das System der Automatisierung. Diese Übersetzung kann zu weiteren Unklarheiten oder Verlust von Informationen führen und bedarf deshalb einer gründlichen Abstimmung.

7) **Bediener:** Der Bediener stellt trotz der oftmaligen Minimierung des Einflusses menschlichen Handelns bei automatisierten Systemen eine wichtige Komponente dar. Viele komplexe automatisierte Systeme sind aufgrund mangelnder Kenntnisse der Bediener gescheitert. Der Bediener muss die benötigten Informationen leicht erreichbar auffinden (keine überladenen grafischen Oberflächen o. ä.) und die Eingaben ins System schnell und effizient durchführen können. Eine angemessene Sicherheitsprüfung und Rückmeldung zu den eingegebenen Daten muss erfolgen, um Fehler durch falsche Eingaben zu vermeiden. Die Bediener interagieren mit dem System über eine so-

genannte **Mensch-Maschine-Schnittstelle (MMS).** Die MMS muss zwei Schlüssel-funktionen bereitstellen. Zum einen müssen die benötigten Werte und Parameter sichtbar und auffindbar sein. Zum anderen ist es vonnöten, dass der Bediener diese Werte ändern kann. Beim Entwurf der MMS ist insbesondere auf die Sicherheits-aspekte zu achten. Das heißt, beispielsweise über Logik-Bausteine, muss eine Kon-trolle und Begrenzung der Werte auf bestimmte Intervalle erfolgen. Das verhindert Fehler, sowohl zufälliger und unbeabsichtigter Natur wie bspw. Zahlendreher, falsche Information in falschem Feld, als auch gewollte (bösartige) Manipulationen wie z. B. Eindringen in ein System.

8) **Störungen:** Unter Störungen fallen alle Einflussgrößen auf ein System, die nicht di-rekt manipuliert werden können. Störungen können aus der Umgebung (z. B. die Um-gebungstemperatur) oder dem Gerät selbst (z. B. Messrauschen bei Sensoren) stam-men. Ein Ziel des automatisierten Systems ist es, die Störungen – so weit wie möglich – zu minimieren.

Der letzte Aspekt, der an dieser Stelle beachtet werden muss, ist die **Sicherheit.** Das automatisierte System, das entwickelt wurde, sollte es dem Prozess erlauben, in einer si-cheren Umgebung zu arbeiten, ohne dass unerwartetes Verhalten (auch schwerwiegende Fehler bis hin zur Systemzerstörung) auftritt. Das System sollte außerdem **robust** gegen-über kleineren Schwankungen sein. Das bedeutet, dass das System nicht bei kleinen Ab-weichungen bereits schwerwiegende Fehler produziert. Ein robustes System kann also kleine Abweichungen in den Bedingungen auffangen und weiterhin die geforderten Ziele erfüllen.

1.3   Rahmen für Automatisierungstechnik

Beim Entwurf eines automatisierten Systems sollte die folgende Schrittfolge eingehalten werden:

1) **Modellierung des Prozesses:** Hier ist die Entwicklung eines adäquaten Modells in-begriffen.
2) **Analyse des Prozesses:** Dieser Schritt nutzt das Modell zur Untersuchung, wie sich der Prozess in verschiedenen Situationen verhält. Dies kann durch mathematische Konstrukte oder simulativ erfolgen.
3) **Entwurf der Automatisierungsstrategie:** In diesem Schritt wird, basierend auf den Prozessparametern und dem angestrebten Verhalten, die Strategie für die Durch-führung der Automatisierungsmaßnahme entwickelt. Wichtig ist, dass die vor-gegebenen Automatisierungsziele eingehalten werden.
4) **Validierung der vorgeschlagenen Automatisierungsstrategie:** Hier wird die Stra-tegie für die Automatisierung anhand des Modells verifiziert. Erfüllt die Strategie die Ziele, sind keine weiteren Maßnahmen erforderlich. Wird jedoch festgestellt, dass die

Strategie Lücken aufweist, so ist eine Neugestaltung und eine erneute Testung unabdingbar. Es kann also zu einer Vielzahl von Iterationen kommen, ehe die passende Automatisierungsstrategie gefunden ist.

5) **Implementierung und Inbetriebnahme der Strategie in die reale Situation:** Die Implementierung in den realen Prozess kann zu Änderungen in der Strategie führen. Deshalb ist es wichtig, die Automatisierungsstrategie vor der Inbetriebnahme unter realistischen Bedingungen so ausgiebig wie möglich zu testen. In manchen Fällen ist dies jedoch nicht möglich und es muss auf sog. **hardware-in-the-loop**-Anwendungen zurückgegriffen werden, um den realen Prozess möglichst gut nachzubilden bzw. zu simulieren.

1.4 Die Automatisierungspyramide

Die Automatisierungspyramide ist eine Beschreibung für die Arten, wie Automatisierungsstrategien organisiert und strukturiert werden können. Sie beschreibt zwei wesentliche Faktoren: Planungshorizont (also wie oft das System auf Veränderungen antworten soll) und Komplexität. Abb. 1.5 zeigt die grafische Darstellung der Pyramide mit den sechs Ebenen (von oben nach unten):

- **Ebene 5 – Unternehmensebene:** Diese Ebene fokussiert sich auf die abstrakte Analyse der gesamten Unternehmensstrategie in Bezug auf die aktuelle Marktsituation. Der Zeithorizont der Planung ist sehr weit ausgedehnt, meistens handelt es sich um Jahre. In dieser Ebene liegt der Fokus auf Marktanalysen, strategischem Personaleinsatz, Investitions- und Personalplanung sowie Unternehmensführung.
- **Ebene 4 – Betriebsleitebene:** Diese Ebene befasst sich mit der Analyse der Strategien, die den gesamten Prozess/das Werk am Laufen halten. Hierunter fallen Details wie die Planung der Produktion, die Produktionsdatenerhebung, die Organisation der Logistik sowie die Überwachung von Terminfristen. Der Zeithorizont sind

Abb. 1.5 Darstellung der Ebenen der Automatisierungspyramide

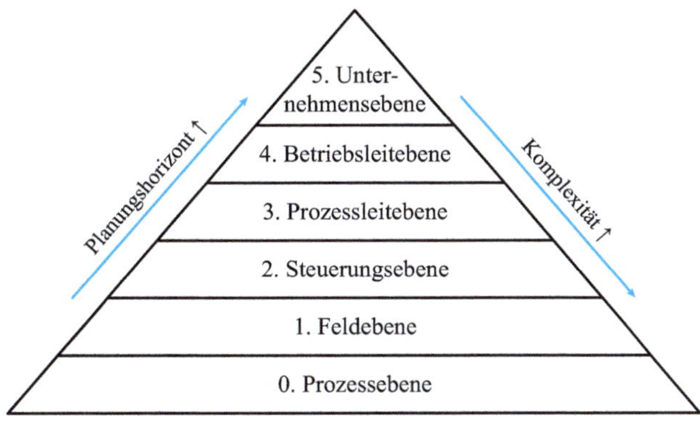

meist einige Monate. Auf dieser Ebene werden oftmals Software-Lösungen wie ein Produktionsleitsystem oder ein Management-Informationssystem (MIS) eingesetzt.

- **Ebene 3 – Prozessleitebene:** Auf dieser Ebene stehen kurzfristige Produktionsplanung, Qualitätskontrolle und die Planung von Wartungsarbeiten mit einem Zeithorizont von einigen Tagen im Vordergrund. Oftmals werden auch hier Software-Lösungen eingesetzt, wie bspw. Systeme zur Überwachung, Steuerung und Datenerfassung (SCADA).
- **Ebene 2 – Steuerungsebene:** Diese Ebene befasst sich damit, wie Algorithmen zur Prozesssteuerung mit den vorhandenen Daten aus der Produktion betrieben werden können. Der Zeithorizont beträgt meist einige Minuten bis hin zu wenigen Sekunden. Hier werden Hardware-Bausteine wie speicherprogrammierbare Steuerung (SPS) oder industrielle PCs (IPCs) genutzt. Der Fokus des Buchs liegt auf dieser Ebene.
- **Ebene 1 – Feldebene:** Diese Ebene fokussiert sich auf Sensoren und Aktoren. Informationen werden bidirektional mit Ebene 2 ausgetauscht, hierbei kommen sog. Feldbus-Systeme zum Einsatz. Der Zeithorizont beschränkt sich meist auf Sekunden oder Bruchteile von Sekunden.
- **Ebene 0 – Prozessebene:** Diese Ebene repräsentiert den tatsächlichen Prozess, der in Echtzeit abläuft.

Zusammenfassend lässt sich also festhalten, dass die Prozessbeschreibung von unten nach oben abstrakter wird. Während Ebene 0 sehr konkret ist und alles sehr detailliert beschreibt, ist Ebene 5 sehr abstrakt und konzentriert sich nur auf die Beschreibung der Systemeingänge und -ausgänge, um ein Gesamtbild des Systems zu vermitteln.

1.5   Aufgaben zum Kapitel

Die Aufgaben zum Kapitel bestehen aus zwei verschiedenen Typen: (a) Grundlegende Konzepte (Wahr/Falsch), die das Verständnis des Lesers zu den wesentlichen Inhalten des Kapitels überprüfen; und (b) Übungsaufgaben, die darauf ausgelegt sind, die Fähigkeit des Lesers zu überprüfen, die erforderlichen Größen für einen unkomplizierten Datensatz mit einfachen oder ohne technische Hilfsmittel zu berechnen.

1.5.1   Grundlagen

Stellen Sie fest, ob die folgenden Aussagen wahr oder falsch sind und begründen Sie Ihre Entscheidung!

1) Ein Prozess besteht aus Eingängen, Ausgängen und Zuständen.
2) Eingänge sind Variablen, die den Prozess beeinflussen.
3) Alle Ausgänge können immer gemessen werden.
4) Eine Störung ist eine Variable, deren Wert einfach verändert werden kann.

5) Der Zustand eines Prozesses beschreibt das interne Verhalten des Prozesses.

6) Aktoren werden genutzt, um Störungen zu manipulieren.

7) SPS werden gemeinhin verwendet, um Prozesse zu automatisieren.

8) Die Umwelt hat minimalen Einfluss auf das automatisierte System.

9) MMS sollten einfach lesbar und verständlich sein.

10) Ein automatisiertes System, welches in regelmäßigen Abständen explodiert, ist ein gut entwickeltes System.

11) Ein automatisiertes System sollte in dem Moment versagen, wenn es von den erwarteten Bedingungen abweicht.

12) Ein System tauscht Masse, Energie und Informationen mit seiner Umwelt aus.

13) Störungen können auf Sensoren, Aktoren und Steuerungsgeräte wirken.

14) Die Validierung einer vorgeschlagenen Automatisierungsstrategie mithilfe von geeigneten Modellen des Prozesses ist eine gute Strategie.

15) Vor der Inbetriebnahme einer Automatisierungsstrategie sollte diese unter so realistischen Bedingungen wie möglich am Ist-Prozess getestet werden.

16) Die Unternehmensebene fokussiert sich auf die detaillierte Prozessüberwachung und Entscheidungsfindung im Millisekunden Bereich.

17) Auf der Prozessleitebene werden oftmals SCADA-Systeme zur Erfüllung der Aufgaben implementiert.

18) Auf der Feldebene werden die mit Sensoren gewonnenen Werte mittels Feldbus-Systemen auf die Steuerungsebene übertragen.

19) Eine Prozessvariable, die nicht gemessen werden kann, sollte für die Steuerung des Prozesses verwendet werden.

20) Sicherheit ist immer ein unwichtiger Themenbereich in der Automatisierungstechnik.

1.5.2 Übungsaufgaben

Diese Aufgaben sollen mit einem einfachen, nicht programmierbaren und nicht grafikfähigen Taschenrechner mithilfe von Stift und Papier gelöst werden.

21) Wie kann es sein, dass Informationen erzeugt und wieder vernichtet werden können, Materie und Energie jedoch nicht? Nennen Sie einige Beispiele solcher Fälle.

22) Sie wurden mit der Aufgabe betraut, eine Automatisierungslösung für ein Verkehrsampelsystem zu entwickeln. Erklären Sie, wie Sie den Automatisierungstechnik-Rahmen auf dieses Problem anwenden würden.

23) Sie haben die Aufgabe, ein großes, komplexes Chemiewerk aufzubauen. Erklären Sie, wie Sie die Automatisierungspyramide auf dieses Problem anwenden.

24) Sie wurden mit der Aufgabe betraut, ein selbstfahrendes Fahrzeug zu entwerfen. Erklären Sie, wie Sie den Automatisierungstechnik-Rahmen auf dieses Problem anwenden würden. Erachten Sie Sicherheit und Robustheit als wichtige Faktoren?

Instrumentierung und Signale

Die wichtigsten Komponenten eines zu automatisierenden Prozesses sind die Instrumentierung, d. h. Sensoren und Aktoren sowie Computerhardware. Die Instrumentierung zusammen produziert einen Strom an Werten, oft als Signal bezeichnet, der in den nachfolgenden Prozessschritten verwendet werden kann. Zuerst sollen an dieser Stelle die Signale mit ihren verschiedenen Typen betrachtet werden, bevor im zweiten Teil die Sensoren und Aktoren näher beleuchtet werden.

2.1 Arten von Signalen

In der Automatisierungstechnik können Signale in zwei Bereiche eingeteilt werden: **Zeit-** und **Wertebereich**. Jeder Bereich kann noch einmal unterschieden werden in **kontinuierlich** und **diskret**. Im Allgemeinen kann ein kontinuierliches Signal jeden Wert innerhalb eines Intervalls (positiver) Werte annehmen, wohingegen diskrete Signale nur bestimmte Werte (z. B. nur natürliche Zahlen) annehmen können.

Im Zeitbereich wird ein Signal als kontinuierlich bezeichnet, wenn es einen Signalwert für alle Zeitpunkte t so gibt, dass das Signal als stetige Funktion der Zeit geschrieben werden kann. Ein Beispiel für ein kontinuierliches Signal ist der Verlauf der Temperatur über den Tag, der für jeden Zeitpunkt einen Wert enthält.

Ein Signal im Zeitbereich heißt diskret, wenn es nur zu bestimmten Zeitpunkten t_k definiert ist, wobei gilt: $k \in Z$ bzw. $k \in N$. Normalerweise wird eine konstante Abtastrate vorausgesetzt, sodass gilt $t_k = k{\cdot}t_s$, wobei t_s die Abtastzeit beschreibt. Wird die Abtastzeit verringert, so nähert sich der Signalverlauf dem Verlauf des kontinuierlichen Signals an.

Wie im Zeitbereich kann das Signal auch im Wertebereich in kontinuierlich und diskret unterschieden werden. Der Begriff wertkontinuierliches Signal bedeutet, dass ein Signal jeden reellen Wert annehmen kann (vorbehaltlich physikalischer Einschränkungen,

z. B. nur positive Werte oder Werte im Bereich [0, 1]). Ein wertkontinuierliches Signal kann als stetige Funktion, die im Allgemeinen von der Zeit und einigen zusätzlichen Parametern abhängt, aufgefasst werden.

Wertdiskrete Signale können nur bestimmte Werte annehmen. Oftmals werden diskrete Werte bei der Quantisierung in äquidistanten Bändern dargestellt. Typische wertdiskrete Signale in der Automatisierungstechnik sind **binäre Signale**. Bei diesen ist der Wertebereich auf 0 und 1 begrenzt. Solche Signale werden oft genutzt, um Alarme auszulösen. Dabei wird dem Normalzustand ein Wert (beispielsweise 0) und dem Alarmzustand der andere Wert (beispielsweise 1) zugeordnet. Binäre Signale werden häufig mithilfe eines **Impulsdiagramms** (auch: Zeitablaufdiagramm) als Funktion der Zeit dargestellt. Unterschiedliche binäre Signale werden üblicherweise auf separaten y-Achsen, aber über einer zeitsynchronisierten x-Achse dargestellt. Abb. 2.1 zeigt ein typisches Impulsdiagramm.

Basierend auf der Klassifikation in Zeit- und Wertebereich ergibt sich eine Klassifikation in vier Signalarten wie in Abb. 2.2. Definitionsgemäß heißt ein Signal, das sowohl im Zeit- als auch im Wertebereich kontinuierlich ist, **analoges Signal**. Ein Signal, welches in beiden Bereichen diskret ist, sei hier als **digitales Signal** bezeichnet.

Nachdem die meisten realen Prozesse kontinuierliche, analoge Signale verarbeiten und erzeugen, Computer aber ihre Berechnungen mithilfe diskreter, digitaler Signale ausführen, ist es wichtig zu verstehen, wie die beiden Signaltypen ineinander umgewandelt werden können. Abb. 2.3 zeigt die Umwandlung von einem analogen in ein digitales Signal, wofür drei Komponenten notwendig sind: eine **Abtasteinheit**, ein **Quantifizierer** und ein **Kodierer**. Die Abtasteinheit misst (tastet ab) den Wert des analogen Signals mit einer festen Frequenz, um das Signal in den zeitdiskreten Bereich zu transformieren. Nun erzeugt der Quantifizierer ein digitales Signal, indem er den Signalwert auf den nächstmöglichen verfügbaren Wert (Quantum) setzt. Der Kodierer wandelt das digitale Signal schließlich nur noch in ein vom Computer nutzbares digitales Signal um. Dieser Prozess wird häufig als Analog-/Digitalwandlung (A/D-Wandlung) bezeichnet.

Abb. 2.1 Impulsdiagramm für
zwei binäre Signale A und B

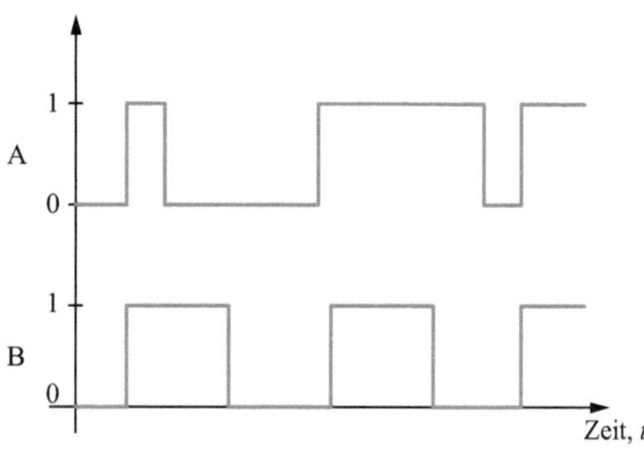

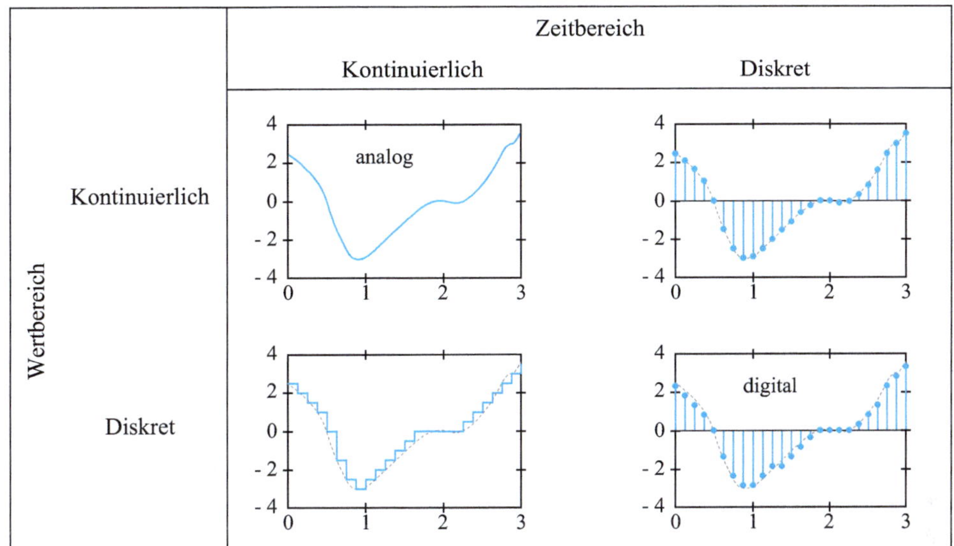

Abb. 2.2 Kontinuierliche und diskrete Signale

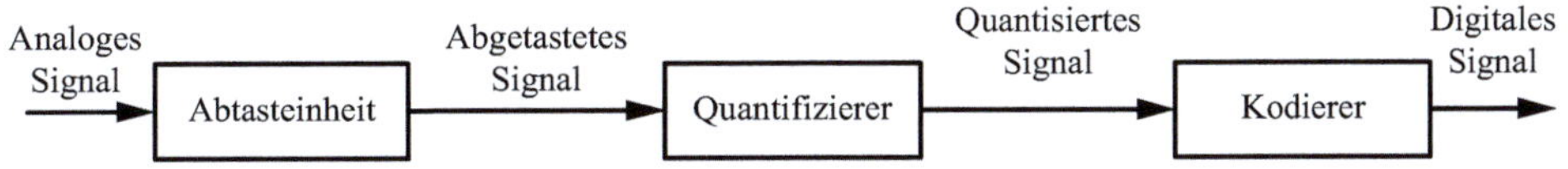

Abb. 2.3 Analog-/Digitalwandlung

Für die Quantisierung eines kontinuierlichen Signals werden dessen Werte mit festgelegten (äquidistanten) Quantisierungsstufen verglichen. Liegt der Wert des kontinuierlichen Signals zwischen zwei Entscheidungsschwellen, so wird meistens der niedrigere Wert ausgewählt. Hat beispielsweise ein kontinuierliches Signal den Wert 0,44 bei Quantisierungsstufen bei 0,25 und 0,5, so wird für das quantisierte (abgetastete) Signal der Wert 0,25 festgelegt. Die Auswahl von angemessenen Quantisierungsstufen ist wichtig, da über diese Auswahl die Genauigkeit der Abbildung des Prozesses beeinflusst wird. Sind die Stufen beispielsweise zu weit voneinander entfernt, können wichtige Informationen verloren gehen.

Betrachten wir die Konvertierung von digital zu analog, so können wir davon ausgehen, dass der Signalwert nicht geändert wird und nur die zeitliche Komponente in den analogen Bereich überführt werden muss. Dies wird meist durch ein Halteglied realisiert, welches den Signalwert hält, bis ein neuer Signalwert anliegt. Das bekannteste Halteglied ist ein Halteglied nullter Ordnung, welches den letzten erhaltenen Wert so lange hält, bis ein neuer Wert ankommt. Ein genaueres Halteglied ist das Halteglied erster Ordnung oder auch lineares Halteglied. Dieses interpoliert linear zwischen den beiden vorausgegangenen Datenpunkten, um so einen sich linear verändernden Wert über die Abtastintervalle zu erhalten. Dieser Prozess wird auch als Digital-/Analogwandlung (D/A-Wandlung) bezeichnet.

2.2 Sensoren

Sensoren sind Geräte, die Veränderung in einer Variablen detektieren und für einen Betrachter verständlich darstellen können. Hierfür ist eine Kalibrierung vonnöten, die einen Bezugswert festlegt, zu dem die Abweichung bestimmt wird.

Ein Sensor wird durch zwei Haupteigenschaften charakterisiert: **Richtigkeit** und **Wiederholbarkeit** (oder Präzision). Richtigkeit meint hierbei die Fähigkeit des Sensors, den korrekten Wert wiederzugeben. Die Differenz zwischen gemessenem und tatsächlichem Wert heißt **Abweichung**. Wiederholbarkeit bezieht sich auf die Fähigkeit des Sensors, bei gleichen Bedingungen denselben Wert wiederzugeben. Idealerweise liegen die gemessenen Werte bei denselben Bedingungen nahe einem Mittelwert, d. h. die Varianz der Messwerte sollte klein sein. Ein unrichtiger Sensor kann allemal sehr präzise sein, wobei sich die Präzision jedoch um einen falschen Wert herum einstellt.

Eine weitere Eigenschaft, die es zu beachten gilt, ist der **Wertebereich** eines Sensors. Dieser ist definiert als Intervall zwischen dem größten und kleinsten möglichen Sensorwert bzw. Wert, den der Sensor messen kann. Die Richtigkeit und Präzision eines Sensors ist abhängig von dessen Wertebereich. Je größer der Wertebereich, desto kleiner ist meist die Präzision des Sensors, da wesentlich mehr Werte erfasst werden sollen. Andersherum gilt der Zusammenhang jedoch auch, d. h. je kleiner der Wertebereich, desto präziser ist der Sensor. Aus diesen Zusammenhängen ergibt sich also die Forderung bei Prozessen mit großen Wertebereichen mehrere Sensoren für die einzelnen Bereiche zu installieren, um nicht an Präzision der Messwerte zu verlieren. Zur Bewertung der gemessenen Signale ist dann immer nur der Sensor heranzuziehen, in dessen Wertebereich der Messwert fällt.

Sensoren müssen vor ihrer Benutzung kalibriert oder auf das erwartete Verhalten hin überprüft werden. Kalibrierung schließt das Nutzen von Standards ein, die genaue Werte bereitstellen, mit denen die gemessenen Werte des Sensors verglichen werden können. Das Auftragen der realen Werte über den gemessenen Werten erlaubt eine Beurteilung der Kalibrierung. Eine typische Kalibrierungskurve zeigt Abb. 2.4. Hierbei sind zwei Parameter von besonderem Interesse: der y-Achsenabschnitt, der die Abweichung vorgibt und die Steigung des Graphen (bzw. Abweichung von der Linearität). Der Anstieg der Geraden und die Streuung der Mess-/Datenpunkte zeigt, ob eine sinnvolle Kalibrierungskurve verwendet wurde. Idealerweise sollte die Funktion linear und der Anstieg des Graphen gleich eins sein.

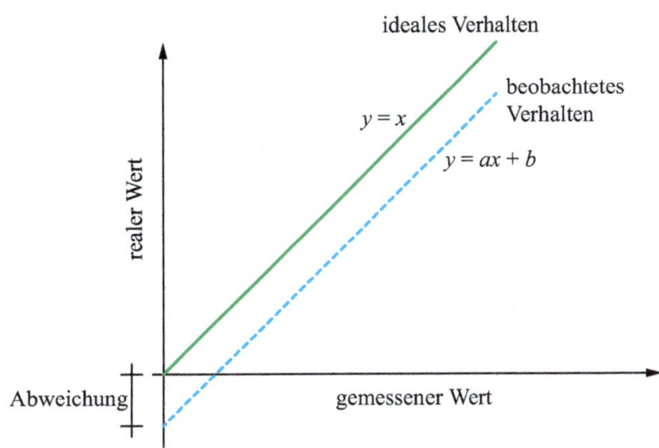

Abb. 2.4 Typische Kalibrierungskurve

Ein Sensor allein kann also je nach Kalibrierung und physikalischer Umgebung, in der die Messung stattfindet, für verschiedene Messaufgaben eingesetzt werden. Ein Differenzdrucksensor beispielsweise kann sowohl Druck als auch einen Füllstand messen.

Die Auswahl des richtigen Sensors hängt von den nachfolgend genannten Kriterien ab:

1) **Messbereich**: Der Wertebereich der zu messenden Prozessvariable sollte sich innerhalb des Messbereichs des Sensors befinden.
2) **Leistung**: Ausgehend von den konkreten Anforderungen an das Gerät müssen Faktoren wie Richtigkeit und Wiederholbarkeit der Messwerte oder Antwortgeschwindigkeit berücksichtigt werden.
3) **Zuverlässigkeit**: Der Sensor ist bestimmten Bedingungen ausgesetzt. Wird der Sensor in einer rauen Umgebung eingesetzt, stellt sich die Frage, ob er den Bedingungen trotzen kann und wenn ja für welche Zeit.
4) **Materialien**: Abhängig von der Anwendung ändern sich die zu benutzenden Materialien. Das heißt, soll z. B. die Temperatur in einem Hochofen gemessen werden, ist für den Temperatursensor ein anderes Material nötig als bei Messungen im Bereich der Raumtemperatur.
5) **Invasiv oder nichtinvasiv**: Invasive Sensoren kommen in direkten Kontakt mit dem zu vermessenden Objekt/Stoff, z. B. wenn das Messgerät zur Temperaturmessung in eine Flüssigkeit getaucht wird. Kommen invasive Sensoren in Kontakt mit dem zu messenden Prozess, können sie den Prozess beeinflussen oder selbst durch den Prozess beeinflusst werden. Somit weisen invasive Sensoren oftmals Probleme bezüglich ihrer langfristigen Genauigkeit auf, da die Oberfläche des Messgeräts durch Verschmutzung oder Korrosion beeinträchtigt werden kann. Nichtinvasive Sensoren kommen nicht direkt in Kontakt mit dem Prozess. Hierdurch wird der betrachtete Prozess nicht gestört, das Messergebnis kann jedoch ungenauer sein. Nichtinvasive Sensoren sind jedoch meist einfacher zu nutzen und eine nachträgliche Installation in bereits bestehende Messumgebungen ist leichter möglich als bei invasiven Sensoren.

2.2.1 Drucksensoren

Im Allgemeinen werden die meisten industriell gefertigten Drucksensoren mit einem **Wandler** ausgestattet, der die Kraft pro Flächeneinheit (Druck) in elektrische Signale umwandelt. Mechanische Drucksensoren (keine elektrischen Komponenten) werden **Manometer** genannt. Sie geben keine elektrischen Signale aus, sondern enthalten meist eine kalibrierte Anzeige, auf der die Werte abgelesen werden können. Aus diesem Grund können die so generierten Signale (meistens) nicht für industrielle Automatisierungszwecke weiterverarbeitet werden. Ein Drucksensor kann entweder einen absoluten Druck oder eine Druckdifferenz messen. Ein vereinfachtes Schema dieser beiden Möglichkeiten zeigt Abb. 2.5. Die meisten Drucksensoren messen eine Druckdifferenz, welche oft als Differenz zum Atmosphärendruck angegeben wird. Wie in Abb. 2.5(a) gezeigt, wird dies dadurch erreicht, dass eine der Seiten oder Anschlüsse eines Drucksensors zur umgebenden Atmosphäre hin offengelassen wird. Wird eine Druckdifferenz festgestellt, die höher ist als der Umgebungsdruck, heißt dies **Überdruck**. Ein negativer Überdruck, bzw. Vakuum oder **Unterdruck**, hingegen liegt vor, wenn der Druck niedriger ist als der Umgebungsdruck. So bedeuten z. B. 10 kPa Unterdruck, dass ein Unterdruck von 10 kPa gegenüber Atmosphärendruck vorliegt. Anstatt den sich verändernden Umgebungsdruck als Referenz zu nutzen, kann auch der Druck auf einer Seite des Sensors fixiert und dann der absolute Druck im System gemessen werden, vgl. Abb. 2.5(b).

Die meisten auf Wandlern basierenden Drucksensoren nutzen einen elektrischen Schaltkreis, um die durch den Druck auf das System induzierte Dehnung zu messen. Weitere typische Implementierungen sind piezoresistiv, kapazitiv, elektromagnetisch, piezoelektrisch und optisch basierte Dehnungsmessstreifen. Abb. 2.6 zeigt einen typischen Drucksensor auf Basis eines Hochdruckwandlers. Ebenso basieren Manometer auf dem Effekt von Druck auf bestimmte Systemeigenschaften. Typische Vertreter dieser Messgerätetypen sind hydrostatische Manometer, welche prinzipiell die Druckdifferenz zwischen zwei Anzapfungen messen. Außerdem sind hier die mechanischen Manometer zu nennen, welche den Druckmesswert aus der Dehnung der eingesetzten Bauteile erhalten. Der Vorteil mechanischer Manometer ist, dass sie nicht stark auf die zu messende Flüssigkeit einwirken, wodurch sehr genaue Messwerte erzielt werden können. Sie sind jedoch im Vergleich zu den hydrostatischen Manometern teurer.

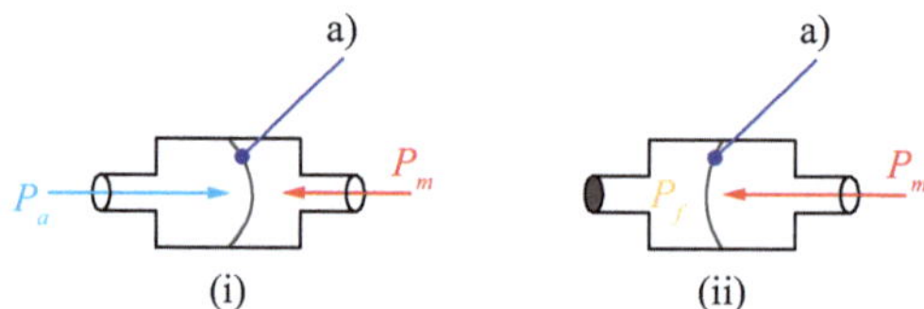

Abb. 2.5 Messaufbau für Drucksensoren: (i) Messung des Differenzdrucks und (ii) Messung des absoluten Drucks (**a**: Flexible Membran, P_a: Umgebungsdruck, P_f: fixierter Druck und P_m: zu messender Druck)

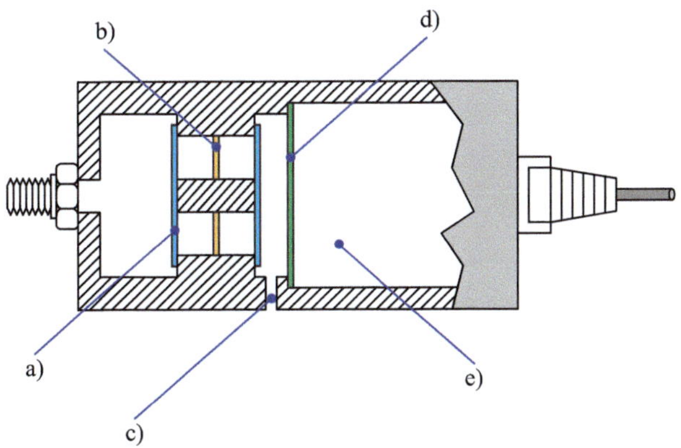

Abb. 2.6 Drucksensor auf Basis eines Hochdruckwandlers (**a**: Messdiaphragma, **b**: Dehnungs-messstreifen, **c**: Referenzöffnung zur Atmosphäre, **d**: Lehrdornblende und **e**: Bereich für Temperaturkompensationswiderstände und interne elektronische Verstärker)

2.2.2 Flüssigkeitsstandsensoren

Die Bestimmung von Flüssigkeitsständen in Behältnissen ist eine wichtige Aufgabe in der chemischen Industrie. Hierfür kommen verschiedene Verfahren wie Differenz-druckmesszellen, Schwimmer und verschiedene strahlenbasierte Methoden zum Einsatz. Der meistverwendete Ansatz ist die Differenzdruckmessung zwischen dem Grund und dem oberen Ende der Flüssigkeitssäule. Durch Kalibrierung und Ausnutzung der Proportionalität zwischen Druck und Höhendifferenz kann der Füllstand bestimmt werden. Da die Dichte jedoch temperaturabhängig ist, kann diese Methode nicht eingesetzt werden, wenn sich die Temperatur der zu messenden Flüssigkeitssäule über weite Bereiche ändert (z. B. kochende Flüssigkeiten). Die Messgeräte mit Schwimmer funktionieren auf eine ähnliche Weise, wobei die Druckdifferenz anders bestimmt wird. Abb. 2.7 zeigt ein Beispiel für die Messung des Füllstands zur Steuerung des Wasserflusses in einem Toilettenspülkasten mithilfe eines Schwimmers. Dies ist ein sehr einfaches Beispiel für Automatisierung, die mithilfe eines angemessen ausgewählten Sensors implementiert werden kann. Die Methoden, die auf Strahlen basieren, z. B. Ultraschall-Pulsgeneratoren, messen den Abstand der Oberfläche der Flüssigkeitssäule zu einem Referenzpunkt und bestimmen daraus den Füllstand. Um eine genaue Abschätzung des Füllstands zu erhalten, ist es wichtig, dass die Oberfläche plan und gleichmäßig ist. Schaum oder Partikel auf der Oberfläche können die Richtigkeit und Präzision der Messung verringern.

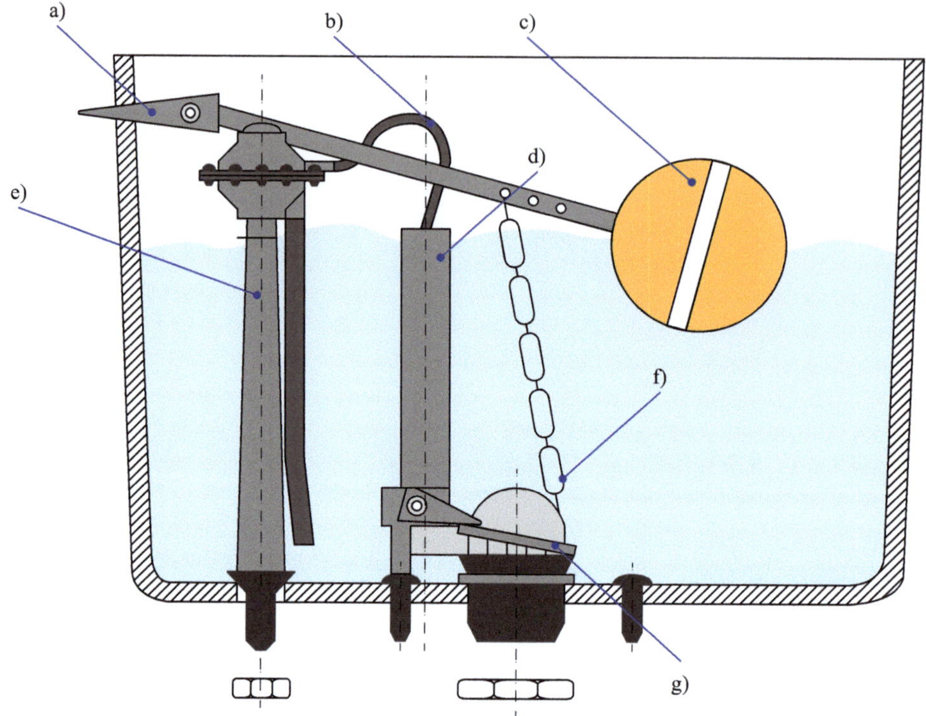

Abb. 2.7 Füllstandsmessung und -regelung mithilfe eines Schwimmers (**a**: Auslösehebel, **b**: Nachfüllrohr, **c**: Schwimmer, **d**: Überlaufrohr, **e**: Kugelhahn, **f**: Hebekette und **g**: Spülventil)

2.2.3   Durchflussmessgeräte

Durchflussmessgeräte messen die Strömungsgeschwindigkeit einer Flüssigkeit oder eines Gases. Hierbei werden drei wesentliche Typen unterschieden: **mechanische Durchflussmessgeräte**, **druckbasierte Durchflussmessgeräte** und **elektromagnetische Durchflussmessgeräte** (inkl. optische Sensoren und Ultraschallmessgeräte). Abhängig von der vorhandenen Flüssigkeit bzw. dem vorhandenen Gas haben alle drei Typen unterschiedliche Genauigkeiten und Charakteristiken.

Mechanische Durchflussmessgeräte basieren auf dem Ansatz, die Zeit zu messen, die eine Flüssigkeit bzw. ein Gas benötigt, um ein bestimmtes Volumen zu füllen. Die meisten mechanischen Drucksensoren haben ein Rad oder ein Paddel, das durch das strömende Medium in Drehung/Bewegung versetzt wird und somit ein elektrisches Signal induziert. Dieses Signal ist durch Kalibrierung einer bestimmten Durchflussrate zugeordnet. Mechanische Drucksensoren eignen sich gut für einfache Fluide (z. B. Wasser), welche über begrenzte Durchflussraten in einer Phase vorliegen. Sind Partikel in

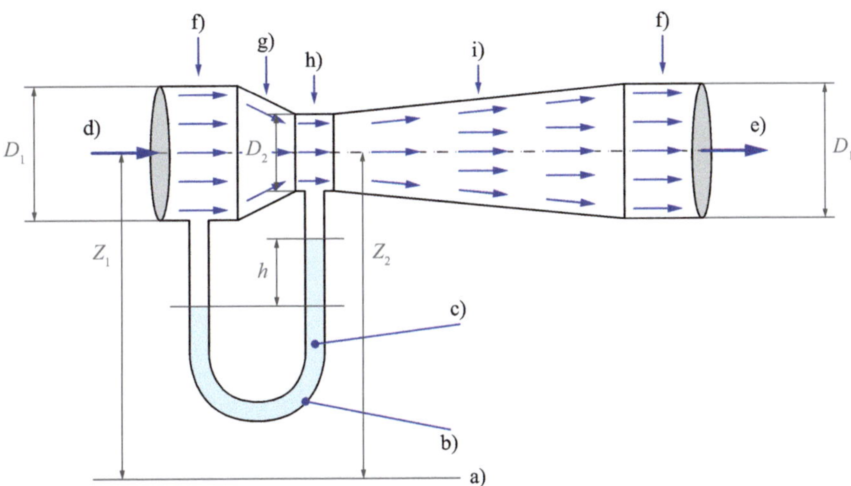

Abb. 2.8 Venturirohr (**a**: Referenzlinie, **b**: U-Rohr-Manometer, **c**: Manometrische Flüssigkeit, **d**: Einfluss, **e**: Ausfluss, **f**: Hauptrohr, **g**: verjüngender Bereich, **h**: Engstelle, **i**: öffnender Bereich, D_1: Durchmesser Hauptrohr, D_2: Durchmesser Engstelle, Z_1: Referenzhöhe 1, Z_2: Referenzhöhe 2 und h: Höhendifferenz im Manometer)

das Fluid eingetragen oder liegen mehrere Phasen vor, so werden mechanische Drucksensoren tendenziell falsche Werte liefern.

Druckbasierte Durchflussmessgeräte messen die Druckdifferenz, die durch Verjüngung des Querschnitts hervorgerufen wird, um die Durchflussrate zu bestimmen. Häufig verwendete druckbasierte Durchflussmessgeräte sind Venturirohre, Blendenmessstrecken oder Pitotrohre. Abb. 2.8 zeigt das grundlegende Funktionsprinzip eines Venturirohres. Genau wie die mechanischen Durchflussmessgeräte arbeiten diese Sensoren bei einphasigen Flüssen einfacher Fluide ohne Schwebepartikel am besten.

Elektromagnetische Durchflussmessgeräte nutzen verschiedene elektromagnetische Wellen (auch Licht), um die Durchflussraten zu bestimmen. Obwohl es sich hier nicht um einen elektromagnetischen Sensor im strengen Sinne handelt, können die Ultraschallsensoren aufgrund ihrer ähnlichen Wirkweise hier mit aufgezählt werden. Magnetische Durchflussmessgeräte bestimmen den Durchfluss aufgrund von magnetischen Änderungen im elektrischen Feld durch das vorbeiströmende Fluid. In den meisten Fällen sollte das Fluid leitfähig sein (z. B. Stahlschmelze), das umgebende Rohr jedoch nicht. Optische Durchflussmessgeräte hingegen nutzen die Zeit, die kleine schwebende Partikel in einem Gas benötigen, um zwei Laserlichtschranken zu passieren. Auf Basis dieser Zeitdifferenz kann mittels der Geschwindigkeitsformel bei bekanntem Weg die Durchflussmenge bestimmt werden. Ultraschallsensoren nutzen den Doppler-Effekt zur Messung der Durchflussrate. Diese Sensoren haben den großen Vorteil, dass sie nichtinvasiv betrieben werden können, d. h. nicht in direkten Kontakt mit dem Rohr oder dem Fluid kommen. Nachteilig ist, dass die Schallgeschwindigkeit im betrachteten Medium exakt bekannt sein muss, damit eine Kalibrierung des Sensors möglich ist.

In vielen industriellen Anwendungen werden druckbasierte Durchflussmessgeräte verwendet, da sie einfach handhabbar, robust und leicht wartbar sind. Sollen ungewöhnliche Fluide oder solche mit extremen Eigenschaften (z. B. hohe Temperaturen oder stark ätzend) untersucht werden, so sind weitaus komplexere Methoden vonnöten.

2.2.4   Temperatursensoren

Temperatursensoren werden eingesetzt, um die Temperatur in einem strömenden Fluid zu messen. Der meistverwendete, industriell eingesetzte Sensor ist das **Thermoelement**, welches den Seebeck-Effekt nutzt. Der Seebeck-Effekt beschreibt ein Phänomen, bei dem eine Temperaturdifferenz zwischen zwei verschiedenen metallischen Leitern oder Halbleitern eine Spannungsdifferenz zwischen den Materialien verursacht. Diese Spannungsänderung kann auf die Temperaturen kalibriert und somit zu messtechnischen Zwecken eingesetzt werden. Die Konstruktion eines Thermoelements zeigt Abb. 2.9. Eine angemessene Kalibrierung und Definition des Temperaturbereichs sind Voraussetzung für das korrekte Funktionieren des Sensors. Ungeeignete Kalibrierung kann zu Genauigkeitsproblemen führen. Die wichtigsten Ausformungen dieses Sensors zeigt Tab. 2.1.

2.2.5   Messgeräte zur Bestimmung von Konzentration, Dichte, Feuchtigkeit und anderen physikalischen Größen

Es gibt viele Sensoren, die sehr schnell Werte für verschiedene physikalische Parameter liefern können. Die meisten dieser Sensoren sind jedoch sehr beschränkt in ihrer Richtigkeit oder Wiederholbarkeit. Das hat meist damit zu tun, dass Sensoren in Umgebungen eingesetzt werden, in denen die Bedingungen stark nichtideal sind. Die im Labor aufgezeichneten Werte sind in dieser Hinsicht meist vertrauenswürdiger als die real gemessenen Werte. Solche Sensoren nutzen meist eine Vielzahl an photonischen,

Abb. 2.9 Thermoelement (**a**: Metall 1, **b**: Metall 2, **c**: Messstelle, **d**: Vergleichsstelle, T_1: Messtemperatur, T_2: Vergleichstemperatur und V: Voltmeter)

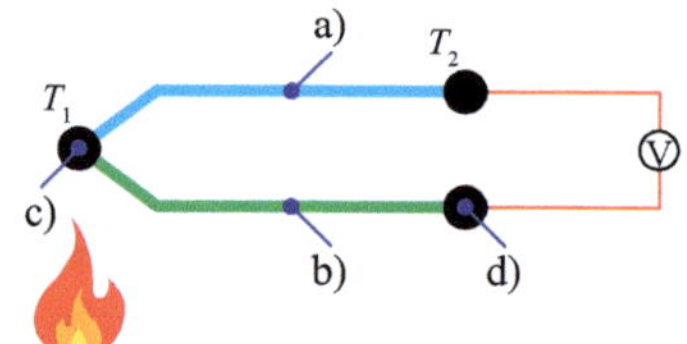

Tab. 2.1 Verschiedene Arten von Thermoelementen

Art des Thermoelements	Temperaturbereich (°C)	Materialpaarung	Bemerkungen
K	−200 bis 1350	Chromel-Aluminium	Günstig, unpräsize
E	−110 bis 140 (klein) −50 bis 740 (groß)	Chromel-Konstantan	Gut für Einsatz bei tiefen Temperaturen
J	−40 bis 750	Eisen-Konstantan	Sensitiver als K
B und R	50 bis 1800	Platin-Rhodium-Legierungen	Für hohe Temperaturen, teuer
C, D und G	0 bis 2320	Wolfram-Rhenium-Legierungen	In Gegenwart von Sauerstoff nicht nutzbar, teuer
Chromel-Gold/Eisen	−273,15 bis 25	Chromel-Gold-Eisen	Anwendungen bei tiefen Temperaturen

magnetischen oder akustischen Pulsverfahren, um die Dichte, Feuchtigkeit oder Konzentrationen der Proben zu bestimmen. Beispielsweise sei hier die Messung von Feuchtigkeit (Wasser) in einem Feststoff beleuchtet. Es gibt vier unterschiedliche Methoden, die Feuchtigkeit zu bestimmen: Tensiometer messen die Saugspannung des Wassers im Feststoff; Widerstandsmessgeräte messen den Widerstand eines Keramikblocks, der in Kontakt mit dem Feststoff ist; Leitfähigkeitsmessgeräte messen die Leitfähigkeit des Feststoffs eingespannt zwischen zwei Platten und dielektrische Sensoren messen die Dielektrizitätskonstante des Feststoffs, um daraus den Feuchtigkeitsanteil zu bestimmen. Alle genannten Sensoren bedürfen einer regelmäßigen Wartung und sind abhängig von den Umgebungsbedingungen. Beispielsweise kann das Einbringen von Düngemitteln die Feuchtigkeit des Erdbodens, und damit seine Leitfähigkeit, verändern und somit den Sensor stören.

2.3 Aktoren

Ein **Aktor** ist ein Gerät, der die Quantität, mit der eine Variable in ein System eingeht, verändern kann. Ein Aktor wird durch drei Eigenschaften gekennzeichnet: **Genauigkeit**, **Wiederholbarkeit** (oder Präzision) und **Leistungsfähigkeit**. Die Genauigkeit beschreibt die Eigenschaft eines Aktors, den exakten Wert wiederzugeben. Dieser ist meist auf einem Standard definiert. Der Abstand zwischen realem Wert und im Standard spezifiziertem Wert wird als **Abweichung** bezeichnet. Die Wiederholbarkeit des Aktors bezieht sich auf die Variabilität, wenn derselbe Wert ausgegeben werden soll. Gewünscht ist eine hohe Wiederholbarkeit des Wertes, d. h. der Aktor gibt immer einen Wert nahe dem wahren Zielwert aus. Die dritte Eigenschaft ist die Leistungsfähigkeit des Aktors bzw. die Zeit, die er benötigt, um auf eine Änderung zu reagieren. Natürlich ist es gewünscht, dass ein Aktor schnell auf Veränderungen reagiert und den benötigten Wert zeitnah ausgibt. Die meisten Aktoren werden so ausgelegt, dass 0 % keinem Wert und 100 % dem maximalen Wert entspricht. Das größte Problem bei Aktoren ist ihre nichtlineare Charakteristik. Eine Möglichkeit, diesem Problem zu begegnen, ist die Nutzung einer **Kennlinie**, die die gewünschten linearen Werte in die nichtlinearen Werte des Aktors „übersetzt".

Aktoren müssen vor der Benutzung auf Funktion überprüft oder kalibriert werden. Kalibrierung schließt hierbei die Nutzung von Standards, sowie den Bezug auf fest vorgegebene Referenzwerte ein. Die genaue Durchführung einer Kalibrierung ist jedoch immer abhängig vom verwendeten Aktor.

Es gibt drei wesentliche Aktor-Typen die hier Beachtung finden sollen: **Ventile**, **Pumpen** und **variable Stromversorgung**.

2.3.1 Ventile

Ventile sind ein oft verwendeter Aktor-Typ in der Produktion. Sie erlauben die Steuerung und Kontrolle der Durchflussmenge eines Fluids. Da Ventile allgegenwärtig sind, wird viel Aufwand betrieben, um ihre Funktionsweise und damit die Einflüsse auf den Automatisierungsprozess besser zu verstehen. Ein häufig verwendeter Ventiltyp ist das pneumatische Regelventil, bei dem Luft verwendet wird, um die Durchflussmenge zu regulieren. Einen typischen Aufbau zeigt Abb. 2.10. Ein pneumatisches Regelventil besteht aus drei Teilen: dem Strom-zu-Druck-Wandler (oder I/P-Wandler), dem Ventil und einem Stellungsregler. Der I/P-Wandler erhält ein 4-20 mA Stromsignal und wandelt dieses in ein äquivalentes Drucksignal um, welches die Antriebskraft zur Bewegung des Kolbens bereitstellt. Es gibt zwei wesentliche Ventiltypen, nämlich **luftöffnende** und **luftschließende**. Nimmt bei luftöffnenden Ventilen der Druck ab, so schließen diese Ventile die Öffnung. Bei luftschließenden Ventilen führt eine Druckabnahme dazu, dass der Strömungskanal geöffnet wird. Die Auswahl eines luftöffnenden bzw. luftschließenden Ventils hängt oftmals vom Ergebnis eines PAAG-Verfahrens[1] ab.

Bei einem luftschließenden Ventil, wie in Abb. 2.10 dargestellt, tritt die komprimierte Luft oben in das Ventil ein und drückt gegen das Diaphragma. Das Diaphragma wird so lange bewegt, bis die durch den Luftdruck aufgebrachte Kraft gleich groß ist wie die Rückstellkraft der Feder. Eine Erhöhung des Luftdrucks ist gleichbedeutend mit einer weiteren Abwärtsbewegung des Diaphragmas, wohingegen eine Reduzierung des Luftdrucks ein Nach-oben-Schieben des Diaphragmas durch die Feder bewirkt. Der Ventilstempel ist direkt am Diaphragma befestigt und während dieses sich nach oben und unten bewegt, wird die Position des konischen Stopfens relativ zum Auflagepunkt verändert. Dadurch kommt es zu einer Querschnittsänderung der Durchtrittsöffnung der

---

[1] Details zu diesem Verfahren entnehmen Sie bitte Abschn. 8.1.

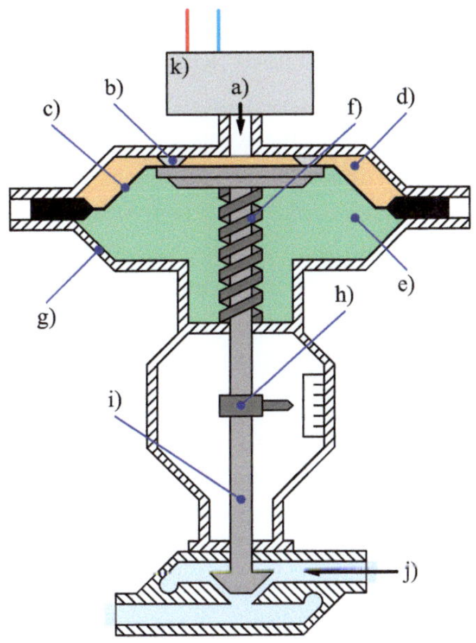

Abb. 2.10 Pneumatisches Regelventil (luftschließend) (**a**: Luftzufuhr, **b**: mechanischer Abstandshalter, **c**: Diaphragma, **d**: obere Kammer, **e**: untere Kammer, **f**: Feder, **g**: Gehäuse, **h**: lokaler Positionsanzeiger, **i**: Stempel, **j**: Durchflussrichtung und **k**: Messwandler)

Flüssigkeit/des Gases, was eine Durchflussänderung bewirkt. Bei einem luftschließenden Ventil wird also eine Druckerhöhung den Stopfen näher zum Auflagepunkt drücken und somit den Widerstand gegen den Durchfluss erhöhen. Dies hat eine Verringerung der Durchflussrate zur Folge. Bei einem luftöffnenden Ventil dringt die Luft von unten gegen das Diaphragma und somit bewirkt ein vergrößerter Luftdruck eine Vergrößerung der Querschnittsfläche und damit der Durchflussmenge.

Viele heute verwendete Ventile haben einen **Stellungsregler** eingebaut. Dieser hat die Aufgabe, potenzielle Fehler im Ventil zu erkennen und zu korrigieren. Hierfür vergleicht dieses Bauteil die aktuelle Position des Ventils mit der Referenzposition und regelt Fehler durch Änderung des Luftdrucks zu Null aus.

Das Verhalten von Ventilen wird normalerweise anhand des Anteils (in %) beschrieben, wie weit das Ventil geöffnet oder geschlossen ist. Hierdurch wird die Kenntnis der exakten Durchflussmengen nicht mehr explizit vorausgesetzt. Die Durchflussraten werden deshalb in %offen (also wie viel Prozent das Ventil geöffnet ist) angegeben.

Die Auswahl des richtigen Ventils im Rahmen einer Automatisierung ist sehr wichtig. Es gibt zwei wesentliche Parameter, die bei Ventilen zu beachten sind: Dimensionierung und Leistungsfähigkeit.

2.3.1.1 Dimensionierung von Ventilen

Regelventile müssen genau wie Rohrleitungen, Wärmetauscher und andere Prozessausrüstungen dimensioniert werden. Die Dimensionierung eines Regelventils legt dabei den Bereich fest, in welchem sich die Durchflussraten bewegen dürfen, damit das Ventil einen hydrodynamisch stabilen Durchfluss generieren kann.

Ist ein Ventil zu klein dimensioniert, kann es selbst bei voller Öffnung nicht so viel Durchfluss zulassen, wie für den Prozess benötigt wird. Ein Regelventil muss wesentlich höhere Durchflüsse erlauben, als im statischen Zustand benötigt, damit ein reibungsloser Betrieb bzw. eine Reaktion auf betriebliche Veränderungen möglich sind. Ein Ventil gilt als überdimensioniert, wenn es zwar in Regionen großen Durchflusses gut arbeitet, bei geringen Durchflüssen aber schlecht regelbar ist. Aus bauteilspezifischen Gründen sind Ventile verhältnismäßig ungenaue Einrichtungen und der relative Fehler wird am größten, wenn das Ventil nahezu vollständig geschlossen ist.

Ist ein Ventil weniger als 10 %offen, so ist es aus praktischer Sicht geschlossen, ist es dagegen mehr als 90 %offen, so kann es als offen betrachtet werden. Der optimale Betriebsbereich für ein Ventil liegt also zwischen 10 und 90 %offen.

Zur Überprüfung, ob ein Ventil über- oder unterdimensioniert ist, werden die im Einsatz aufgenommenen Ausgangswerte des Reglers untersucht. Ist das Ventil für einen Großteil der Zeit vollständig geöffnet, so ist es höchstwahrscheinlich unterdimensioniert, wird es die meiste Zeit unter 10 %offen ausgelastet oder ist der maximale Durchfluss bereits vor einer maximalen Öffnung erreicht, so ist es für die Aufgabe überdimensioniert.

2.3.1.2 Dynamisches Verhalten von Ventilen

In den meisten Fällen, in denen Ventile im Rahmen einer Automatisierung eingesetzt werden, ist es anstrebenswert, dass der Verlauf des Flusses durch das Ventil eine lineare Funktion der Ventilposition ist. Ist das Ergebnis der Darstellung %offen gegen den Durchfluss im stationären Zustand eine Gerade, so heißt das Verhalten des Ventils **linear**. Weiterhin existieren die in Abb. 2.11 gezeigten zwei weiteren Typen des **schnell-öffnenden** und des **gleichprozentigen** Ventils. Ein schnellöffnendes Ventil erreicht, wie der Name schon vermuten lässt, sehr schnell die maximale Durchflussrate, wohingegen ein gleichprozentiges Ventil sich langsamer der maximalen Durchflussrate annähert. Das Ventilverhalten wird durch den Hersteller festgelegt, weshalb es oft als **inhärente Ventilkennlinie** bezeichnet wird. Weist das Ventil eine nichtlineare Charakteristik auf, so ist es meist sinnvoller, einen Block vor das Ventil zu schalten, der die Durchfluss-Vorgaben in Prozent umrechnet, anstatt von einer linearen Charakteristik auszugehen.

Da es sich bei Ventilen um mechanische Systeme handelt, muss der Aspekt der Reibung berücksichtigt werden. Hierbei werden **statische** und **dynamische** Nichtlinearitäten unterschieden. Statische Nichtlinearität bezieht sich auf die bei einsetzenden Veränderungen in der Ventilposition durch Haftreibung eingebrachte Nichtlinearität, wohingegen dynamische Nichtlinearität meist aus dynamischen Reibeffekten zwischen Ventilschaft und Ventildichtung abzuleiten ist. Die Haftreibung zwischen Schaft und Dichtung bewirkt, dass sich das Ventil nicht bewegt, wenn kleine Änderungen im Steuersignal (Luftdruck) vorgenommen werden. Die Haftreibung kann die Steuerungsfunktion des Ventils maßgeblich beeinflussen.

Um die statischen und dynamischen Nichtlinearitäten in einem Ventil zu detektieren, ist es sinnvoll, dieses von 0 % offen über 100 % offen wieder auf 0 % offen zu bringen. Werden die so erhaltenen Daten gegen % offen dargestellt, so ergibt sich ein Graph

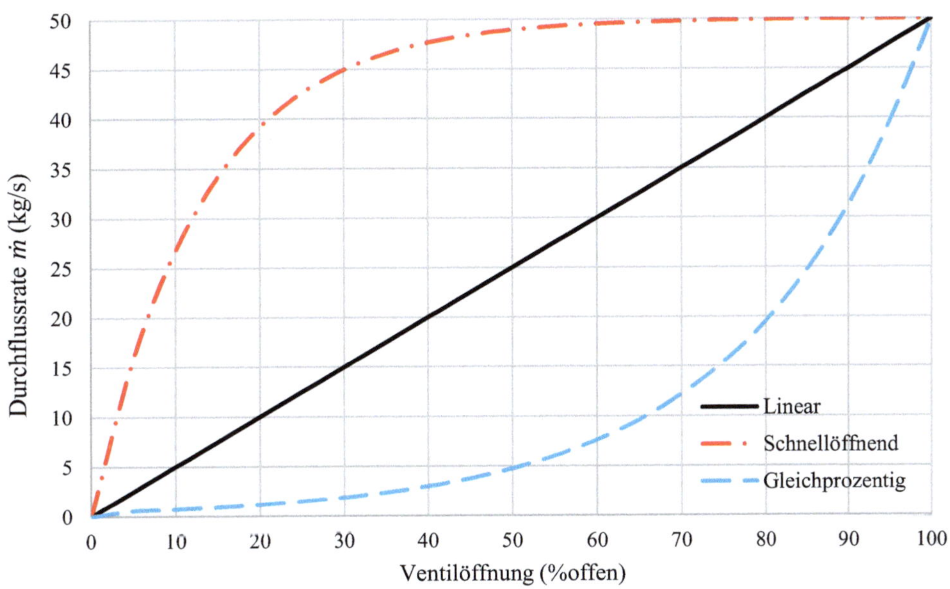

Abb. 2.11 Inhärente Ventilkennlinie

wie in Abb. 2.12. Das ideale Verhalten des Ventils ist in dieser Abbildung als gestrichelte Linie dargestellt. Statische Nichtlinearitäten enthalten **Totbereiche**, in denen sich die Durchflussrate trotz eines veränderten Eingangssignals nicht ändert, und **Haftgleiteffekte**. Dynamische Nichtlinearitäten, also **Hysteresen**, werden durch den Abstand der beiden Linien dargestellt. Haftgleiteffekte entstehen durch Haftreibung, die erst überwunden werden muss, bevor das Ventil seine Position verändert. Da dynamische Reibeffekte deutlich schwächer ausgeprägt sind als statische Reibeffekte, wird das Ventil, sobald es sich in Bewegung setzt, über die durch die Kraft definierte Position hinausschießen. Dadurch sieht die Kurve aus wie eine Treppe. Hysterese rührt von der Differenz zwischen gemessener Durchflussrate beim Öffnen und beim Schließen eines Ventils her. Dieser Effekt lässt sich über den unterschiedlichen Einfluss der dynamischen Reibung erklären. So ist das Ventil beim Öffnen aufgrund der dynamischen Reibung weniger geöffnet als angestrebt, wohingegen es beim Schließen stärker geöffnet, d. h. weniger geschlossen als angestrebt ist.

2.3.2 Pumpen

Ein weiterer Aktor, der die Durchflussrate eines strömenden Fluid kontrolliert, ist die Pumpe. Eine Pumpe ist ein mechanisches Gerät, das ein Fluid, meist eine Flüssigkeit, aus einem Vorratsbehälter in einen anderen Behälter transportiert. Die hauptsächlich

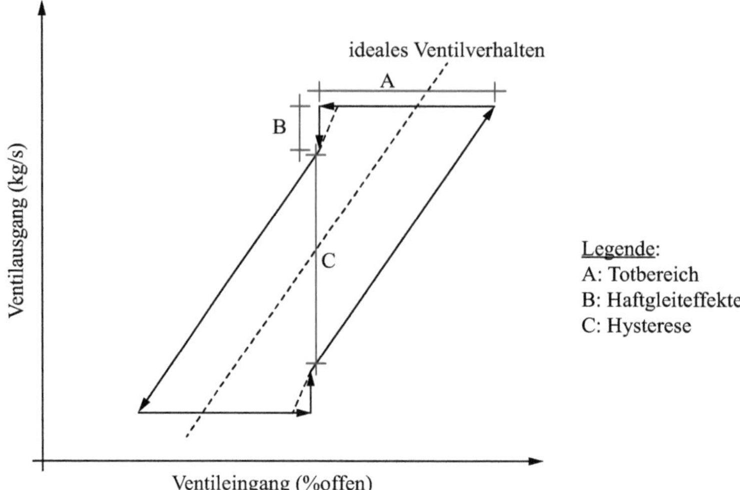

Abb. 2.12 Phasendiagramm typischen Ventilverhaltens für Ventil mit Reibung (nach Shoukat Choudhury *et al.* (2005)). Die Pfeile verdeutlichen die Richtung, in die die Werte verändert wurden.

eingesetzten Pumpentypen sind Zentrifugalpumpen, Axialkolbenpumpen und Verdrängerpumpen. Bei Zentrifugalpumpen ändert sich die Richtung des fließenden Mediums um 90° beim Überströmen des Laufrads, wohingegen sich die Fließrichtung bei Axialkolbenpumpen nicht ändert. Bei Verdrängerpumen wird das Fluid in einem fixierten Volumen festgehalten und anschließend in die Abflussleitung gedrückt (verdrängt). Ein gutes Beispiel für die Verdrängerpumpe ist die traditionelle Handpumpe. Am häufigsten wird von diesen drei Pumpentypen jedoch die Zentrifugalpumpe genutzt. Die Verdrängerpumpen kommen immer dann zum Einsatz, wenn kleine Durchflussmengen erwartet werden oder hohe Präzision notwendig ist. Abb. 2.13 zeigt schematisch eine Zentrifugalpumpe, während Abb. 2.14 den Schnitt durch eine Verdrängerpumpe darstellt.

Im Vergleich zu Ventilen ermöglichen Pumpen ermöglichen eine bessere Regelung der Durchflussrate und haben weniger stark nichtlineare Kennlinien. Andererseits haben sie unter Umständen wesentlich höhere Energiebedarfe als Ventile. Die wichtigsten Aspekte für eine Pumpe sind, wie auch bei den Ventilen, die **Dimensionierung** und das **dynamische Verhalten**.

2.3.2.1 Dimensionierung von Pumpen

Regelpumpen müssen, genau wie Rohrleitungen, Wärmetauscher und anderes Prozessequipment, dimensioniert werden. Die Dimensionierung einer Regelpumpe bestimmt den Bereich an Durchflussraten, über den die Pumpe einen hydrodynamisch stabilen Durchfluss erzeugen kann.

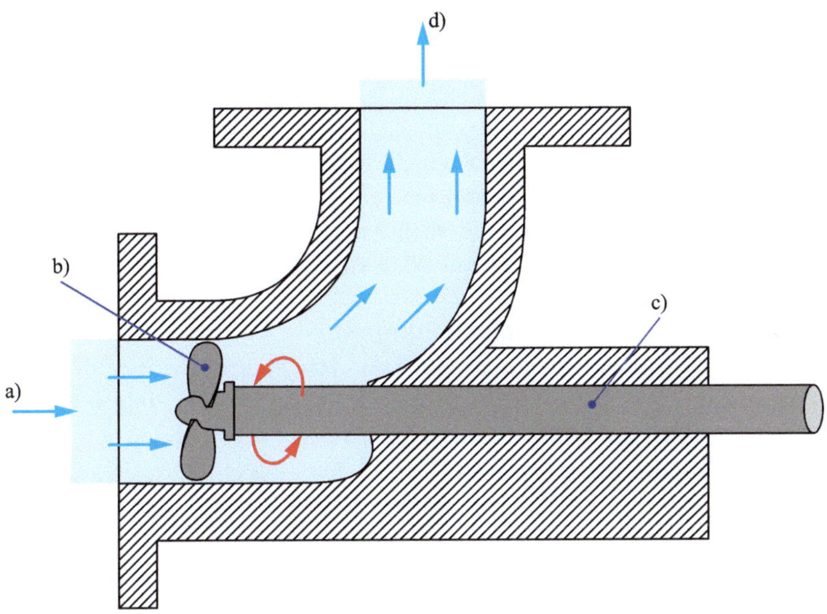

Abb. 2.13 Zentrifugalpumpe (**a**: Einfluss, **b**: Propeller, **c**: Welle und **d**: Ausfluss)

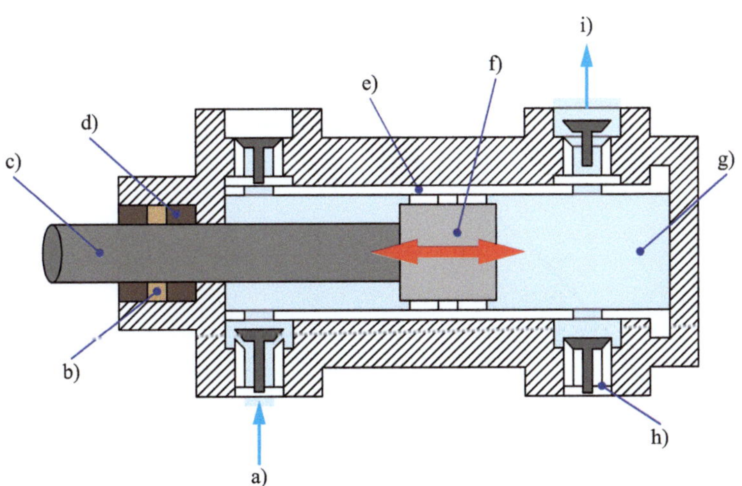

Abb. 2.14 Verdrängerpumpe (**a**: Einfluss, **b**: Packung, **c**: Pleuelstange, **d**: Stopfbuchspackung, **e**: Auskleidung, **f**: Kolben, **g**: Arbeitsfluid, **h**: Ventil, and **i**: Ausfluss)

Eine Pumpe, die im Betrieb nicht genug Durchfluss erzeugt, obwohl sie bereits unter Volllast arbeitet, gilt als unterdimensioniert. Eine Regelpumpe muss einen größeren Durchsatz als den für den stationären Zustand, bereitstellen, um betriebliche Schwankungen ausgleichen zu können. Eine überdimensionierte Pumpe erzeugt zwar einen genügend großen Volumenstrom, ist jedoch nicht in der Lage, bei kleinen Durchflussraten eine angemessene Regelung zu gewährleisten.

Arbeiten Pumpen die meiste Zeit unterhalb von 10 % ihrer Leistungsfähigkeit, gelten sie als überdimensioniert, sind es mehr als 90 % sind die Pumpen unterdimensioniert.

2.3.2.2 Dynamisches Verhalten von Pumpen

Im Gegensatz zu Ventilen ist die Charakteristik von Pumpen leichter definierbar. Im Allgemeinen kann ihr Verhalten als linear betrachtet werden. Bei einigen Pumpentypen kann es passieren, dass im niedrigen Durchflussbereich ein **Totbereich** auftritt, d. h. dass kein signifikanter Fluss zu erkennen ist. Das ist damit zu erklären, dass die Pumpe in diesem Bereich die Schwerkraft und vorhandene Einflüsse von Reibung noch nicht überwinden und somit keinen Durchfluss generieren kann.

Das Verhalten einer Pumpe wird, durch die vom Hersteller meist mitgelieferte Pumpenkennlinie, beschrieben. Eine typische Pumpenkennlinie für eine Zentrifugalpumpe zeigt Abb. 2.15. Die **Förderhöhe** H der Pumpe ist vornehmlich als Längenangabe (Meter) zu finden und beschreibt, wie hoch eine Pumpe eine bestimmte Flüssigkeitssäule transportieren kann. Hierdurch wird also die effektive Druckdifferenz

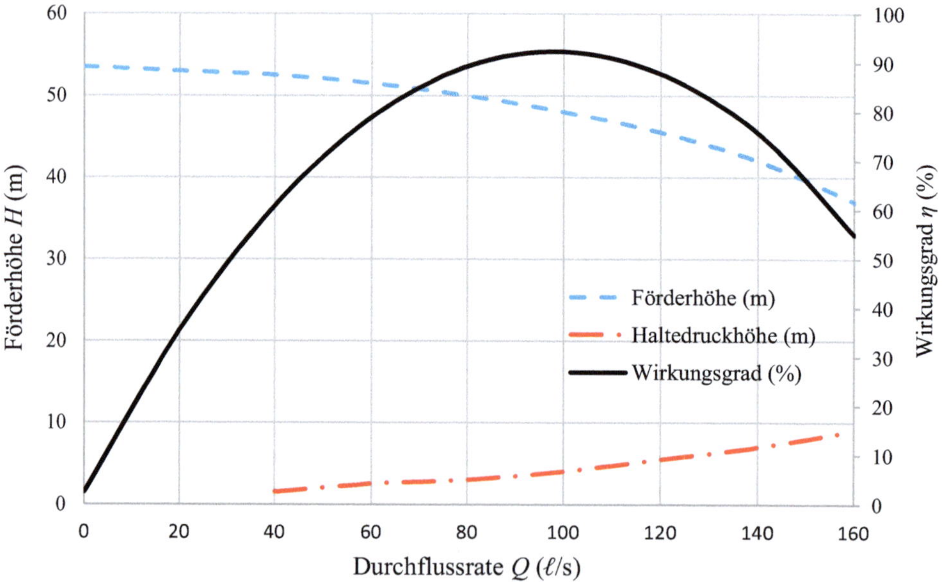

Abb. 2.15 Typische Pumpenkennlinie einer Zentrifugalpumpe

beschrieben, die eine Pumpe überwinden kann. Der **Wirkungsgrad** η einer Pumpe beschreibt, wie viel der in die Pumpe eingespeisten Leistung in potenzielle Energie der Flüssigkeit umgewandelt wird. Wie bei vielen technischen Anwendungen gilt: je höher der Wirkungsgrad, desto besser. Für Zentrifugalpumpen entspricht die **Haltedruckhöhe** (NPSH) dem minimalen Druck in der Pumpe, bevor Kavitation einsetzt. Kavitation beschreibt den Effekt, dass die Flüssigkeit in der Pumpe bei niedrigem Druck zu kochen anfängt. Dieser Effekt ist unerwünscht, weshalb der Druck im Innenteil der Pumpe höher sein muss als der in der Spezifikation angegebene Wert.

2.3.3 Variable Stromversorgung

Das letzte betrachtete Gerät im Bereich der Aktoren sind variable Stromversorgungen. Sie haben die Aufgabe Ströme am Eingang des Systems für dieses anzupassen. Da es sich hier um mechanische Geräte handelt, werden Probleme wie Nichtlinearitäten oder unvorhergesehenes Verhalten nicht auftreten. Wie bei allen technischen Geräten ist auch hier die Dimensionierung wichtig und muss auf die vorgegebenen Parameter angepasst werden.

2.4 Speicherprogrammierbare Steuerung (SPS)

Speicherprogrammierbare Steuerungen (SPS) sind kleine robuste Computer. Sie werden in der Industrie oft zur Überwachung von Prozessen wie Fertigungsstraßen, Robotern oder komplexen chemischen Reaktionen eingesetzt. SPS erlauben ein Aufzeichnen von verschiedenen Signalen und deren Weiterverarbeitung so, dass daraus Entscheidungen bzw. notwendige Aktionen abgeleitet werden können. Durch ihre Rechenleistung können sie auch komplexere mathematische oder logische Funktionen ausführen, mithilfe derer der Prozess gesteuert werden kann.

Wie in Abb. 2.16, dargestellt, besteht eine typische SPS aus sechs Komponenten:

1) **Eingänge**: Hier werden nutzbare (meist elektrische) Signale von Sensoren oder Switchen in den SPS eingekoppelt.
2) **Energieversorgung**: Hier wird die Energie bereitgestellt, die die SPS zum Arbeiten benötigt. Intern wird in der SPS meist der 5-V-Standard verwendet, von außen kön-

Abb. 2.16 Aufbau einer SPS

nen jedoch Spannungen von 230 V AC, 120 V AC oder auch 24 V DC anliegen. Somit besteht eine der Aufgaben einer Energieversorgung darin, die externe Spannung in die von der SPS verwendete Spannung umzuwandeln. Da die externe Spannungsversorgung je nach Standort variieren kann, zum Beispiel 230 V in Europa und 120 V in Nordamerika, wird die SPS-Energieversorgung als austauschbares Modul gebaut, das je nach vorhandener externer Spannungsversorgung gewechselt werden kann.

3) **Zentrale Verarbeitungseinheit (ZVE** oder**CPU)**: Die ZVE ist das „Gehirn" der SPS, hier werden alle Instruktionen, Kalkulationen, Operationen und Kontrollfunktionen ausgeführt.

4) **Speicher**: Die SPS braucht einen Speicher oder die Möglichkeit, Informationen für zukünftige Zwecke zu speichern. Der verfügbare Speicherplatz ist abhängig von der SPS und den aufgespielten Programmen. In manchen SPS können externe Speichermedien zur Aufstockung des Speicherplatzes eingesetzt werden. Im Wesentlichen sind zwei Speichertypen zu unterscheiden:

   a. **Festwertspeicher (ROM)**: Ein ROM ist ein permanenter Speicher für Informationen. Da ein echter ROM nicht gelöscht werden kann, werden in der Praxis sog. **löschbare programmierbare ROM (EPROM)** eingesetzt, sodass Aktualisierungen für das Betriebssystem der SPS eingespielt werden können.

   b. **Direktzugriffsspeicher (RAM)**: Ein RAM wird verwendet, um alle weiteren Informationen für eine SPS zu speichern. Hierzu zählen Programme und Variablen. Der Zugriff auf den RAM ist sehr schnell, wobei bei einem Ausfall der Energieversorgung auch die Daten gelöscht werden. Deshalb haben viele SPS einen eigenen Energiespeicher verbaut, der es erlaubt, die Daten aus dem RAM während einer Unterbrechung der Energieversorgung zu erhalten.

5) **Kommunikationseinheit**: Die Kommunikationseinheit erlaubt es der SPS, mit anderen Geräten über vorher festgelegte Protokolle zu kommunizieren. Oftmals besteht dieser Austausch aus einem Senden neuer oder aktualisierter Programme an die SPS. Im Allgemeinen ermöglicht die Kommunikationseinheit eine Verbindung zu einem Bedienerpanel, Druckern, Netzwerken oder anderen Computern aufzubauen.

6) **Ausgänge**: Hier wird der SPS der Informationsaustausch mit anderen Geräten ermöglicht, sodass die SPS Handlungsanweisungen an andere Geräte wie bspw. Motoren, Ventile, Pumpen und Alarmanlagen versenden kann.

Innerhalb einer SPS erfolgt die Kommunikation über Kupferkabel, sog. **Busse**. Busse bestehen aus Kabelbündeln, die einen Transfer von binären Informationen ermöglichen. Sind beispielsweise 8 Leitungen vorhanden, so können 8 Informationsbits pro Bus transportiert werden.

Eine typische SPS enthält vier Bussysteme:

1) **Datenbus:** Der Datenbus wird verwendet, um Informationen zwischen ZVE, Speicher und den Ein- und Ausgängen (E/A) auszutauschen.

2) **Addressbus:** Der Addressbus wird verwendet, um Speicheradressen weiterzugeben, von denen Daten geholt oder auf die Daten geschrieben werden sollen.

3) **Kontrollbus:** Der Kontrollbus wird verwendet, um den Datenverkehr auf verschiedenen Leitungen zu kontrollieren und zu synchronisieren.

4) **Systembus:** Der Systembus wird für die Kommunikation zwischen Ein- und Ausgängen verwendet.

Da eine SPS ähnlich wie ein Computer funktioniert, muss eine SPS programmiert werden, damit sie sinnvoll eingesetzt werden kann. Die Hauptanwendung von SPS ist die Überwachung und Regelung eines **Prozesses**. Ein Prozess in diesem Zusammenhang ist dabei alles, was Überwachung und Regelung benötigt. Das kann von einem einfachen System, dessen Ausgangswert auf einem bestimmten Pegel gehalten werden soll, bis hin zu einer komplexen Umgebung wie bspw. einem Raum, bei dem Kohlenmonoxidwerte, Temperatur und Luftfeuchtigkeit durch verschiedene Geräte auf einem bestimmten Niveau gehalten werden sollen, reichen. In Bezug auf SPS befindet sich ein Prozess in einem bestimmten **Betriebsmodus**[2], wenn der Prozess in einem speziellen Modus operiert, z. B. ist die Pumpe an oder aus oder sie arbeitet. Schließlich ist für die SPS noch ein **Nutzerprogramm** vonnöten, welches die Eingänge, internen Informationen und Ausgänge miteinander verknüpft und daraus Entscheidungen ableitet.

Bevor die Funktionsweise einer SPS genauer betrachtet wird, soll an dieser Stelle der Fokus auf die verschiedenen Betriebsmodi der SPS gelenkt werden. Im Allgemeinen werden hier **Programmier-**, **Stopp-**, **Fehler-**, **Diagnose-** und **Ausführungsmodus** unterschieden. Im Programmiermodus wird die SPS – üblicherweise über ein externes Gerät – programmiert. Im Stopp-Modus ist die SPS angehalten und kann lediglich Basisoperationen wie die Prüfung auf ihren Schaltzustand durchführen. Im Fehlermodus hat die SPS ein Problem erkannt und aufgehört zu arbeiten. Der Diagnosemodus dient der Prüfung und Validierung von Programmen, d. h. es werden keine Systemeingänge/-ausgänge verwendet, sondern oftmals Testsignale zur Überprüfung der Software. Im Ausführungsmodus führt die SPS normal die Berechnungen aus und arbeitet aktiv. Jeder Hersteller bezeichnet diese Betriebsmodi leicht unterschiedlich und es müssen nicht immer alle Modi in jeder SPS verfügbar sein.

Der wichtigste Modus für die Automatisierungstechnik ist der Ausführungsmodus. Hier führt die SPS vier Operationen in einem wiederkehrenden Zyklus aus.

1) **Interne Prozesse prüfen:** Hier überprüft die SPS ihren eigenen Zustand und entscheidet, ob sie bereit für den Einsatz ist. Sollte eine Rückmeldung von Hardware- oder Kommunikationsbausteinen fehlen, so ist die SPS in der Lage ein **Flag** zu setzen. Hierbei handelt es sich um eine logische boolesche Adresse oder um ein optisches Signal. Dieses kann vom Nutzer dann auf einen Fehlerstatus hin untersucht werden. Normalerweise wird die SPS den Betrieb fortsetzen, außer es handelt sich um einen

---

[2] Oft auch als *Zustand* bezeichnet, wobei diese Bezeichnung vermieden wird, da sie in der Regelungstechnik bzw. Prozessanalyse eine andere Bedeutung hat.

schwerwiegenden Fehler, dann wird der Betrieb (vorübergehend) gestoppt. In Zustand zur Prüfung interner Prozesse werden außerdem softwarenahe Ereignisse ausgeführt. Beispiele sind das Aktualisieren des Takts, die Änderung der Betriebsmodi der SPS und das Zurücksetzen der Watchdogs. Bei einem **Watchdog** handelt es sich um einen Zähler, der verhindert, dass das Programm zu lang für die Ausführung benötigt. Beispielsweise werden *while*-Schleifen mit einem Watchdog versehen, damit sie sich nicht in einer Endlosschleife festlaufen und somit Rechenleistung blockieren.

2) **Eingänge lesen:** In diesem Schritt werden die aktuell anliegenden Eingänge ins System kopiert. Das heißt, dass die SPS nur mit den Werten aus dem Speicher arbeiten wird und nicht überprüft, ob diese die gerade aktuellen Werte sind. Weiterhin ist das Lesen der Eingangsgrößen vom Speicher wesentlich schneller als der wiederholte Import von den Eingängen.

3) **Programm ausführen:** Nach dem Einlesen der Eingänge werden die Programme in der Reihenfolge des Codes ausgeführt. Diese Reihenfolge ist fest, kann aber durch unterschiedliche **Priorisierung** oder die Verwendung von bedingten Anweisungen und Unterprogrammen verändert werden. In diesem Schritt werden nur interne Variablen und Ausgangsadressen verändert. Die physikalischen Ausgänge des Systems werden nicht beeinflusst.

4) **Ausgänge aktualisieren:** Nachdem das Programm beendet ist, wird der Ausgangsspeicher beschrieben, sodass der Status und die Werte am Ausgang aktualisiert werden können. Dieser Schritt beendet einen Zyklus und die SPS wird wieder von vorn bei der Prüfung der internen Prozesse beginnen.

Es zeigt sich, dass die SPS die obigen vier Schritte im Ausführungsmodus wiederholt ausführt. Die Frage ist nun, welcher Ansatz für die Wiederholung gewählt werden soll. Gemäß Konvention heißt ein einzelner Durchlauf Scan, die benötigte Zeit **Zykluszeit**. In der Realität kann sich die Zykluszeit abhängig vom Scan ändern, denn je nach äußeren Bedingungen (externe Ereignisse, bedingte Verzweigungen) muss mehr oder weniger Code ausgeführt werden. Um die Wiederholungen effizient zusammenzufassen, kann ein Programm mit verschiedenen **Aufgaben** ausgestattet werden, deren Ausführung nach einer der drei folgenden Arten spezifiziert ist:

1) **Zyklische Ausführung:** Bei einer zyklischen Ausführung ist die Zeit zwischen den Scans festgelegt. Offensichtlich muss die Zeit so gesetzt sein, dass die SPS Zeit hat, alle nötigen Programmteile auszuführen. Gewisse Aufgaben wie Zählen oder Zeitmessung sollten immer zyklisch ausgeführt werden.

2) **Freilaufende Ausführung:** Bei der freilaufenden Ausführung startet der nächste Scan, sobald der vorherige beendet ist. Dies ist der schnellste Weg, um die Aufgaben auszuführen, da es keine Wartezeiten zwischen den Ausführungen gibt.

3) **Ereignisbasierte Ausführung:** Bei der ereignisbasierten Ausführung werden die Aufgaben nur dann ausgeführt, wenn eine bestimmte boolesche Bedingung erfüllt ist. Die ereignisbasierte Ausführung wird v. a. für Stopp-Signale, das Anlaufen von Prozessen oder weitere außergewöhnliche Vorgänge verwendet.

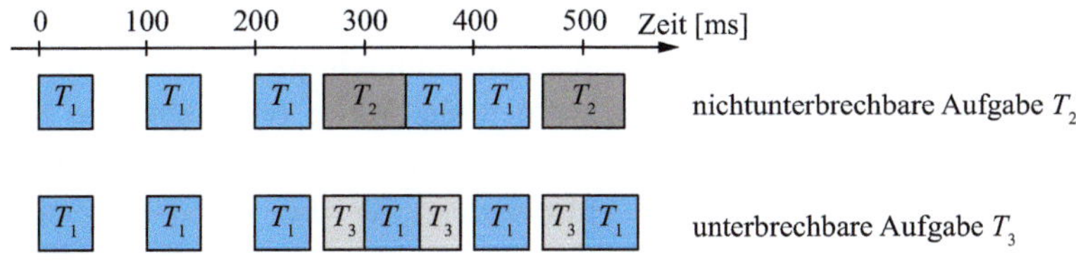

Abb. 2.17 Unterbrechbare und nichtunterbrechbare Aufgabe

Weiterhin ist es wichtig, die Natur der Aufgabe zu definieren, d. h. ob eine Aufgabe unterbrochen werden darf oder nicht. **Unterbrechbare** Aufgaben können unterbrochen werden, **nichtunterbrechbare** Aufgaben dürfen nicht unterbrochen werden. Den Unterschied zwischen den beiden Typen von Aufgaben zeigt Abb. 2.17. Die Priorität einer Aufgabe muss in einer Rangfolge von hoch nach niedrig spezifiziert werden (die Details hängen von der genutzten SPS und der Normung ab).

2.5 Kommunikationsgeräte

Der letzte wichtige Typ an Geräten sind die Kommunikationsgeräte, welche es Sensoren, Aktoren und Kontrolllogik erlauben, miteinander zu kommunizieren. Die folgenden Geräte werden oftmals vorgefunden:

1) **Analog-Digital-Wandler** (auch *Analog-Digital-Umsetzer* oder **A/D-Wandler**): A/D-Wandler wandeln die analogen Sensorsignale in digitale Signale um. An diesem Punkt spielt die Quantisierung (bzw. deren Auflösung) eine entscheidende Rolle. Ist eine unzureichende Anzahl an Quantisierungsstufen vorhanden, so kann es vorkommen, dass die eingehenden Daten nicht genügend Informationen liefern.
2) **Digital-Analog-Wandler** (auch *Digital-Analog-Umsetzer* oder **D/A-Wandler**): D/A-Wandler wandeln die digitalen Signale eines Computers oder einer Software in analoge Signale um, die für Aktoren genutzt werden können. Oftmals genutzte Methoden sind Halteglieder nullter Ordnung, bei denen der aktuelle Wert so lange gehalten wird, bis ein neuer Wert anliegt, oder Halteglieder erster Ordnung, bei denen aus dem Mittelwert der vorhergehenden Werte der aktuelle Signalpegel bestimmt wird. Veränderungen treten auch hier erst dann auf, wenn ein neuer Wert anliegt. In den meisten Fällen wird ein Halteglied nullter Ordnung verwendet, da es wesentlich einfacher aufgebaut ist.

3) **Kontrollsoftware:** Die Kontrollsoftware kann entweder direkt auf einer SPS angesiedelt oder in einem externen Computerprogramm implementiert sein.

4) **Datenhistorie:** In der Datenhistorie werden alle Werte für zukünftige Nutzung gespeichert. Die Wahl einer angemessenen Abtastzeit, bzw. wie schnell die Daten aufgenommen werden können, kann entscheidend für die Weiterverwendbarkeit der Daten für zukünftige Anwendungen sein.

5) **Netzwerkkabel, Switche und weitere Geräte**: Mit diesen Geräten wird die physikalische Konnektivität und somit eine Implementierung der Strategie gewährleistet.

Das Hauptproblem bei der Auslegung der Kommunikationsgeräte ist die verfügbare **Bandbreite.** Je schneller die Daten abgetastet werden und je mehr Berechnungen erforderlich sind, desto höhere Bandbreite und Rechenleistung werden benötigt.

In der Automatisierungstechnik können Signale nach verschiedensten Verfahren kodiert sein. Die zwei meistverwendeten Standards sind der strombasierte Ansatz von 4 bis 20 mA und der druckbasierte Ansatz von 3 bis 15 psig.[3] Beide Ansätze starten nicht mit Werten bei null, denn der Wert 0 ist entweder ein Indikator dafür, dass das Gerät nicht korrekt funktioniert oder dass der Wert tatsächlich null ist. Der Messwert 0 wird nach dem Ansatz des **lebenden Nullpunkts** einem bestimmten Strom-/Druckwert ungleich null aus dem Wertebereich zugeordnet, womit es möglich wird zwischen dem Wert 0 und einem fehlerhaften Wert zu unterscheiden. Durch die Einführung des Konzepts eines lebenden Nullpunkts ist es zudem möglich, Teile des Stroms/Drucks für den Betrieb des Geräts zu verwenden, d. h. auf zusätzliche Stromversorgung verzichten zu können. Das heißt, dass das Gerät auch in abgelegenen Gebieten ohne eigene Stromversorgung genutzt werden kann. Die untere Schranke ist historisch als der kleinste mess- bzw. bestimmbare Wert definiert. Die obere Schranke ist in den meisten Fällen so gewählt, dass ein Verhältnis von 1:5 zwischen unterer und oberer Schranke eingehalten wird.

Weiterführende Literatur

Nachfolgend wird Literatur angegeben, die zusätzliche Informationen zum jeweiligen Thema bereitstellt:

1) **Aktoren und Sensoren**
    a. G. D. Ulrich and P. T. Vasudevan (2004). *Chemical Engineering Process Design and Economics: A Practical Guide* (2. Ausg.), Durham, New Hampshire, USA: Process Publishing.
    b. Don W. Green (Hrsg.) (2018). *Perry's Chemical Engineers' Handbook.* (85. Ausg.), New York, New York, USA: McGraw-Hill.

---

[3] Die Einheit *psi* steht für *pounds (force) per square inch.* Der Umrechnungsfaktor lautet 1 psi = 6,894 757 kPa. Das *g* steht für *gauge,* was Überdruck symbolisiert.

2) **SPS**: K.-H. John und M. Tiegelkamp (2009). *SPC-Programmierung mit IEC 61131-3: Konzepte und Programmiersprachen, Anforderungen an Programmiersysteme, Entscheidungshilfen (2. Ausg.).* Berlin, Deutschland: Springer.

2.6 Aufgaben zum Kapitel

Die Aufgaben zum Kapitel bestehen aus drei verschiedenen Typen: (a) Grundlegende Konzepte (Wahr/Falsch), die das Verständnis des Lesers zu den wesentlichen Inhalten des Kapitels überprüfen; (b) Übungsaufgaben, die darauf ausgelegt sind, die Fähigkeit des Lesers zu überprüfen, die erforderlichen Größen für einen unkomplizierten Datensatz mit einfachen oder ohne technische Hilfsmittel zu berechnen.

2.6.1 Grundlagen

Stellen Sie fest, ob die folgenden Aussagen wahr oder falsch sind und begründen Sie Ihre Entscheidung!

1) Ein analoges Signal ist kontinuierlich sowohl im Zeit- als auch im Wertebereich.
2) Ein binäres Signal ist ein Beispiel für ein digitales Signal.
3) Ein Signal kann nur im Wertebereich diskretisiert werden.
4) Ein präziser Sensor wird immer einen Wert nahe dem wahren Wert ausgeben.
5) Wenn der Messwert des Sensors 3 kg mit einer Standardabweichung von 0,5 kg beträgt und der wahre Wert bei 10 kg liegt, so kann man feststellen, dass der Sensor richtig und präzise ist.
6) Die Druckdifferenz wird in einem Manometer mittels eines Wandlers bestimmt.
7) Mithilfe eines Differenzdrucksensors kann der Füllstand eines Tanks gemessen werden.
8) Venturirohre sind ein Beispiel eines druckbasierten Durchflussmessgeräts.
9) Der Doppler-Effekt kann zur Bestimmung von Durchflussraten genutzt werden.
10) Der Seebeck-Effekt ermöglicht die Messung von Druckänderungen.
11) Ein Typ-J-Thermoelement kann genutzt werden, um die Temperatur geschmolzener Kieselerde (Mineralien mit hohem Siliziumgehalt) zu messen, wobei diese mindestens 1000 °C beträgt.
12) Es ist nicht möglich, Temperaturen unter 0 °C mithilfe von Thermoelementen zu messen.
13) Aktoren sollten so gewählt werden, dass sie in einem Bereich von 20 bis 60 % betrieben werden.
14) Ventile sind ein Typ von Aktoren, die den Durchfluss beschränken.
15) Ein luftschließendes Ventil bleibt offen, sollte die Luftzufuhr versagen.
16) Ein schnellöffnendes Ventil ist gut geeignet für eine schnelle Dosierung von Flüssigkeiten.

17) Haftgleiteffekte in Ventilen resultieren aus dynamischen Reibeinflüssen in den beweglichen Teilen.

18) Der Wirkungsgrad einer Pumpe repräsentiert den Druckgradienten, den sie bei einer bestimmten Durchflussrate erzeugen kann.

19) Eine SPS besteht aus Eingängen, Energieversorgung, ZVE, Speicher, Ausgängen und Kommunikationsgeräten.

20) Ein Bus in einer SPS ist ein Ort im Speicher, der für die Ablage von Informationen über den Speicherort verschiedener Variablen genutzt wird.

21) Eine SPS im Programmiermodus wird von einem externen Gerät aus programmiert.

22) Ein Flag in einer SPS ist eine boolesche Variable, die das Vorhandensein eines Fehlerzustands anzeigt.

23) Ein Watchdog in einer SPS ist eine Variable, die die SPS davor bewahrt, während des Ausführens von externen Nutzern unterbrochen zu werden.

24) Ein SPS-Zyklus ist die Zeit, die die SPS benötigt, um die Eingänge zu lesen.

25) Freilaufende Ausführung tritt dann auf, wenn eine SPS eine Aufgabe nur beim Auftreten eines externen Ereignisses ausführt.

26) Eine unterbrechbare Aufgabe kann nicht unterbrochen werden.

27) Ein Analog-Digital-Wandler ist in allen rechnergestützten Automatisierungslösungen zu finden.

28) Eine Datenhistorie sammelt die Daten aus einem Prozess.

29) Ein lebender Nullpunkt bedeutet, dass der Strom einen Wert von 4 mA erreicht, wenn der Sensor den Wert null annimmt.

30) Eine SPS hat normalerweise einen Energiespeicher, um Energie für den Fall eines Versorgungsausfalls bereitzustellen.

2.6.2 Übungsaufgaben

Diese Aufgaben sollen mit einem einfachen, nicht programmierbaren und nicht grafikfähigen Taschenrechner mithilfe von Stift und Papier gelöst werden.

31) Nehmen Sie an, Sie sind beauftragt worden, ein Automatisierungssystem für eine Tür zu entwerfen, das anzeigt, wer sich an der Tür befindet. Falls nötig, soll es dem Hausbesitzer ermöglichen, die Tür zu öffnen. Listen Sie bitte alle Sensoren, Aktoren und weiteren Geräte, die Sie zur Ausführung dieser Aufgabe benötigen, auf.

32) Betrachten Sie die Aufgabe, die Temperatur in einem Glasschmelzofen zu überwachen. Welche Überlegungen sollten Sie in Betracht ziehen? Welche Sensoren würden Sie benutzen?

33) Betrachten Sie die Aufgabe, eine Mischung aus Sand, Wasser, Öl, Luft und verschiedenen Partikeln zu pumpen. Was müssen Sie beachten, wenn Sie die Pumpe konstruieren? Welche Arten von Sensoren würden Sie benutzen? Denken Sie, dass Sie sehr gute Ergebnisse erzielen werden?

Tab. 2.2 Daten zur Anfertigung der Ventilkennlinie (Aufgabe 34)

%offen	Durchflussrate, $\dot{m}$ (kg/min)			%offen	Durchflussrate, $\dot{m}$ (kg/min)		
	Lauf 1	Lauf 2	Lauf 3		Lauf 1	Lauf 2	Lauf 3
0	0	0	0	90	10,7	10,7	10,7
10	0,5	0,5	0,4	80	10	10	10
20	2,3	2,3	2,3	70	9,2	9,2	9,2
30	4	4	4	60	8,3	8,3	8,4
40	5,6	5,5	5,5	50	7,2	7,2	7,2
50	6,8	6,8	6,8	40	6	6	6
60	8	8	7,9	30	4,6	4,6	4,6
70	8,9	8,9	8,9	20	3	3	3
80	9,7	9,7	9,7	10	1,2	1,2	1,2
90	10,4	10,5	10,5	0	0	0	0
100	11	11	11				

Tab. 2.3 Sensor-Kalibrierungsdaten für Aufgabe 35

Gemessene Höhe (m)	Sensorwert (m)		Gemessene Höhe (m)	Gemessene Höhe (m)	
	Lauf 1	Lauf 2		Lauf 1	Lauf 2
0.00	0.02	0.03	0.30	0.321	0.312
0.10	0.115	0.105	0.35	0.348	0.349
0.15	0.149	0.152	0.40	0.412	0.392
0.20	0.229	0.215	0.45	0.452	0.457
0.25	0.248	0.251	0.50	0.512	0.493

34) Betrachten Sie die Daten aus Tab. 2.2. Zeichnen Sie mithilfe der Daten die Ventil-kennlinie. Bestimmen Sie den Ventiltyp und geben Sie an, wie reproduzierbar die Werte sind. Gibt es statische oder dynamische Nichtlinearitäten? Wie können Sie dies bestimmen?

35) Betrachten Sie die Sensordaten aus Tab. 2.3. Sie sollen herausfinden, ob der Sensor gut gegen die gemessenen Werte kalibriert ist. Bestimmen Sie, ob die Kalibrierung korrekt durchgeführt wurde. Sind die Werte verlässlich?

Mathematische Darstellung eines Prozesses **3**

Um einen Prozess zu verstehen und nützliche Informationen über diesen bereitstellen zu können, ist es wichtig zu verstehen, wie verschiedene Prozesse und Systeme beschrieben werden können. In der Praxis haben sich zwei Beschreibungsformen etabliert: **mathematisch** und **schematisch**. Die mathematische Beschreibung fokussiert sich auf die Bereitstellung eines abstrakten Prozessmodells. Eine gute mathematische Beschreibung ermöglicht es, zu verstehen, wie das System im Moment arbeitet und wie es sich in der Zukunft verhalten wird. Eine schematische Beschreibung auf der anderen Seite erlaubt es, die Beziehungen zwischen den Komponenten und ihre Interaktion darzustellen. Es ist vorwiegend eine visuelle Repräsentation, die es erlaubt, den Prozess auf dem Papier darzustellen.

Oftmals genutzte mathematische Modelle sind das **Zustandsraummodell**, die **Übertragungsfunktion** und **Automaten**.

3.1 Laplace- und *z*-Transformation

Bevor wir die mathematischen Modelle selbst betrachten, ist es hilfreich zwei typische Transformationen zwischen Zeit- und Frequenzbereich genauer zu betrachten: die Laplace- und die z-Transformation. Handelt es sich um eine kontinuierliche Funktion im Zeitbereich, so wird die **Laplace-Transformation** angewendet, wohingegen bei einer zeitdiskreten Funktion im Zeitbereich die z**-Transformation** genutzt wird.

© Der/die Autor(en), exklusiv lizenziert an Springer-Verlag GmbH, DE, ein Teil von Springer Nature 2026
Y. A.W. Shardt und C. Gatermann, *Automatisierungstechnik,*
https://doi.org/10.1007/978-3-662-72649-5_3

3.1.1 Laplace-Transformation

Die **Laplace-Transformation** transformiert eine Funktion vom Zeitbereich in den Laplace-Bereich (Frequenzbereich II[1]). Dies ermöglicht die Lösung komplexer Differentialgleichungen als einfache algebraische Gleichungen. Durch diese Eigenschaft wird die Laplace-Transformation häufig in der Automatisierungstechnik eingesetzt, um das Verhalten der Prozesse besser zu verstehen und Lösungen für verschiedene Regelungsprobleme zu erhalten.

Die Laplace-Transformation ist definiert als[2]

$$F(s) = \int_{0^-}^{\infty} f(t)e^{-st}dt. \tag{3.1}$$

Hierbei ist F die Laplace-transformierte Funktion (Bildfunktion), f die Originalfunktion im Zeitbereich und s die Laplace-Variable. Konventionell wird die Laplace-Transformation durch ein Schreibschrift $\mathcal{L}$ dargestellt, d. h. $F(s)=\mathcal{L}(f(t))$. Typischerweise wird die Rücktransformation vom Laplacebereich in den Zeitbereich, also die inverse Laplace-Transformation, durch das Symbol $\mathcal{L}^{-1}$ dargestellt. Tab. 3.1 enthält eine Zusammenfassung der wichtigsten Laplace-Transformationspaare. Die Laplace-Transformation hat zudem folgende nützliche Eigenschaften:

1) **Superposition**: $\mathcal{L}(f + g) = \mathcal{L}(f) + \mathcal{L}(g)$.

2) **Homogenität**: $\mathcal{L}(\alpha f) = \alpha\mathcal{L}(f)$, $\alpha \in \mathbb{R}$.

3) **Faltung**: $\mathcal{L}(f*g) = \mathcal{L}\left(\int_{0^-}^{t} f(\tau)g(t - \tau)d\tau\right) = F(s)G(s)$, wobei $*$ der Faltungsoperator ist.

4) **Verschiebungssätze**: Die folgenden Regeln können für die Lösung von Aufgabenstellungen mithilfe der Laplace-Transformation hilfreich sein ($u(t)$ ist in diesem Fall der Einheitssprung, $\delta(t)$ ist das Dirac-Delta und $a \geq 0$):

$$\mathcal{L}(f(t - a)\,u(t-a)) = e^{-as}F(s) \tag{3.2}$$

$$\mathcal{L}(g(t)\,u(t-a)) = e^{-as}\mathcal{L}(g(t + a)) \tag{3.3}$$

$$\mathcal{L}(\delta(t-a)) = e^{-as} \tag{3.4}$$

$$\mathcal{L}(f(t)\,\delta(t-a)) = f(a)\,e^{-as} \tag{3.5}$$

---

[1] Im Gegensatz dazu wird der Bereich definiert durch $j\omega$ als Frequenzbereich I bezeichnet.

[2] Die Notation 0^- stellt die linke Grenze des Signals oder den Zustand vor dem Beginn dar. In den meisten Fällen entspricht dies dem Wert bei 0. Für Funktionen mit Unstetigkeiten bei 0 trifft dies jedoch nicht zu. In ähnlicher Weise stellt 0^+ die rechte Grenze oder den Zustand nach dem Beginn dar. Weitere Informationen zu diesem Thema finden Sie in Lundberg *et al.* (2007).

5) **Endwertsatz**: Unter der Annahme, dass die Polstellen (Nullstellen des Nenners) der $sF(s)$ in der linken komplexen Halbebene[4] liegen, gilt

$$\lim_{t \to \infty} f(t) = \lim_{s \to 0} s\, F(s) \tag{3.6}$$

6) **Anfangswertsatz**: Der Funktionswert im Zeitbereich für den Anfangszeitpunkt $t = 0^+$ ist gegeben durch

$$\lim_{t \to 0^+} f(t) = \lim_{s \to \infty} sF(s) \tag{3.7}$$

Oftmals ist es notwendig, eine gegebene Laplace-Transformierte in den Zeitbereich rückzutransformieren. Dies kann durch die Nutzung der inversen Laplace-Transformation L^{-1} erfolgen, sodass $L^{-1}(L(f(t))) = f(t)$. In den meisten Problemen der Automatisierungstechnik reduziert sich der allgemeine Fall auf das Finden von Zeitbereichsrepräsentationen einiger rationaler Funktionen in s. In diesem Fall kann die Partialbruchzerlegung (siehe Anhang I) zur Aufteilung des Bruchs im Laplacebereich in seine Komponenten verwendet werden, sodass die bekannten Transformationspaare aus Tab. 3.2 nutzbar werden.

Tab. 3.1 Übersicht über typische Laplace-Transformationspaare

Beschreibung	Zeitbereich $f(t)$	Laplacebereich $F(s)$
Dirac-Delta oder Impulsfunktion, δ	$\delta(t - a) = \begin{cases} 0 & t \neq a \\ \infty & t = a \end{cases}$	e^{-as}
Einheitssprung, u	$u(t) = \begin{cases} 0 & t \leq 0 \\ 1 & t > 0 \end{cases}$	s^{-1}
Polynome	$\frac{t^{n-1}}{(n-1)!}$	$\frac{1}{s^n}$
Exponentialfunktion	e^{-at}	$(s+a)^{-1}$
Cosinus	$e^{-at} \cos(\omega t)$	$\frac{s+a}{(s+a)^2 + \omega^2}$
Sinus	$e^{-at} \sin(\omega t)$	$\frac{\omega}{(s+a)^2 + \omega^2}$
Ableitung[3]	$\frac{d^n f(t)}{dt^n} = f^{(n)}(t)$	$s^n F(s) - \sum_{k=1}^{n} s^{k-1} f^{(n-k)}\left(0^-\right)$
Integration	$\int_{0^-}^{\infty} f(t)\, dt$	$\frac{1}{s} F(s)$
Zeitverschiebung (oder Totzeit)	$f(t-a)\, u(t-a)$	$e^{-as} F(s)$

---

[3] Wenn angenommen wird, dass sich das System initial in einem stationären Zustand befindet und Abweichungsvariablen verwendet werden, so sind alle Ableitungen gleich Null und die Gleichung wird auf den ersten Term $s^n F(s)$ reduziert.

[4] Äquivalente Aussagen: Der Realteil aller Polstellen muss kleiner 0 sein oder das System ist stabil.

Tab. 3.2 Nützliche inverse Laplace-Transformationspaare

$L(f(t))$	$f(t)$
$\dfrac{A}{Cs+D}$	$\dfrac{A}{C}e^{\frac{-D}{C}t}$
$\dfrac{A}{(Cs+D)^n}$	$\dfrac{A}{(n-1)!C^n}t^{n-1}e^{\frac{-D}{C}t}$
$\dfrac{Cs+E}{\alpha s^2+\beta s+\gamma}$ (irreduzible Quadratform)	$\left(\dfrac{E-\frac{C\beta}{2\alpha}}{\sqrt{\alpha\rho}}\right)e^{\frac{-\beta}{2\alpha}t}\sin\left(t\sqrt{\frac{\rho}{\alpha}}\right)+\left(\dfrac{C}{\alpha}\right)e^{\frac{-\beta}{2\alpha}t}\cos\left(t\sqrt{\frac{\rho}{\alpha}}\right)$ mit $\rho=\gamma-\dfrac{\beta^2}{4\alpha}\geq 0$
$\dfrac{Cs+D}{(\alpha s^2+\beta s+\gamma)^n}$ (irreduzible Quadratform)	$\left(\dfrac{C}{\alpha^n(n-2)!}\right)\left[\left(t^{n-2}e^{\frac{-\beta}{2\alpha}t}\right)\otimes\left(e^{\frac{-\beta}{2\alpha}t}\cos\left(t\sqrt{\frac{\rho}{\alpha}}\right)\right)^{\otimes n}\right]+$ $\left(\dfrac{2\alpha D-C\beta}{2\alpha^{n+1}}\left(\dfrac{\alpha}{\rho}\right)^{n/2}\right)\left(e^{\frac{-\beta}{2\alpha}t}\sin\left(t\sqrt{\frac{\rho}{\alpha}}\right)\right)^{\otimes n}$ mit $n\neq 1,\ \rho=\gamma-\dfrac{\beta^2}{4\alpha}\geq 0,\ \otimes$ ist die Faltung und $(f)^{\otimes n}$ als die n-fache Faltung von f, d. h. $\underbrace{f\otimes f\otimes f\cdots f}_{n\ \text{Mal}}$

Beispiel 3.1: Laplace-Transformation

Bestimmen Sie die Laplace-Transformierte der Funktion

$$y_t = t^5 + e^{-5t}\cos(7t) \tag{3.8}$$

Lösung

Da die Laplace-Transformation linear ist, können wir die Laplace-Transformierten der Summanden einzeln bestimmen und die Teile anschließend wieder zusammensetzen. Tab. 3.1 liefert uns, dass

$$\mathcal{L}\left(\frac{t^{n-1}}{(n-1)!}\right)=\frac{1}{s^n} \tag{3.9}$$

Setzen wir $n-1=5$, was dem Exponenten von t^5 entspricht und beachten wird, dass wir beide Seiten mit dem Faktor $(n-1)!$ multiplizieren müssen, so erhalten wir eine Laplace-Transformierte von

$$\mathcal{L}(t^5)=\frac{5!}{s^6} \tag{3.10}$$

Aus Tab. 3.1 erhalten wir analog für den zweiten Summanden

$$\mathcal{L}(e^{-at}\cos(\omega t))=\frac{s+a}{(s+a)^2+\omega^2} \tag{3.11}$$

Verglichen mit der vorliegenden Form sehen wir, dass $a=5$ und $\omega=7$. Somit ergibt sich die Laplace-Transformierte zu

$$\mathcal{L}\left(e^{-5t}\cos\left(7t\right)\right) = \frac{s+5}{(s+5)^2+7^2} \tag{3.12}$$

Die Kombination der Laplace-Transformierten der beiden Summanden ergibt

$$\mathcal{L}\left(t^5 + e^{-5t}\cos\left(7t\right)\right) = \frac{5!}{s^6} + \frac{s+5}{(s+5)^2+7^2} \tag{3.13}$$

Dies ist gleichzeitig die Laplace-Transformierte der Funktion y_t.

Beispiel 3.2: Inverse Laplace-Transformation
Bestimmen Sie die Zeitbereichsdarstellung der folgenden Laplace-Transformierten

$$Y(s) - \frac{5}{10s+1} + \frac{8}{(2s+1)^5} \tag{3.14}$$

Hinweis: Die Funktion ist bereits als Partialbruchzerlegung dargestellt.

Lösung
Die Lösung bestimmen wir, indem wir beide Partialbrüche separat betrachten und mit den in Tab. 3.2 gegebenen Termen vergleichen. Für den ersten Summanden ergibt sich die Transformation gemäß Tab. 3.2 zu

$$\mathcal{L}^{-1}\left(\frac{A}{Cs+D}\right) = \frac{A}{C}e^{\frac{-D}{C}t} \tag{3.15}$$

Aus dem Vergleich der allgemeinen Form mit dem ersten Summanden erkennen wir, dass $A=5$, $C=10$ und $D=1$ ist, woraufhin sich die inverse Laplace-Transformierte ergibt:

$$\mathcal{L}^{-1}\left(\frac{5}{10s+1}\right) = \frac{5}{10}e^{\frac{-1}{10}t} = 0,5e^{-0,1t} \tag{3.16}$$

Die allgemeine Form für den zweiten Term lautet

$$\mathcal{L}^{-1}\left(\frac{A}{(Cs+D)^n}\right) = \frac{A}{(n-1)!C^n}t^{n-1}e^{\frac{-D}{C}t} \tag{3.17}$$

Aus dem Vergleich der allgemeinen Form mit dem zweiten Summanden erkennen wir, dass $A=8$, $C=2$, $D=1$ und $n=5$ ist, woraufhin sich die inverse Laplace-Transformierte ergibt:

$$\mathcal{L}^{-1}\left(\frac{8}{(2s+1)^5}\right) = \frac{8}{(5-1)!2^5}t^{5-1}e^{-\frac{1}{2}t} = \frac{1}{96}t^4 e^{-0,5t} \tag{3.18}$$

Die Kombination der beiden Terme ergibt die zugehörige Funktion im Zeitbereich:

$$y_t = \mathcal{L}^{-1}\left(\frac{5}{10s+1} + \frac{8}{(2s+1)^5}\right) = 0{,}5e^{-0{,}1t} + \frac{1}{96}t^4 e^{-0{,}5t} \tag{3.19}$$

3.1.2 *Z*-Transformation

Die *z*-**Transformation** transformiert eine zeitdiskrete Funktion vom Zeitbereich in den *z*-Bereich (Frequenzbereich). Dies ermöglicht die Lösung komplexer Differenzengleichungen als einfache algebraische Gleichungen. Durch diese Eigenschaft wird die *z*-Transformation häufig in der Automatisierungstechnik eingesetzt, um das Verhalten der Prozesse besser zu verstehen und Lösungen für verschiedene Regelungsprobleme zu erhalten.

Die *z*-Transformation ist definiert als

$$F(z) = \sum_{n=0}^{\infty} f_n z^{-n} \tag{3.20}$$

Hierbei ist F die *z*-transformierte Funktion (Bildfunktion), f die Originalfunktion im Zeitbereich und Z die Transformationsvariable. Konventionell wird die *z*-Transformation durch ein Schreibschrift $\mathcal{L}$ (U+1D4B5) dargestellt. Tab. 3.3 enthält eine Zusammenfassung der wichtigsten *z*-Transformationspaare. Die *z*-Transformation hat zudem folgende nützliche Eigenschaften:

- **Superposition**: $\mathcal{Z}(f + g) = \mathcal{Z}(f) + \mathcal{Z}(g)$.
- **Homogenität**: $\mathcal{Z}(\alpha f) = \alpha\,\mathcal{Z}(f)$, $\alpha \in \mathbb{R}$.
- **Endwertsatz**: Unter der Annahme, dass die Polstellen (Nullstellen des Nenners) der $(z-1)F(z)$ innerhalb des Einheitskreises[6] liegen, so gilt

$$\lim_{k \to \infty} f_k = \lim_{z \to 1}(z-1)F(z) \tag{3.21}$$

- **Anfangswertsatz**: Der Wert im Zeitbereich für den Startpunkt $k=0$ ist gegeben durch

$$\lim_{k \to 0} f_k = \lim_{z \to \infty} z\,F(z) \tag{3.22}$$

Wie in Tab. 3.3 dargestellt, enthalten viele Formen den Ausdruck z^{-1}. Aus diesem Grund wird in der Automatisierungstechnik oftmals z^{-1} als Variable genutzt und als **Rückwärtsverschiebeoperator** bezeichnet. Die Umwandlung zwischen den beiden Darstellungen ist

---

[6] Die Nullstellen werden in Abhängigkeit von z ausgedrückt. Gleichermaßen gilt: Das System ist stabil.

Tab. 3.3 Übersicht über typische z-Transformationspaare (T_s ist die Abtastzeit)

Beschreibung	Zeitbereich (kontinuierlich) $f(t)$	Zeitbereich (diskret) $f(kT_s)$	z-Bereich $F(z)$
Dirac-Delta oder Impulsfunktion, δ[5]	$\delta(t-a) = \begin{cases} 0 & t \neq a \\ \infty & t = a \end{cases}$	$\delta_{k-a} = \begin{cases} 0 & k \neq a \\ 1 & k = a \end{cases}$	z^{-a}
Einheitssprung, u	$u(t) = \begin{cases} 0 & t \leq 0 \\ 1 & t > 0 \end{cases}$	$u_k = \begin{cases} 0 & k \leq 0 \\ 1 & k > 0 \end{cases}$	$\frac{1}{1-z^{-1}}$
Exponentialfunktion	e^{at}	e^{akT_s}	$\frac{1}{1-e^{aT_s}z^{-1}}$
Exponentialfunktion + Cosinus	$e^{at}\cos(\omega t)$	$e^{akT_s}\cos(\omega kT_s)$	$\frac{1-e^{aT_s}\cos(\omega T_s)z^{-1}}{1-2e^{aT_s}\cos(\omega T_s)z^{-1}+e^{2aT_s}z^{-2}}$
Exponentialfunktion + Sinus	$e^{at}\sin(\omega t)$	$e^{akT_s}\sin(\omega kT_s)$	$\frac{e^{aT_s}\sin(\omega T_s)z^{-1}}{1-2e^{aT_s}\cos(\omega T_s)z^{-1}+e^{2aT_s}z^{-2}}$
Allgemeine Potenzreihe		u^k	$\frac{1}{1-az^{-1}}$
Erste Differenz (Ableitung)	$\frac{df}{dt}$	$f_k - f_{k-1}$	$(1-z^{-1})F(z)$
Zeitverschiebung (oder Totzeit)	$f(t-a)u(t-a)$	$f_{k-a}u_{k-a}$	$z^{-a}F(z)$

relativ einfach, da es sich um die Multiplikation mit der höchsten in der Gleichung vorkommenden Potenz handelt.

Die inverse Operation zur Bestimmung der Zeitbereichsdarstellung der Funktion wird mithilfe der inversen z-Transformation ausgeführt. Nachdem die meisten Probleme in der Automatisierungstechnik rationale Funktionen von z betrachten, ist es notwendig, die rationalen Funktionen durch Partialbruchzerlegung in ihre Komponenten aufzuteilen (siehe Anhang I für die Details). Nach der Bildung der einzelnen Partialbrüche können wir Tab. 3.4 nutzen, um die korrespondierenden Funktionen im Zeitbereich zu finden. Anstelle der Partialbruchzerlegung ist auch die Verwendung von Polynomdivision möglich, um die einzelnen Werte zu erhalten. Zu beachten ist jedoch, dass dies eher langwierig und kompliziert ist.

> **Beispiel 3.3: Z-Transformation**
>
> Berechnen Sie die z-Transformierte der folgenden Funktion
>
> $$y_k = \begin{cases} 0 & k < 2 \\ 5^{k-2}, & k \geq 2 \end{cases} \tag{3.23}$$

---

[5] Im diskreten Bereich wird das Dirac-Delta am häufigsten als *Kronecker-Delta* bezeichnet.

Lösung

Aus Tab. 3.3 sehen wir, dass die Potenzfunktion a^k die z-Transformierte

$$\frac{1}{1 - az^{-1}} \tag{3.24}$$

hat. In unserem Fall bedeutet das $a = 5$. Weiterhin stellen wir fest, dass die Werte um zwei Abtastzeitpunkte verschoben sind. Deshalb müssen wir zusätzlich die Verschiebungsformel aus Tab. 3.3 anwenden, um das finale Ergebnis zu erhalten. Die z-Transformierte ist somit

$$\mathcal{Z}\left(5^{k-2}\right) = \frac{z^{-2}}{1 - 5z^{-1}} \tag{3.25}$$

Beispiel 3.4: Inverse z-Transformation

Bestimmen Sie die inverse z-Transformierte für die folgende Funktion

$$\frac{2}{1 + 5z^{-1}} \tag{3.26}$$

im Zeitbereich.

Lösung

Aus Tab. 3.4 sehen wir, dass die Funktion den ersten Fall mit $A = 2$, $C = 1$ und $D = 5$ darstellt. Somit ergibt sich die Zeitbereichsdarstellung zu

$$\mathcal{Z}^{-1}\left(\frac{2}{1 + 5z^{-1}}\right) = \frac{A}{C}\left(-\frac{D}{C}\right)^k = \frac{2}{1}\left(-\frac{5}{1}\right)^k = 2(-5)^k \tag{3.27}$$

Tab. 3.4 Übersicht nützlicher inverser z-Transformationen (A und D können komplexe Werte sein.)

$Z(y_k)$	y_k
$\dfrac{Az}{Cz+D} = \dfrac{A}{C+Dz^{-1}}$	$y_k = \dfrac{A}{C}\left(-\dfrac{D}{C}\right)^k$
$\dfrac{Az}{(Cz+D)^n}$	$y_k = \dfrac{A}{C^n}\left(\dfrac{\prod_{j=1}^{n-1} k-j+1}{\alpha^{n-1}(n-1)!}\right)\alpha^k,\ \alpha = -\dfrac{D}{C}$
$\dfrac{A}{(C+Dz^{-1})^n},\ n \in \mathbb{Z}$	$y_k = \dfrac{A}{C^n}\begin{pmatrix} k+n-1 \\ n-1 \end{pmatrix}\alpha^k,\ \alpha = -\dfrac{D}{C}$

Schließlich können wir feststellen, dass es eine Beziehung zwischen der Laplace-Transformation (zeitkontinuierlich) und der z-Transformation (zeitdiskret) gibt:

$$z = e^{sT} \tag{3.28}$$

T ist dabei die Abtastzeit. Das bedeutet, dass die Ergebnisse, die wir im kontinuierlichen Bereich erhalten, eine transformierte Lösung im diskreten Bereich haben. Die imaginäre Achse des zeitkontinuierlichen Bereichs wird dabei auf den Rand des Einheitskreises im zeitdiskreten Bereich abgebildet.

3.2 Zeit- und frequenzbasierte Modelle

Zeit- und frequenzbereichsbasierte Modelle sind die meistverwendeten Modelle zur Prozessbeschreibung. Die auf dem Zeitbereich basierenden Modelle befassen sich mit der Entwicklung des Prozesses über der Zeit, d. h. wie sich das Modell über der Zeit bei gegebenen Eingängen und Zuständen verändert. Da im Zeitbereich die Lösungen oftmals nur über komplexe Differenzialgleichungen zu erhalten sind, werden die Prozesse in den Frequenzbereich transformiert, in dem es einfacher ist, zu verstehen, wie sich der Prozess bei verschiedenen Eingängen verhält.

Vor der genaueren Betrachtung der verschiedenen Typen zeit- und frequenzbasierter Modelle sollen hier noch einige Begriffe eingeführt werden, die bei der Klassifizierung der Modelle notwendig sind:

1) **Linear** *versus* **nichtlinear**: Ein Modell $f(t)$ heißt linear bezüglich t, wenn es die folgenden zwei Bedingungen erfüllt:
   a. **Superpositionsprinzip** oder Additivität: $f(t_1 + t_2) = f(t1) + f(t_2)$
   b. **Homogenitätsprinzip**: $f(\alpha t_1) = \alpha f(t_1)$, $\alpha \in \mathbb{R}$.
   Sind diese beiden Aussagen bzw. eine dieser Aussagen nicht erfüllt, so heißt das Modell **nichtlinear**. Linearität ist für die Analyse von Systemen sehr hilfreich, da bekannte mathematische Zusammenhänge für die Analyse verwendet werden können. Deshalb können nichtlineare Modelle bezüglich bestimmter Punkte linearisiert werden, um eine erleichterte Berechnung zu ermöglichen. Systeme können im Allgemeinen linear bezüglich einer Variablen aber nichtlinear bezüglich einer anderen Variablen sein.
2) **Zeitinvariant** *versus* **zeitvariant**: Ein Modell heißt zeitinvariant, wenn seine Parameter unabhängig von der Zeit sind. In einem zeitvarianten System sind die Parameter (nicht zwingend alle) zeitabhängig.
3) **Konzentrierte** *versus* **verteilte Parameter**: Ein Modell wird als System mit konzentrierten Parametern bezeichnet, wenn diese nicht vom Ort abhängen, d. h. wenn keine Richtungsableitungen vorhanden sind. Ein ortsabhängiges Modell, welches Richtungsableitungen aufweist, heißt System mit verteilten Parametern. Ist zum Beispiel die Temperatur T eine Funktion der Richtung x oder y, d. h. es existieren Richtungsableitungen

z. B. $\frac{\partial^2 T}{\partial x^2}$, so hat das System verteilte Parameter. Hängt die Temperatur hingegen nur von der Zeit ab, so handelt es sich um ein Modell mit konzentrierten Parametern. Ein System mit verteilten Parametern ist oftmals wesentlich schwieriger zu analysieren. Deshalb wird es oftmals auf ein Modell mit konzentrierten Parametern zurückgeführt, unter der Annahme, dass die Parameter homogen über dem Raum verteilt sind und damit keine Richtungsableitungen existieren. Eine Erweiterung dieser Idee besteht darin, den Raum in eine Reihe von Regionen zu diskretisieren, von denen angenommen werden kann, dass sie durch ein Äquivalent mit konzentrierten Parametern modelliert werden, und dann das resultierende Gleichungssystem zu lösen.

4) **Kausal** *versus* **akausal**: Ein System heißt kausal, wenn die zukünftigen Werte nur von den aktuellen und den vergangenen Werten abhängen. In einem akausalen System hängen die zukünftigen Werte von den vergangenen, den aktuellen und den zukünftigen Werten ab. Akausale Systeme sind physikalisch nicht realisierbar, denn die zukünftigen Werte können nicht exakt bekannt sein.

5) **Dynamische** *versus* **statische Systeme**: Ein System hat einen Speicher (dynamisches System), wenn die zukünftigen Werte von den vergangenen und aktuellen Werten abhängen. Ein System wird als speicherlos (statisches System) bezeichnet, wenn die zukünftigen Werte nur von den aktuellen Werten abhängen.

3.2.1 Beschreibung im Zeit- bzw. Frequenzbereich

Für die Prozessbeschreibung gibt es zwei wesentliche Darstellungsformen: **Zustandsraummodelle** und **Übertragungsfunktionen**.

Die **Zustandsraumdarstellung** fokussiert sich auf die Beschreibung der Beziehungen zwischen Eingängen, Zuständen und Ausgängen im Zeitbereich. Das allgemeine Zustandsraummodell ist

$$\frac{d\vec{x}}{dt} = \vec{f}(\vec{x}, \vec{u})$$
$$\vec{y} = \vec{g}(\vec{x}, \vec{u})$$

$$(3.29)$$

wobei x die **Zustandsvariable**, u die **Eingangsvariable**, t die Zeit und y die **Ausgangsvariable** sind. Die Funktionen f und g sind beliebige vektorwertige Funktionen. Ein Pfeil über der Variablen charakterisiert dabei einen Vektor. Die Zustandsvariable beschreibt die aktuelle Position des Systems, aus der heraus das zukünftige Systemverhalten bestimmt werden kann. Der Zustand taucht oftmals in der Gleichung mit der Ableitung nach der Zeit auf. Die Eingangsvariable u ist die Variable, die die Eigenschaften der in das System eingehenden Größen beschreibt. Traditionell wird die Zahl der Zustände mit n beschrieben, die Zahl der Eingänge durch m und die Zahl der Ausgänge durch p. Ein System, für das $p = m = 1$ gilt, heißt ein **Eingrößensystem (SISO-System)**. Sind p und m größer als 1, so spricht man von einem **Mehrgrößensystem (MIMO-System)**. Gilt der Zusammenhang $p = 1$ und $m > 1$, so spricht man von einem **MISO-System**.

Das allgemeine Zustandsraummodell wird oft auf seine lineare Darstellung reduziert, das heißt:

$$\frac{d\vec{x}}{dt} = \mathcal{A}\vec{x} + \mathcal{B}\vec{u}$$
$$\vec{y} = \mathcal{C}\vec{x} + \mathcal{D}\vec{u}$$

(3.30)

wobei $\mathcal{A}$ die $n \times n$-Systemmatrix, B die $n \times m$-Eingangsmatrix, $\mathcal{C}$ die $p \times n$-Ausgangsmatrix und $\mathcal{D}$ die $p \times m$-Durchgriffsmatrix ist.

Auf der anderen Seite fokussiert sich die Darstellung als **Übertragungsfunktion** allein auf die Beziehung zwischen Ein- und Ausgängen im Laplace-Bereich, was eine einfachere Analyse des Systems im Vergleich zum Zustandsraummodell erlaubt. Die allgemeine Form einer Übertragungsfunktion lautet

$$\vec{Y}(s) = \mathcal{G}(s)\vec{U}(s)$$

(3.31)

wobei Y der Ausgang im Laplace-Bereich, U der Eingang im Laplace-Bereich, und $\mathcal{G}$ die Matrix, die die Repräsentation des Modells als Übertragungsfunktion enthält, ist. Das heißt, es gilt

$$\vec{Y}(s) = \begin{bmatrix} Y_1(s) \\ \vdots \\ Y_p(s) \end{bmatrix}, \ \vec{U}(s) = \begin{bmatrix} U_1(s) \\ \vdots \\ U_m(s) \end{bmatrix}, \ \mathcal{G}(s) = \begin{bmatrix} G_{11}(s) & \cdots & G_{1m}(s) \\ \vdots & & \vdots \\ G_{p1}(s) & \cdots & G_{pm}(s) \end{bmatrix}.$$

(3.32)

Jede Übertragungsfunktion kann im Allgemeinen auch geschrieben werden als

$$G(s) = \frac{N(s)}{D(s)}e^{-\theta s}$$

(3.33)

wobei $N(s)$ das Zähler- und $D(s)$ das Nennerpolynom in Abhängigkeit von s ist. Die **Totzeit** θ tritt im realen System durch Transportphänomene, Messwertverzögerungen oder Approximationen durch die Linearisierung auf. Der **Grad einer Übertragungsfunktion** wird durch die höchste Potenz von s im Nennerpolynom der Übertragungsfunktion bestimmt. Da der Nenner einer Übertragungsfunktion, wie später gezeigt wird, wesentlich das Verhalten des resultierenden Systems bestimmt, wurde eine Abkürzung für die Referenzierung auf verschiedene Systemtypen definiert. Wir schreiben PT_n, um uns auf eine Übertragungsfunktion der Ordnung n zu beziehen, deren Zähler gleich 1 (keine Nullstellen) ist und die keine Totzeit aufweist. Das P bezieht sich dabei auf das proportionale Übertragungsverhalten, während T anstelle des Symbols für die Zeitkonstante des Systems τ geschrieben wird.

Liegt die einfache Form einer Übertragungsfunktion vor, so werden viele Analysen mit ihrer Hilfe durchgeführt.

3.2.2 Umrechnung zwischen Darstellungen

Das Zustandsraummodell kann durch Anwendung der Laplace-Transformation auf Gl. (3.30) in eine äquivalente Übertragungsfunktion umgewandelt werden:[7, 8]

$$s\vec{X} = \mathcal{A}\vec{X} + \mathcal{B}\vec{U}$$
$$\vec{Y} = \mathcal{C}\vec{X} + \mathcal{D}\vec{U} \tag{3.34}$$

$$\vec{X} = (s\mathcal{I} - \mathcal{A})^{-1}\mathcal{B}\vec{U}$$
$$\vec{Y} = \mathcal{C}\vec{X} + \mathcal{D}\vec{U} \tag{3.35}$$

$$\boxed{\,G(s) = \frac{\vec{Y}}{\vec{U}} = \mathcal{C}(s\mathcal{I} - \mathcal{A})^{-1}\mathcal{B} + \mathcal{D}\,} \tag{3.36}$$

wobei $\mathcal{I}$ die $n \times n$-Einheitsmatrix und s die Laplace-Variable ist.

Beispiel 3.5: Numerisches Beispiel zur Bestimmung einer Übertragungsfunktion

Betrachten Sie das Beispiel

$$\begin{cases} 5\dfrac{dx}{dt} + 3x = u \\ y = x \end{cases}. \tag{3.37}$$

Mit der Laplace-Transformation von Gl. (3.37) ergibt sich

$$\begin{cases} 5sX(s) + 3X(s) = U(s) \\ Y(s) = X(s) \end{cases}. \tag{3.38}$$

Setzen wir Y für X in der ersten Gleichung von Gl. (3.38) ein, so erhalten wir

$$5sY(s) + 3Y(s) = U(s). \tag{3.39}$$

Auflösen nach Y / U ergibt

$$(5s + 3)Y(s) = U(s)$$
$$\frac{Y(s)}{U(s)} = \frac{1}{5s + 3}. \tag{3.40}$$

Damit ist die Übertragungsfunktion

$$\boxed{\,G(s) = \frac{Y(s)}{U(s)} = \frac{1}{5s + 3}.\,} \tag{3.41}$$

---

[7] In der Automatisierungstechnik wird mit Abweichungsgrößen $\tilde{x} = x - x_{ss}$, gearbeitet, wobei x_{ss} einen Wert eines stationären Zustands darstellt. Da davon auszugehen ist, dass sich die Systeme zu Beginn in einem stationären Zustand befinden, ist die Anfangsbedingung $x(0)$ immer Null.

[8] Die Inverse existiert, da die Matrix nur numerische Einträge enthält.

Beispiel 3.6: Allgemeiner eindimensionaler Fall

Betrachten Sie die gewöhnliche Differenzialgleichung n-ter Ordnung

$$\begin{cases} \dfrac{d^n\tilde{x}}{dt^n} + a_{n-1}\dfrac{d^{n-1}\tilde{x}}{dt^{n-1}} + \cdots + a_0\tilde{x} = b_{n-1}\dfrac{d^{n-1}\tilde{u}}{dt^{n-1}} + \cdots + b_0\tilde{u} \\ \tilde{y} = \tilde{x} \end{cases}. \tag{3.42}$$

Dabei seien zum Zeitpunkt $t=0$ alle Ableitungen gleich null und es gelte $\tilde{x} = \tilde{y} = 0$. Mithilfe der Laplace-Transformation von Gl. (3.42) und einigen Vereinfachungen ergibt sich

$$\begin{cases} s^n X(s) + a_{n-1}s^{n-1}X(s) + \cdots + a_0 X(s) = b_{n-1}s^{n-1}U(s) + \cdots + b_0 U(s) \\ Y(s) = X(s) \end{cases}$$

$$s^n Y(s) + a_{n-1}s^{n-1}Y(s) + \cdots + a_0 Y(s) = b_{n-1}s^{n-1}U(s) + \cdots + b_0 U(s)$$

$$\tag{3.43}$$

Zusammenfassen zusammengehöriger Ausdrücke und Umsortieren ergibt

$$\left(s^n + a_{n-1}s^{n-1} + \cdots + a_0\right)Y(s) = \left(b_{n-1}s^{n-1} + \cdots + b_0\right)U(s)$$

$$G(s) = \frac{Y(s)}{U(s)} = \frac{\left(b_{n-1}s^{n-1} + \cdots + b_0\right)}{\left(s^n + a_{n-1}s^{n-1} + \cdots + a_0\right)}. \tag{3.44}$$

Beispiel 3.7: Mehrdimensionales Beispiel

Betrachten Sie die folgende Differenzialgleichung

$$\begin{cases} \dfrac{d\tilde{x}}{dt} = -a\tilde{x} + b_1\tilde{u}_1 + b_2\tilde{u}_2 \\ \tilde{y} = \tilde{x} \end{cases} \tag{3.45}$$

und bestimmen Sie die Übertragungsfunktion für das System. Beachten Sie das Vorhandensein zweier Eingänge ($m=2$) und eines Ausgangs ($p=1$).

Lösung

$$\begin{cases} sX(s) = -aX(s) + b_1 U_1(s) + b_2 U_2(s) \\ Y(s) = X(s) \end{cases}$$

$$sY(s) + aY(s) = b_1 U_1(s) + b_2 U_2(s)$$

$$(s+a)Y(s) = b_1 U_1(s) + b_2 U_2(s) \tag{3.46}$$

$$Y(s) = \frac{b_1}{s+a}U_1(s) + \frac{b_2}{s+a}U_2(s)$$

Umschreiben des Ausdrucks in Matrixform ergibt

$$Y(s) = \left[\frac{b_1}{s+a} \quad \frac{b_2}{s+a} \right] \begin{bmatrix} U_1(s) \\ U_2(s) \end{bmatrix}. \tag{3.47}$$

Beachten Sie, dass die Übertragungsfunktionen getrennt aufgeschrieben werden können, da lineare Funktionen zugrunde gelegt werden. Beachten Sie weiterhin, dass das Superpositionsprinzip anwendbar ist, d. h. alle Übertragungsfunktionen können einzeln betrachtet und die Ergebnisse schließlich kombiniert werden.

Die Umwandlung von einer Übertragungsfunktion in ein Zustandsraummodell ist nicht eindeutig. Es gibt also mehrere mögliche Lösungen oder **Realisierungen**. Für die Übertragungsfunktion

$$G(s) = \frac{\beta_p s^p + \beta_{p-1} s^{p-1} + \cdots + \beta_1 s + \beta_0}{s^n + \alpha_{n-1} s^{n-1} + \cdots + \alpha_1 s + \alpha_0} \tag{3.48}$$

mit $p < n$ ist die Matrizen der **Regelungsnormalform** gegeben mit:

$$\mathcal{A} = \begin{bmatrix} -\alpha_{n-1} & -\alpha_{n-2} & \cdots & -\alpha_1 & -\alpha_0 \\ 1 & 0 & \cdots & 0 & 0 \\ 0 & 1 & \ddots & \vdots & \vdots \\ \vdots & & \ddots & \ddots & 0 & \vdots \\ 0 & \cdots & 0 & 1 & 0 \end{bmatrix}_{n \times n} \quad \mathcal{B} = \begin{bmatrix} 1 \\ 0 \\ \vdots \\ \vdots \\ 0 \end{bmatrix}_{n \times 1} \tag{3.49}$$

$$\mathcal{C} = \begin{bmatrix} \beta_p & \beta_{p-1} & \cdots & \beta_1 & \beta_0 \end{bmatrix}_{1 \times n} \quad \mathcal{D} = 0_{1 \times 1}.$$

Die **Beobachtungsnormalform** hingegen ist

$$\mathcal{A} = \begin{bmatrix} -\alpha_{n-1} & -\alpha_{n-2} & \cdots & -\alpha_1 & -\alpha_0 \\ 1 & 0 & \cdots & 0 & 0 \\ 0 & 1 & \ddots & \vdots & \vdots \\ \vdots & & \ddots & \ddots & 0 & \vdots \\ 0 & \cdots & 0 & 1 & 0 \end{bmatrix}_{n \times n}^T \quad \mathcal{C} = \begin{bmatrix} 1 \\ 0 \\ \vdots \\ \vdots \\ 0 \end{bmatrix}_{n \times 1}^T \tag{3.50}$$

$$\mathcal{B} = \begin{bmatrix} \beta_p & \beta_{p-1} & \cdots & \beta_1 & \beta_0 \end{bmatrix}_{1 \times n}^T \quad \mathcal{D} = 0_{1 \times 1}.$$

Zu beachten ist, dass für $\mathcal{C}$ in Regelungsnormalform und B in Beobachtungsnormalform am Anfang des Vektors $n - p - 1$ Nullen existieren. Die Tatsache, dass die beiden Formen durch Transposition miteinander verbunden sind, ist dabei nicht zufällig.

Beispiel 3.8: Umwandlung einer Übertragungsfunktion in ihre Regelungsnormalform
Wandeln Sie die Übertragungsfunktion

$$G(s) = \frac{s-2}{s^2 - 4s + 1} \tag{3.51}$$

in ihre Regelungsnormalform um.

Lösung
Zunächst müssen wir sicherstellen, dass die Übertragungsfunktion in der Form aus Gl. (3.48) gegeben ist und die zugehörigen Parameterwerte bestimmen. Nachdem die Gleichungen dieselbe Form haben, stellen wir fest, dass $n=2$ (höchste Potenz im Nenner) und $p=1$ (höchste Potenz im Zähler) gilt, was bedeutet, dass die Übertragungsfunktion die Anforderung erfüllt. Somit können wir leicht die Parameter vergleichen und erhalten folgende Werte: $\alpha_2 = 1$, $\alpha_1 = -4$, $\alpha_0 = 1$, $\beta_1 = 1$ und $\beta_0 = -2$. Die Regelungsnormalform ergibt sich damit unter Zuhilfenahme von Gl. (3.49) zu

$$\mathcal{A} = \begin{bmatrix} 4 & -1 \\ 1 & 0 \end{bmatrix} \mathcal{B} = \begin{bmatrix} 1 \\ 0 \end{bmatrix}$$
$$\mathcal{C} = \begin{bmatrix} 1 & -2 \end{bmatrix} \mathcal{D} = 0_{1\times1} \tag{3.52}$$

Damit haben wir die vier Matrizen für eine Zustandsraumdarstellung der gegebenen Übertragungsfunktion gefunden.

3.2.3 Zeitdiskrete Modelle

Für den diskreten Bereich sind die verfügbaren Formen und Typen der Modelle vergleichbar. Das linearisierte Zustandsraummodell wird geschrieben als

$$\vec{x}_{t+1} = \mathcal{A}_d \vec{x}_t + \mathcal{B}_d \vec{u}_t$$
$$\vec{y}_t = \mathcal{C}_d \vec{x}_t + \mathcal{D}_d \vec{u}_t \tag{3.53}$$

Der Index d in Gl. (3.53) steht für *diskret* und kann, wenn aus der Situation heraus klar ist, dass es sich um ein diskretisiertes Modell handelt, weggelassen werden. Die diskrete Übertragungsfunktion ist vom Aufbau her identisch zu der im kontinuierlichen Fall, wobei lediglich die Laplace-Variable s durch z oder z^{-1} ersetzt werden muss. Um zwischen diskreter Zustandsraumdarstellung und Übertragungsfunktion zu wechseln, kann Gl. (3.36) mit den nötigen Abänderungen verwendet werden.

Bei diskreten Übertragungsfunktionen ist es üblich, eine nicht gemessene Störung e_t direkt mit in das endgültige Modell einzubauen. Es wird angenommen, dass es sich bei dieser Störung um ein stochastisch (zufällig) normalverteiltes Rauschen, also weißes Rauschen, handelt. Ein weißes, normalverteiltes Rauschsignal bedeutet, dass dessen Werte normalverteilt sind und nicht von vergangenen oder zukünftigen Werten abhängen. Die allgemeine zeitdiskrete Übertragungsfunktion kann also geschrieben werden als

$$y_t = G_p\left(z^{-1}, \vec{\theta}\right)u_t + G_l\left(z^{-1}, \vec{\theta}\right)e_t \tag{3.54}$$

wobei G_p die Prozessübertragungsfunktion ist, θ die Parameter darstellt und G_l die Störungsübertragungsfunktion ist. Für die meisten Anwendungen wird vorausgesetzt, dass die Übertragungsfunktion eine rationale Funktion von z^{-1} ist. Die wichtigste diskrete Übertragungsfunktion heißt das **Vorhersagefehler-Modell**, das die folgende Form hat:

$$A(z^{-1})y_t = \frac{B(z^{-1})}{F(z^{-1})}u_{t-k} + \frac{C(z^{-1})}{D(z^{-1})}e_t, \tag{3.55}$$

wobei k die Totzeit des Systems und $A(z^{-1})$, $C(z^{-1})$, $D(z^{-1})$, $F(z^{-1})$ Polynome in der Variablen z^{-1} der Art

$$1 + \sum_{i=1}^{n_a} \theta_i z^{-i} \tag{3.56}$$

sind. Dabei sind n_a der Grad des Polynoms und θ_i die dazugehörigen Parameter. $B(z^{-1})$ ist ein Polynom in der Variablen z^{-1} der Form

$$\sum_{i=1}^{n_b} \theta_i z^{-i}, \tag{3.57}$$

wobei n_b der Grad des Polynoms ist. Dieses allgemeine Modell wird selten direkt verwendet, sondern Vereinfachungen davon. Stattdessen kann jede der folgenden Vereinfachungen genutzt werden:

1. **Box-Jenkins-Modell**: Bei diesem Modell wird das Polynom $A(z^{-1})$ ignoriert. Daher ergibt sich das Modell zu

$$y_t = \frac{B(z^{-1})}{F(z^{-1})}u_{t-k} + \frac{C(z^{-1})}{D(z^{-1})}e_t. \tag{3.58}$$

In der Praxis reicht diese Methode meist aus, um ein genaues Modell des Systems zu erhalten.

2. **Autoregressives Moving-Average-Modell mit externen Eingängen (ARMAX)**: Bei diesem Modell werden die Polynome $D(z^{-1})$ und $F(z^{-1})$ ignoriert. Somit ergibt sich

$$A\left(z^{-1}\right)y_t = B\left(z^{-1}\right)u_{t-k} + C\left(z^{-1}\right)e_t. \tag{3.59}$$

Es wird dabei angenommen, dass der Nenner für den Eingang und den Fehler gleich ist. Dieses Modell jedoch hat die vorteilhafte Eigenschaft, dass die Bestimmung seiner Parameter anhand der Methode der kleinsten Quadrate erfolgen kann. Eine weitere Vereinfachung, bei der angenommen wird, dass der Term $C(z^{-1})$ vernachlässigt werden kann, heißt **Autoregressives Exogenes Modell (ARX)**. Damit ergibt sich folgende Form:

$$A\!\left(z^{-1}\right)y_t = B\!\left(z^{-1}\right)u_{t-k} + e_t\,. \tag{3.60}$$

3. **Ausgangsfehler-Modell (OE)**: Bei diesem Modell wird nur das Modell mittels Eingangsdaten angepasst. Die Fehlerterme können vernachlässigt werden. Die Modellgleichung lautet folglich:

$$y_t = \frac{B\!\left(z^{-1}\right)}{F\!\left(z^{-1}\right)}u_{t-k} + e_t\,. \tag{3.61}$$

3.2.4 Umwandlung zwischen zeitdiskreten und kontinuierlichen Modellen

Eine Umwandlung zwischen kontinuierlicher und zeitdiskreter Form eines Modells ist unter bestimmten Annahmen bezüglich der Diskretisierung möglich. Die wichtigste Annahme ist, dass der Eingang zwischen zwei Abtastungen konstant bleibt, was einem Halteglied nullter Ordnung zur Konvertierung aus der kontinuierlichen (analogen) in die zeitdiskrete (digitale) Domäne entspricht. In solch einem Fall kann gezeigt werden, dass die kontinuierliche Zustandsraumdarstellung in eine zeitdiskrete Darstellung umgewandelt werden kann, indem die folgenden Gleichungen gelöst werden:

$$\begin{aligned}
\mathcal{A}_d &= e^{\mathcal{A}\tau_s} \\
\mathcal{B}_d &= \left(\int_{\tau=0}^{\tau=\tau_s} e^{\mathcal{A}\tau}\,d\tau\right)\mathcal{B}\,, \\
\mathcal{C}_d &= \mathcal{C} \\
\mathcal{D}_d &= \mathcal{D}
\end{aligned} \tag{3.62}$$

wobei τ_s die Abtastzeit und $e^{\mathcal{A}\tau}$ die Matrixexponentialfunktion ist. Die korrespondierende Übertragungsfunktion kann mithilfe von Gl. (3.36) gewonnen werden. Für eine einfache Übertragungsfunktion erster Ordnung (PT_1) ist die kontinuierliche Übertragungsfunktion durch

$$Y(s) = \frac{K}{\tau_p s + 1}U(s) \tag{3.63}$$

gegeben. Die diskrete Übertragungsfunktion wird durch den Ausdruck

$$y_k = \frac{K\left(1 - e^{-\frac{\tau_p}{\tau_s}}\right)}{1 - \left(1 - e^{-\frac{\tau_p}{\tau_s}}\right)z^{-1}}u_k \tag{3.64}$$

beschrieben. Gibt es in einem System eine Totzeit, so wird diese durch den Ausdruck

$$k = \left\lfloor \frac{\theta}{\tau_s} \right\rfloor \tag{3.65}$$

dargestellt, wobei θ die Totzeit der kontinuierlichen Übertragungsfunktion ist und $\lfloor \cdot \rfloor$ eine sinnvoll gewählte Rundungsfunktion zur Aufrundung auf eine ganze Zahl ist.

Die Daumenregel zur Auswahl der Abtastzeit ist, dass

$$\tau_s = (0,1 \text{ bis } 0,2)\tau_{p,\min} \tag{3.66}$$

mit $\tau_{p,\min}$ als kleinster Zeitkonstante im System ist.

3.2.5 Impulsantwortmodell

Im diskreten Bereich ist das **infinite Impulsantwortmodell** definiert als

$$y_t = \sum_{i=0}^{\infty} h_i z^{-i} u_t = \sum_{i=0}^{\infty} h_i u_{t-i}. \tag{3.67}$$

wobei h die Impulsantwort-Koeffizienten sind. Die Werte von h können entweder durch Polynomdivision der Übertragungsfunktion oder Partialbruchzerlegung des Ergebnisses erhalten werden. Da die Werte von h sich oftmals schnell verkleinern können, ist es möglich, das infinite Impulsantwortmodell in das **finite Impulsantwortmodell** (FIR) zu konvertieren, d. h.

$$y_t = \sum_{i=0}^{n} h_i z^{-i} u_t = \sum_{i=0}^{n} h_i u_{t-i} \tag{3.68}$$

wobei n eine ganze Zahl ist, die die Anzahl der für das Modell gewählten Terme repräsentiert.

3.2.6 Kompaktes Zustandsraummodell

In vielen theoretischen Anwendungen wird das Zustandsraummodell oftmals in einer kompakten Form geschrieben, die einem Übertragungsfunktionen-Formalismus ähnelt, jedoch Matrizen verwendet. Für das klassische Zustandsraummodell, gegeben durch Gl. (3.30), kann die **kompakte** oder **Block-Zustandsraumdarstellung** geschrieben werden als

$$G = \left[\begin{array}{c|c} \mathcal{A} & \mathcal{B} \\ \hline \mathcal{C} & \mathcal{D} \end{array}\right].$$

(3.69)

Unter Verwendung dieser Darstellung ist leicht möglich, die Matrizen aufzuteilen und dies in einer kompakten Form darzustellen, z. B.

$$G = \left[\begin{array}{cc|c} \mathcal{A}_{11} & \mathcal{A}_{12} & \mathcal{B}_1 \\ \mathcal{A}_{21} & \mathcal{A}_{22} & \mathcal{B}_2 \\ \hline \mathcal{C}_1 & \mathcal{C}_2 & \mathcal{D} \end{array}\right],$$

(3.70)

wobei die Zustände in vier Gruppen geteilt wurden und somit die Abhängigkeiten zwischen den Zuständen leicht dargestellt werden können.

Nutzen wir die kompakte Darstellung, so sind diverse Abkürzungen bei der Kombination der beiden Modelle möglich. Bei der Addition von zwei kompakten Zustandsraumdarstellungen, also einer Parallelschaltung der Übertragungsfunktionen, ergibt sich der Ausdruck

$$G_1 + G_2 = \left[\begin{array}{cc|c} \mathcal{A}_1 & 0 & \mathcal{B}_1 \\ 0 & \mathcal{A}_2 & \mathcal{B}_2 \\ \hline \mathcal{C}_1 & \mathcal{C}_2 & \mathcal{D}_1 + \mathcal{D}_2 \end{array}\right].$$

(3.71)

Die Multiplikation zweier Übertragungsfunktionen, also eine Serienschaltung, hat als Übertragungsfunktion den Ausdruck

$$G_1 G_2 = \left[\begin{array}{cc|c} \mathcal{A}_1 & \mathcal{B}_1 \mathcal{C}_2 & \mathcal{B}_1 \mathcal{D}_2 \\ 0 & \mathcal{A}_2 & \mathcal{B}_2 \\ \hline \mathcal{C}_1 & \mathcal{D}_1 \mathcal{C}_2 & \mathcal{D}_1 \mathcal{D}_2 \end{array}\right]$$

(3.72)

Die Inverse einer kompakten Zustandsraumdarstellung kann geschrieben werden als

$$G^{-1} = \left[\begin{array}{c|c} \mathcal{A} - \mathcal{B} \mathcal{D}^{-1} \mathcal{C} & -\mathcal{B} \mathcal{D}^{-1} \\ \hline \mathcal{D}^{-1} \mathcal{C} & \mathcal{D}^{-1} \end{array}\right]$$

(3.73)

vorausgesetzt die Matrix $\mathcal{D}$ ist invertierbar. Schließlich ergibt sich die Transponierte der kompakten Zustandsraumdarstellung zu

$$G^T = \left[\begin{array}{c|c} \mathcal{A}^T & \mathcal{C}^T \\ \hline \mathcal{B}^T & \mathcal{D}^T \end{array}\right].$$

(3.74)

Eine typische Operation bei Zustandsraummodellen ist die Transformation der Reihenfolge oder der Bedeutung der Zustände. In solchen Fällen kann die kompakte Zustandsraumdarstellung wie folgt dargestellt werden. Angenommen

$$\tilde{x} = \mathcal{T}x$$
$$\tilde{u} = \mathcal{S}u \tag{3.75}$$
$$\tilde{y} = \mathcal{R}y$$

wobei $\mathcal{T}$, $\mathcal{R}$ und $\mathcal{S}$ angemessen dimensionierte nichtsinguläre, also invertierbare, Matrizen sind. In diesem Fall kann die transformierte kompakte Zustandsraumdarstellung geschrieben werden als

$$\tilde{G} = \left[\begin{array}{c|c} \mathcal{T}A\mathcal{T}^{-1} & \mathcal{T}B\mathcal{S}^{-1} \\ \hline \mathcal{R}C\mathcal{T}^{-1} & \mathcal{R}D\mathcal{S}^{-1} \end{array} \right] \tag{3.76}$$

3.3 Prozessanalyse

Nach der Analyse der verschiedenen Modelle ist es nun von Bedeutung zu evaluieren, welche Informationen aus den Modellen abgeleitet werden können, die helfen, den Prozess genauer zu verstehen. Informationen aus Übertragungsfunktionen sind im Allgemeinen leichter zu erhalten, weshalb der Fokus hier auf diesen liegen soll. Übertragungsfunktionen können entweder im kontinuierlichen Zeitbereich

$$G(s) = \frac{N(s)}{D(s)} e^{-\theta s} \tag{3.77}$$

oder im diskreten Zeitbereich

$$G(z) = \frac{N(z)}{D(z)} z^{-k} \tag{3.78}$$

notiert werden. Der **Grad eines Polynoms** n ist definiert als die höchste vorkommende Potenz des entsprechenden Polynoms, z. B. ist der Grad des Polynoms $x^4 + x^2$ gleich 4. Der **Grad einer Übertragungsfunktion** bestimmt sich nach dem Grad des Nenners D. Eine Übertragungsfunktion heißt **proper**, wenn gilt $n_N \leq n_D$, d. h. der Zählergrad kleiner gleich dem Nennergrad ist. Gilt der Zusammenhang $n_N < n_D$, so heißt die Übertragungsfunktion **strikt proper**. Für die meisten physikalischen Prozesse ist die Übertragungsfunktion strikt proper.

Ein Prozess heißt **kausal**, wenn die Totzeit θ (oder k) nichtnegativ ist. Ist sie negativ, so heißt der Prozess **akausal**. Im diskreten Bereich ist die Eigenschaft der Kausalität durch eine propere Übertragungsfunktion erfüllt.

Die **Polstellen** einer Übertragungsfunktion sind definiert als die Nullstellen des Nenners D, d. h. alle Werte für s oder z, für die die Gleichung $D(\cdot) = 0$ erfüllt ist. Die **Nullstellen** einer Übertragungsfunktion sind definiert als die Nullstellen des Zählers N.

Ein Prozess befindet sich im stationären Zustand, wenn alle Zeitableitungen gleich Null sind, d. h.

$$\frac{d\vec{x}}{dt} = 0. \tag{3.79}$$

Kann Gl. (3.79) nicht erfüllt werden, so befindet sich der Prozess im **transienten** Bereich. Kleine Abweichungen von Null bedeuten aber nicht, dass der Prozess transient ist, denn es ist praktisch oft gar nicht möglich, einen exakt stationären Zustand zu erreichen. Ein Grund hierfür sind kleine Störungen, seien sie systemintern oder durch Messgeräte aufgeprägt. Deshalb wird für reale Prozesse die sog. **Einschwingzeit** t_s eingeführt, die einen Rahmen von $\pm 2{,}5\,\%$ um den neuen stationären Zustand definiert, in dem sich der Prozess bewegen darf, ohne als transient zu gelten. Abb. 3.1 zeigt, wie die Einschwingzeit berechnet wird.

Für einen Prozess, modelliert durch eine kontinuierliche Übertragungsfunktion, gibt es drei wesentliche Parameter: **Verstärkung**, **Zeitkonstante** und **Totzeit**. Die **Verstärkung** K des Prozesses beschreibt das Verhalten im stationären Zustand bei einem Einheitssprung am Eingang. Sie wird definiert als

$$K = \frac{y(t \to \infty)}{u(t \to \infty)} \tag{3.80}$$

wobei angenommen wird, dass der Eingang u für $t \to \infty$ beschränkt ist. Die Verstärkung ist unabhängig vom verwendeten beschränkten Eingang. Unter Anwendung des Endwertsatzes auf eine beliebige Übertragungsfunktion und einem Sprung als Eingang, kann gezeigt werden, dass für K gilt

$$\begin{aligned}
K = \lim_{s \to 0} sY(s) &= \lim_{s \to 0} \frac{sG(s)}{s} = \lim_{s \to 0} G(s) \\
&= \lim_{s \to 0} \frac{\left(b_{n-1}s^{n-1} + \cdots + b_0\right)}{\left(s^n + a_{n-1}s^{n-1} + \cdots + a_0\right)} e^{-\theta s} \\
&= \frac{b_0}{a_0}
\end{aligned} \tag{3.81}$$

Dieses Verhältnis b_0 / a_0 heißt Verstärkung K des Prozesses.

Die **Zeitkonstante** τ eines Prozesses beschreibt die transiente bzw. dynamische Komponente des Systems, d. h. wie schnell das System auf Änderungen des Eingangs reagiert und einen neuen stationären Zustand einnimmt. Je größer die Zeitkonstante, desto länger dauert es, bis sich der Prozess auf den neuen stationären Zustand eingestellt hat. Die Zeitkonstante τ kann berechnet werden, indem der Nenner D in Faktoren zerlegt wird:

$$\frac{\left(b_{n-1}s^{n-1} + \ldots + b_0\right)}{\left(s^n + a_{n-1}s^{n-1} + \ldots + a_0\right)} = \frac{\left(b_{n-1}s^{n-1} + \ldots + b_0\right)}{\prod\limits_{i=1}^{n} \left(\tau_i s + 1\right)} \tag{3.82}$$

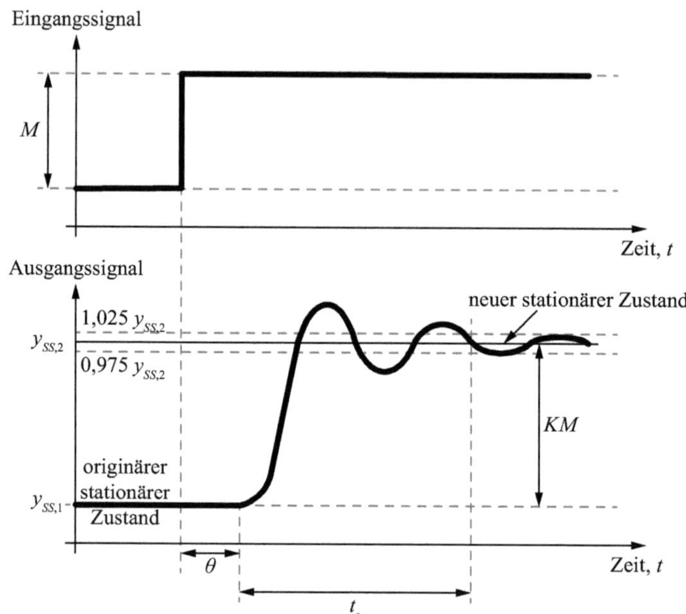

Abb. 3.1 Bestimmung der Einschwingzeit

Gibt es mehrere Zeitkonstanten, so ist die größte Zeitkonstante diejenige, die die Antwortzeit des Prozesses bestimmt. Sollte die Zeitkonstante eine komplexe Zahl sein, dann entspricht die Antwortzeit ausschließlich ihrem Realteil.

Der letzte wichtige Parameter ist die **Totzeit** θ, die angibt, wie lange es dauert, bis ein Prozess auf eine Änderung des Eingangs reagiert. Totzeiten können aus physikalischen und messtechnischen Gründen auftreten. Bei den physikalischen Gründen handelt es sich um Zeiten, in denen das System noch nicht (sichtbar) auf Veränderungen der Eingangsgrößen reagiert. Zum Beispiel wird das Erhitzen eines großen Wassertanks einige Zeit in Anspruch nehmen, bis eine signifikante Temperaturänderung zu beobachten ist. Der zweite Teil, die Totzeit aufgrund von Messgeräten, hängt damit zusammen, dass Sensoren oft nicht direkt dort eingesetzt werden können, wo die Variable einen Effekt hat. Kann zum Beispiel die Durchflussrate in einem Rohr nur am Anfang desselben gemessen werden, so dauert es eine gewisse Zeit, bis das Medium dann den Prozess erreicht und dort Einfluss nehmen kann. Im Frequenzbereich wird die Totzeit beschrieben durch

$$e^{-\theta s}, \tag{3.83}$$

wobei θ die Totzeit ist. In vielen Anwendungen kann es notwendig sein, die exponentielle Darstellung der Totzeit in eine polynomiale Erweiterung umzuwandeln. Für diese Umwandlung lässt sich beispielsweise die **Padé-Approximation** nutzen, aufgeschrieben als n/m Padé-Approximation. Hierbei ist n der Grad des Zählerpolynoms und m der Grad des Nennerpolynoms. Die **1/1 Padé-Approximation** ist gegeben durch

$$e^{-\theta s} = \frac{1 - \frac{\theta}{2}s}{1 + \frac{\theta}{2}s} \tag{3.84}$$

Die **2/2 Padé-Approximation** ergibt sich zu

$$e^{-\theta s} = \frac{1 - \frac{\theta}{2}s + \frac{\theta^2}{12}s^2}{1 + \frac{\theta}{2}s + \frac{\theta^2}{12}s^2} \tag{3.85}$$

Eine Übersicht der Padé-Approximationen für Exponentialfunktionen bis 3/3 zeigt Tab. 3.5. Diese ermöglicht eine einfache Ableitung der Totzeiten mithilfe der Padé-Approximation.

Beispiel 3.9: Informationsgewinnung aus einer Übertragungsfunktion
Bestimmen Sie Verstärkung, Zeitkonstante und die Totzeit aus der folgenden Übertragungsfunktion:

$$G(s) = \frac{Y(s)}{U(s)} = \frac{1}{5s + 3}e^{-5s} \tag{3.86}$$

Lösung
Umstellen in die benötigte Form ergibt

$$G(s) = \frac{Y(s)}{U(s)} = \frac{1/3}{\frac{5}{3}s + 1}e^{-5s} \tag{3.87}$$

Somit ist die Verstärkung gleich 1/3 und die Zeitkonstante gleich 5/3. Die Totzeit ist gleich 5.

Tab. 3.5 Padé-Approximationen für Exponentialfunktion e^x, wobei $x = -\theta s$

$n \rightarrow$ $m \downarrow$	0	1	2	3
0	$\frac{1}{1}$	$\frac{1}{1-x}$	$\frac{1}{1-x+\frac{1}{2}x^2}$	$\frac{1}{1-x+\frac{1}{2}x^2-\frac{1}{6}x^3}$
1	$\frac{1+x}{1}$	$\frac{1+\frac{1}{2}x}{1-\frac{1}{2}x}$	$\frac{1+\frac{1}{3}x}{1-\frac{2}{3}x+\frac{1}{6}x^2}$	$\frac{1+\frac{1}{4}x}{1-\frac{3}{4}x+\frac{1}{4}x^2-\frac{1}{24}x^3}$
2	$\frac{1+x+\frac{1}{2}x^2}{1}$	$\frac{1+\frac{2}{3}x+\frac{1}{6}x^2}{1-\frac{1}{3}x}$	$\frac{1+\frac{1}{2}x+\frac{1}{12}x^2}{1-\frac{1}{2}x+\frac{1}{12}x^2}$	$\frac{1+\frac{2}{5}x+\frac{1}{20}x^2}{1-\frac{3}{5}x+\frac{3}{20}x^2-\frac{1}{60}x^3}$
3	$\frac{1+z+\frac{1}{2}z^2+\frac{1}{6}z^3}{1}$	$\frac{1+\frac{3}{4}z+\frac{1}{4}z^2+\frac{1}{24}z^3}{1-\frac{1}{4}z}$	$\frac{1+\frac{3}{5}z+\frac{3}{20}z^2+\frac{1}{60}z^3}{1-\frac{2}{5}z+\frac{1}{20}z^2}$	$\frac{1+\frac{1}{2}z+\frac{1}{10}z^2+\frac{1}{120}z^3}{1-\frac{1}{2}z+\frac{1}{10}z^2-\frac{1}{120}z^3}$

3.3.1 Frequenzbereichsanalayse

In der Frequenzbereichsanalyse wird die Übertragungsfunktion nur zur Bestimmung ihres Verhaltens bei verschiedenen Frequenzen benutzt. Die Ergebnisse der Frequenzbereichsanalyse werden oftmals grafisch darstellt und waren deshalb vor der Einführung von leistungsstarken Computern ein beliebtes Werkzeug. Das Verständnis der Vorgehensweise bei der Frequenzbereichsanalyse ist immer noch sehr wichtig, vor allem, wenn es um den Entwurf verschiedener Filter, beispielsweise für Mikrofone, geht.

Die Frequenzbereichsanalyse basiert auf der Annahme, dass $s=j\omega$, wobei j die imaginäre Einheit $j = \sqrt{-1}$ und ω die Frequenz ist[9]. Im Zuge der Frequenzbereichsanalyse wird also die Antwort des Systems auf sinusförmige Wellen unterschiedlicher Frequenzen untersucht. Ziel ist es zu untersuchen, wie sich die Amplitude der Prozessausgangsgrößen und der Phasenwinkel ändern. Nehmen wir an, der originäre Eingang habe die Form

$$\sin \omega t, \tag{3.88}$$

so hat die Systemantwort die Form

$$A \sin(\omega t + \phi) \tag{3.89}$$

Hierbei ist A die Amplitude und φ der Phasenwinkel. Betrachten wir eine allgemeine Übertragungsfunktion $G(s)$, dann ist der **Amplitudengang**, der mit einer normierten Amplitude korrespondiert, gegeben durch

$$AR = \|G(j\omega)\| = \sqrt{\mathrm{Re}(G(j\omega))^2 + \mathrm{Im}(G(j\omega))^2} \tag{3.90}$$

Hierbei ist Re der Realteil der komplexen Zahl, Im der korrespondierende Imaginärteil und $\|\bullet\|$ die Betragsfunktion. Wichtig zu wissen ist, dass in vielen Anwendungen der Logarithmus des Amplitudengangs verwendet wird. In den meisten Fällen wird der Logarithmus zur Basis zehn ($\log_{10}$) verwendet. Zur Beschreibung von Amplitudengängen wird oftmals die Dezibel-Skala, also, $AR = 20 \log_{10} \|G(j\omega)\|$ verwendet. Der **Phasenwinkel** $\boldsymbol{\phi}$, typischerweise angegeben in Grad (°), ist definiert als

$$\phi = \arctan \left(\frac{\mathrm{Im}(G(j\omega))}{\mathrm{Re}(G(j\omega))} \right) \tag{3.91}$$

Hierbei ist *arctan* die Standard-Umkehrfunktion zur Tangensfunktion, definiert auf dem Intervall]-90°, 90°[. Ist der Nenner negativ, so müssen für ein korrektes Ergebnis 180°

---

[9] Genau genommen ist $s = \sigma + j\omega$. Da wir nur an der Frequenz interessiert sind, setzen wir den Dämpfungsterm σ auf null.

zum Phasenwinkel addiert werden. Dies liegt an der Definition des Arkustangens, der nicht auf dem gesamten Einheitskreis definiert ist[10].

Ist die originäre Übertragungsfunktion ein Produkt einfacherer Übertragungsfunktionen, d. h.

$$G(s) = \prod G_i(s) \tag{3.92}$$

so kann der Amplitudengang als Produkt der einzelnen Amplitudengänge berechnet werden:

$$AR = \prod AR_{G_i(s)} \tag{3.93}$$

Der Phasenwinkel einer zusammengesetzten Übertragungsfunktion ergibt sich dann als Summe der einzelnen Phasenwinkel zu

$$\phi = \sum \phi_{G_i(s)} \tag{3.94}$$

Diese beiden Formeln erleichtern die Berechnung des Amplituden- und Phasengangs einer komplexen, zusammengesetzten Übertragungsfunktion. Die Formeln resultieren aus der Erkenntnis, dass alle Übertragungsfunktionen in Polarform, d. h. $G(j\omega) = \|G(j\omega)\| e^{-\varphi j}$, dargestellt werden können, aus der ersichtlich wird, dass die Kombination mehrerer Übertragungsfunktionen gemäß Gl. (3.92), die gegebenen Formeln ergibt.

Der Amplituden- und Phasengang können grafisch auf zwei unterschiedliche Weisen dargestellt werden: in einem **Bodediagramm** oder mithilfe einer **Nyquist-Ortskurve**. In einem Bodediagramm ist auf der x-Achse die Frequenz aufgetragen, die y-Achse stellt entweder die Amplitude oder die Phase dar. Ein typisches Bodediagramm zeigt Abb. 3.2.

In einer Nyquist-Ortskurve wird der Realteil der Übertragungsfunktion $G(j\omega)$ auf der x-Achse aufgetragen und der Imaginärteil von $G(j\omega)$ auf der y-Achse dargestellt. Eine typische Nyquist-Ortskurve zeigt Abb. 3.3. In den meisten Anwendungen werden Bodediagramme verwendet, dennoch kann die Darstellung als Nyquist-Ortskurve sinnvoll sein, z. B. zur Untersuchung von Interaktionen zwischen verschiedenen Systemen.

3.3.2 Stabilität

Die **Stabilität** eines Modells bezieht sich auf das Verhalten des Modells für $t \to \infty$ für den Fall, dass der Eingang beschränkt, d. h. $|u_t| \leq L$, wobei L eine positive Konstante

---

[10]In einigen Programmen wird eine sog. „astronomische Arkustangens-Funktion" (*arctan2(x,y)*) definiert. Diese gibt den Wert des Arkustangens im korrekten Quadranten aus, basierend auf den Vorzeichen von x und y. Ist diese Funktion verfügbar, sollte sie genutzt werden.

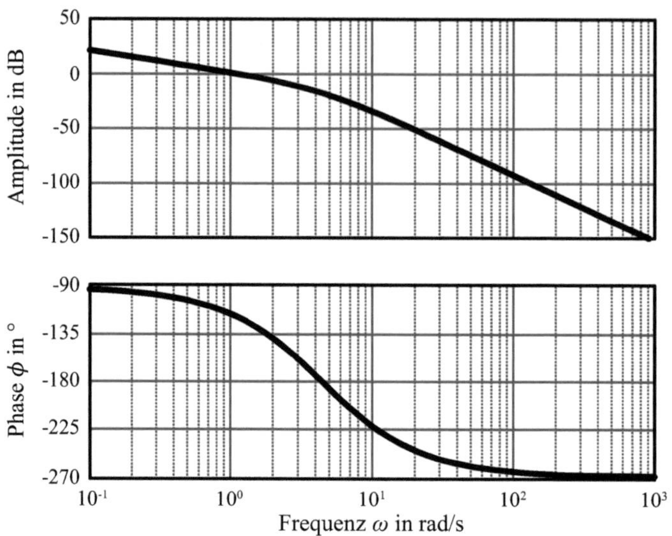

Abb. 3.2 Bodediagramm: Amplituden- und Phasengang

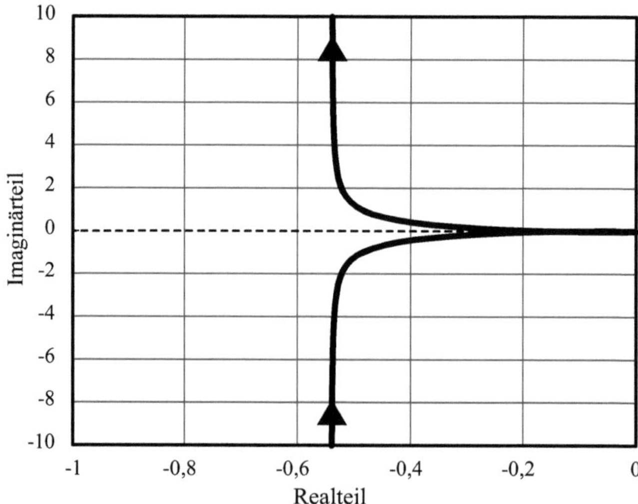

Abb. 3.3 Beispiel für eine Nyquist-Ortskurve (zum Bodediagramm in Abb. 3.2)

ist. Ein Modell heißt **stabil**, wenn der Ausgang y für $t \to \infty$ gegen die Konstante K konvergiert, d. h. $y_\infty \to K$. Andernfalls heißt ein Modell **instabil**. Die Bestimmung der Stabilität eines Prozesses hängt ab von der Art der verwendeten Repräsentation und von der Natur des Zeitbereichs. Tab. 3.6 fasst die wichtigsten Ergebnisse bezüglich Stabilität zusammen. Eine detaillierte Beschreibung der verschiedenen Klassifizierungen von Stabilität liefert Abschn. 3.3.5.6.

Tab. 3.6 Zusammenfassung der Stabilitätsbedingungen für verschiedene Darstellungen und Zeitbereiche

Darstellung		Analysemetrik, p	Stabil	Instabil
Zeit-kontinuier-lich	Zustandsraum	Eigenwerte der Zustandsmatrix $\mathcal{A}$	$\mathrm{Re}(p_i) < 0, \forall i$	$\mathrm{Re}(p_i) \geq 0$
	Übertragungs-funktion	Polstellen der Übertragungsfunktion (Nullstellen von D)	$\mathrm{Re}(p_i) < 0, \forall i$	$\mathrm{Re}(p_i) \geq 0$
Zeitdiskrete	Zustandsraum	Eigenwerte der Zustandsmatrix $\mathcal{A}$	$\|p_i\| < 1, \forall i$	$\|p_i\| \geq 1$
	Übertragungs-funktion	Polstellen der Übertragungsfunktion (Nullstellen von D)	$\|p_i\| < 1, \forall i$	$\|p_i\| \geq 1$

In der Zustandsraumdarstellung wird die Stabilität durch die Auswertung der Eigenwerte der Systemmatrix $\mathcal{A}$ bestimmt. Im kontinuierlichen Zeitbereich muss der Realteil aller Eigenwerte kleiner Null sein, damit es sich um ein stabiles System handelt; ansonsten ist es instabil. Ist der Betrag aller Eigenwerte im diskreten Zeitbereich kleiner 1, d. h. liegen die Eigenwerte innerhalb des Einheitskreises, so handelt es sich um ein stabiles System; ansonsten ist es instabil.

Bei der Betrachtung von Übertragungsfunktionen wird die Stabilität anhand der Lage der Polstellen bestimmt. Im kontinuierlichen Zeitbereich muss der Realteil aller Polstellen kleiner Null sein, damit es sich um ein stabiles System handelt; ansonsten ist es instabil. Ist der Betrag aller Polstellen im zeitdiskreten Bereich kleiner 1, liegen diese also im Einheitskreis, so spricht man von einem stabilen System; ansonsten ist es instabil.[11]

Zusammenfassend können wir festhalten, dass bei stabiler Zustandsraumdarstellung auch die Übertragungsfunktion stabil sein wird. Die andere Richtung gilt jedoch nicht, da Übertragungsfunktionen im Allgemeinen keine eindeutige Repräsentation im Zustandsraum haben und es somit möglich ist, instabile Zustandsraummodelle für stabile Übertragungsfunktionen zu konstruieren, indem nicht beobachtbare instabile Zustände hinzugefügt werden.

> **Beispiel 3.10: Bestimmung der Stabilität von Übertragungsfunktionen**
> Bestimmen Sie, ob die folgenden Prozesse stabil sind:
>
> $$G_1(s) = \frac{1}{5s + 3}e^{-5s} \tag{3.95}$$

---

[11] Bei der Betrachtung von Übertragungsfunktionen im diskreten Bereich ist es wichtig zu beachten, welche Variable genutzt wird und wie die Stabilitätsbedingungen formuliert sind. In der Regelungstechnik wird Stabilität oftmals in Bezug auf z^{-1} diskutiert. In diesem Fall müssen die obigen Regeln invertiert werden, was bedeutet, dass Stabilität durch Polstellen außerhalb des Einheitskreises bedingt wird. Aus Gründen der Konsistenz wird Stabilität in diesem Buch in Abhängigkeit von z erörtert.

$$G_2(s) = \frac{1}{(5s+3)\left(s^2+4\right)}\,e^{-5s} \tag{3.96}$$

$$G_3(z) = \frac{z^2}{z^4 + z^3 + z^2 + z - 1} \tag{3.97}$$

Lösung

Setzen wir für G_1 den Term $5\,s+3$ gleich null und löst nach s auf, so ergibt sich eine Polstelle bei $-3/5$. Laut den Ergebnissen aus Tab. 3.6 ist diese kontinuierliche Übertragungsfunktion stabil, da die Polstelle einen Wert kleiner null hat.

Die beiden Terme in G_2 werden ebenso zu null gesetzt, was drei Polstellen bei $-3/5$ und $\pm 2i$ ergibt. Basierend auf den Ergebnissen aus Tab. 3.6 können wir feststellen, dass die kontinuierliche Übertragungsfunktion instabil ist, da zwei einfache Polstellen mit einem Realteil von null und eine Polstelle mit einem negativen Realteil vorliegt.

Die Analyse des Nenners von G_3 ergibt Polstellen der Übertragungsfunktion bei $-1{,}291$ sowie bei $-0{,}1141 \pm 1{,}271i$ und $0{,}519$. Tab. 3.6 liefert, dass für ein stabiles System die Beträge der Polstellen einen Wert kleiner 1 haben müssen. Dies ist für die Polstelle bei $-1{,}291$ nicht erfüllt, womit das System instabil ist.

Beispiel 3.11: Bestimmung der Stabilität eines Zustandsraummodells

Bestimmen Sie, ob die gegebenen $\mathcal{A}$-Matrizen stabile kontinuierliche Prozesse repräsentieren.

$$\mathcal{A}_1 = \begin{bmatrix} 2 & 0 \\ 3 & -2 \end{bmatrix} \tag{3.98}$$

$$\mathcal{A}_2 = \begin{bmatrix} -5 & 5 & 6 \\ 0 & -3 & 2 \\ 0 & 0 & -1 \end{bmatrix} \tag{3.99}$$

$$\mathcal{A}_3 = \begin{bmatrix} 2 & 1 \\ -1 & 2 \end{bmatrix} \tag{3.100}$$

Lösung

Da die Matrix $\mathcal{A}_1$ eine Dreiecksmatrix ist, können die Eigenwerte direkt aus der Hauptdiagonalen abgelesen werden. Als Ergebnis erhält man -2 und 2. Aus

Tab. 3.6 folgt für das kontinuierliche Zustandsraummodell, dass dieses instabil ist, da ein Eigenwert einen Wert größer Null annimmt.

Analog zu $\mathcal{A}_1$ lassen sich die Eigenwerte von $\mathcal{A}_2$ bestimmen. Die Diagonaleinträge lauten $-5, -3$ und -1. Da alle Eigenwerte kleiner null sind, kann zusammen aus Tab. 3.6 für kontinuierliche Zustandsraummodelle gefolgert werden, dass das System stabil ist.

Für die Zustandsmatrix $\mathcal{A}_3$ müssen die Eigenwerte mittels der Determinante bestimmt werden:

$$\begin{aligned}
\det(\lambda I - A_3) &= (\lambda - 2)^2 - (1)(-1) \\
&= \lambda^2 - 4\lambda + 5 \\
&= 2 \pm i
\end{aligned} \tag{3.101}$$

Die Realteile der Eigenwerte sind größer null. Aus Tab. 3.6 lässt sich ablesen, dass für ein stabiles System Eigenwerte mit einem Realteil kleiner null vorliegen müssen. Somit ist das System instabil.

3.3.2.1 Routh-Hurwitz-Stabilitätsanalyse

Auch wenn die in Tab. 3.6 dargestellten Ergebnisse für die numerische Behandlung einer vorliegenden Übertragungsfunktion sehr nützlich sind, kann die algebraische Bestimmung für Systeme höherer Ordnung sehr schwierig, wenn nicht sogar unmöglich sein. Deshalb gibt es spezielle Analyseverfahren, die keine Bestimmung der Nullstellen des Polynoms voraussetzen. Eines der bekanntesten Verfahren für zeitkontinuierliche Übertragungsfunktionen ist die **Routh-Hurwitz-Stabilitätsanalyse**. Betrachten wir das charakteristische Polynom (Polynom des Nenners) der Übertragungsfunktion:

$$a_n s^n + a_{n-1} s^{n-1} + a_{n-2} s^{n-2} + \ldots + a_1 s + a_0 = 0 \tag{3.102}$$

Es gibt zwei Bedingungen für das Routh-Hurwitz-Kriterium:

1) Alle Koeffizienten des charakteristischen Polynoms müssen vorhanden sein und dabei dasselbe Vorzeichen aufweisen (alle Koeffizienten strikt positiv, d. h. alle Koeffizienten größer Null oder alle Koeffizienten strikt negativ, d. h. alle Koeffizienten kleiner Null). Ist dies nicht der Fall, so ist das System instabil.
2) Ist die erste Bedingung erfüllt, ist die in Tab. 3.7 dargestellte Matrix aufzubauen.
   a) Platzieren Sie die zu $a_n, a_{n-2}, \ldots$ gehörenden Koeffizienten in der ersten Zeile
   b) Platzieren Sie die zu $a_{n-1}, a_{n-3}, \ldots$ gehörenden Koeffizienten in der zweiten Zeile
   c) Berechnen Sie mit Hilfe der Werte aus den Zeilen oben und der aktuellen Spalte und der Spalte rechts davon eine determinantenähnliche Zahl mit Hilfe der in der Tabelle angegebenen Formel. Für die i-te Zeile in der j-ten Spalte ($i \in \{1, 2, \ldots, n+1, j \in \{1, 2, \ldots, \lceil 0,5n \rceil\}$), gilt die allgemeine Formel

Tab. 3.7 Tabelle für Routh-Hurwitz-Stabilitätsanalyse

Zeile	1	2	3	...
1	a_n	a_{n-2}	a_{n-4}	...
2	a_{n-1}	a_{n-3}	a_{n-5}	...
3	$b_1 = \frac{a_{n-1}a_{n-2}-a_n a_{n-3}}{a_{n-1}}$	$b_2 = \frac{a_{n-1}a_{n-4}-a_n a_{n-5}}{a_{n-1}}$	...	
4	$c_1 = \frac{b_1 a_{n-3}-b_2 a_{n-1}}{b_1}$	...		
$\vdots$	$\vdots$	$\vdots$		
n+1	z_1			

$$\lambda_{i,j} = \frac{\lambda_{i-2,j+1}\lambda_{i-1,j} - \lambda_{i-2,j}\lambda_{i-1,j+1}}{\lambda_{i-1,1}} \tag{3.103}$$

Hierbei ist $\lambda_{1,j} = a_{n-2j+2}$ und $\lambda_{2,j} = a_{n-2j+1}$ (Die ersten beiden Zeilen sind die Koeffizienten für das charakteristische Polynom). Sämtliche Werte, die nicht gegeben sind, werden zu Null angenommen.

d) Fahren Sie mit der Berechnung fort, bis die Tabelle $n+1$ Zeilen hat.

e) Ein System ist stabil (alle Nullstellen des charakteristischen Polynoms haben negativen Realteil), wenn alle Werte in der ersten Spalte dasselbe Vorzeichen haben, also entweder strikt positiv oder strikt negativ.

Beispiel 3.12: Beispiel für die Routh-Hurwitz-Stabilitätsanalyse
Bestimmen Sie mithilfe des Routh-Hurwitz-Stabilitätskriteriums die Stabilität der beiden Übertragungsfunktionen:

1) $G(s) = \frac{5}{s^6+5s^4-6s^3+2s^2+3s+1}$
2) $G(s) = \frac{4}{s^4+3s^3+s^2+2s+1}$

Lösung
Für die erste Übertragungsfunktion lässt sich die Stabilität leicht bestimmen: Da der Koeffizient für eine der Potenzen (s^5) gleich Null ist und die verbleibenden Koeffizienten unterschiedliche Vorzeichen haben, ist das System instabil gemäß Bedingung (1).

Bei der zweiten Übertragungsfunktion ist Bedingung (1) erfüllt, da alle Koeffizienten vorhanden sind, sowie alle Koeffizienten dasselbe Vorzeichen (positiv) haben. Deshalb müssen wir Bedingung (2) untersuchen und dafür die Routh-Hurwitz-Matrix aufstellen. Wir benötigen dafür 3 (immer $n/2$ aufgerundet) Spalten. In der ersten Zeile (bezeichnet mit **1** in Tab. 3.8) platzieren wir die geraden Koeffizienten geordnet nach absteigender Potenz. In der zweiten Zeile platzieren wir die übrigen Koeffizienten. Zur Berechnung der Werte für die Zeilen 3, 4 und 5 nutzen wir die folgenden Formeln:

Tab. 3.8 Tabelle für Routh-Hurwitz-Stabilität

Zeile	1	2	3
1	1	1	1
2	3	2	
3	1/3	1	
4	−7		
5	1		

$$b_1 = \frac{a_{n-1}a_{n-2} - a_n a_{n-3}}{a_{n-1}} = \frac{3(1) - 1(2)}{3} = \frac{1}{3}$$

$$b_2 = \frac{a_{n-1}a_{n-4} - a_n a_{n-5}}{a_{n-1}} = \frac{3(1) - 1(0)}{3} = 1$$

$$c_1 = \frac{b_1 a_{n-3} - b_2 a_{n-1}}{b_1} = \frac{(^1\!/_3)2 - 3(1)}{^1\!/_3} = -7$$

$$z_1 = \lambda_{5,1} = \frac{\lambda_{3,2}\lambda_{4,1} - \lambda_{3,1}\lambda_{4,2}}{\lambda_{4,1}} \frac{-7(1) - (^1\!/_3)(0)}{-7} = 1$$

Beachten Sie, dass alle Werte, die nicht existieren, wie beispielsweise a_{n-5}, zu null gesetzt werden. Wie in der Definition des Kriteriums erwähnt, hat die Tabelle immer $n+1$ Zeilen. Die Formeln zur Berechnung der folgenden Werte sind im Wesentlichen Determinanten, bei denen das Vorzeichen im Zähler umgedreht wurde.

Aus Tab. 3.8 sehen wir, dass es in Spalte 1, Zeile 4 einen Vorzeichenwechsel gibt. Damit ist klar, dass das System instabil ist.

3.3.2.2 Jury-Stabilitätsanalyse

Auch wenn die in Tab. 3.6 dargestellten Ergebnisse für die numerische Behandlung einer vorliegenden Übertragungsfunktion sehr nützlich sind, kann die algebraische Bestimmung für Systeme höherer Ordnung sehr schwierig, wenn nicht sogar unmöglich sein. Einer der meistgenutzten Tests für zeitdiskrete Systeme ist die **Jury-Stabilitätsanalyse**. Die Stabilität des Systems kann bestimmt werden, indem lediglich die Koeffizienten des Nennerpolynoms betrachtet werden. Genau wie bei der Routh-Hurwitz-Stabilitätsanalyse wird eine Tabelle konstruiert. Sei das interessierende Polynom gegeben als

$$D(z) = a_n z^n + a_{n-1}z^{n-1} + \cdots + a_1 z + a_0. \tag{3.104}$$

Konstruieren wir die folgende Tabelle (analog zu der in Tab. 3.7) in der die erste Zeile alle Koeffizienten von a_0 bis a_n enthält. Die zweite Zeile ist das Inverse der ersten Zeile, d. h. die erste Spalte enthält a_n und die letzte Spalte a_0. Die dritte Zeile wird mithilfe von

$$b_i = a_0 a_1 - a_n a_{n-i} \tag{3.105}$$

berechnet, während die vierte Zeile das Inverse der dritten Zeile ist. Zu beachten ist, dass nur die ersten n Werte invertiert werden. Effektiv haben wir damit ein neues, reduziertes Polynom gebildet, welches analysiert werden muss. Die fünfte Zeile wird mit derselben Formel wie die dritte Zeile, gegeben durch Gl. (3.105), berechnet, wobei n durch $n-1$ Koeffizienten ersetzt wird, d. h.

$$c_i = b_0\, b_i - b_{n-1}\, b_{n-1-i} \tag{3.106}$$

Dieses Vorgehen wird so lange wiederholt, bis nur noch eine Zeile mir drei Elementen übrigbleibt. Diese werden mit q_0, q_1 und q_2 bezeichnet, womit die Tabelle $2n-3$ Zeilen hat. Im Allgemeinen gilt für die $(2j+1)$-te Zeile ($j=1, 2, \ldots, n-2$), d. h. für jede Zeile mit ungeradem Index, dass die Gleichung wie folgt geschrieben werden kann:

$$d_i^{(2j+1)} = d_0^{(2j-1)} d_i^{(2j-1)} - d_{n-j+1}^{(2j-1)} d_{n-j-i+1}^{(2j-1)} \tag{3.107}$$

wobei $d_i^{(1)} = a_i$ gilt, d. h. die erste Zeile enthält die tatsächlichen polynomialen Koeffizienten. Die $(2j+2)$-te Zeile, d. h. die gerade Zeile hat dann $n-j+1$ Koeffizienten, aufgeschrieben in umgekehrter Reihenfolge. Bemerkenswert ist, dass die verbleibenden Zeilen im Wesentlichen Determinanten der zwei oberhalb befindlichen Zeilen sind.

Die Stabilitätsbedingungen lassen sich wie folgt schreiben:

1) $D(1) > 0$
2) $(-1)^n D(-1) > 0$
3) $|a_0| > |a_n|$
4) $|b_0| > |b_{n-1}|$ fortschreitend in dieser Weise, bis die letzte Zeile erreicht ist, wo $|q_0| > |q_2|$.

Wenn eine der oben genannten Bedingungen nicht erfüllt ist, so hat das System mindestens eine Polstelle außerhalb des Einheitskreises und ist damit instabil (Tab. 3.9).

Tab. 3.9 Tabelle für die Jury-Stabilitätsanalyse

Zeile	0	1	...	$n-1$	n
1	a_0	a_1	...	a_{n-1}	a_n
2	a_n	a_{n-1}	...	a_1	a_0
3	$b_0 = a_0 a_0 - a_n a_n$	$b_1 = a_0 a_1 - a_n a_{n-1}$	...	$b_{n+1} = a_0 a_{n-1} - a_n a_1$	0
4	b_{n-1}	b_{n-2}	...	b_0	0
5					
⋮	⋮	⋮	⋮	⋮	⋮
$2n-3$	q_0	q_1	...	...	**0**

Beispiel 3.13: Beispiel für die Jury-Stabilitätsanalyse

Bestimmen Sie mithilfe des Jury-Stabilitätskriteriums die Stabilität der beiden diskreten Übertragungsfunktionen:

1) $G(z) = \dfrac{5}{z^6 + 5z^4 + 6z^3 + 2z^2 + 3z + 1}$

2) $G(z) = \dfrac{4}{10z^4 + 3z^3 + z^2 + 5z + 1}$

Lösung

Bevor wir für die erste Übertragungsfunktion mit der Erstellung der Tabelle anfangen, testen wir zunächst die initialen Restriktionen. Für Bedingung (1) $D(1) > 0$ erhalten wir

$$1 + 5 + 6 + 2 + 3 + 1 = 18 > 1$$

Das bedeutet, dass diese Bedingung erfüllt ist. Die Auswertung von Bedingung (2) $(-1)^n D(-1) > 0$ ergibt

$$(-1)^6 [1(-1)^6 + 5(-1)^4 + 6(-1)^3 + 2(-1)^2 + 3(-1)^1 + 1] = 0,$$

was bedeutet, dass diese Bedingung nicht erfüllt ist, womit die erste Übertragungsfunktion nicht stabil ist.

Für die zweite Übertragungsfunktion ergibt der Test der ersten drei Bedingungen

Bedingung (1):	$10 + 3 + 1 + 5 + 1 = 20 > 0$	(erfüllt)
Bedingung (2):	$(-1)^4 [10(-1)^4 + 3(-1)^3 + (-1)^2 + 5(-1)^1 + 1] = 4 > 0$	(erfüllt)
Bedingung (3):	$\lvert a_n \rvert > \lvert a_0 \rvert \Rightarrow \lvert 10 \rvert > \lvert 1 \rvert$	(erfüllt)

Nachdem alle Vorbedingungen erfüllt sind, konstruieren wir nun die Jury-Tabelle. Diese zeigt Tab. 3.10. Die erste Zeile besteht aus den Koeffizienten, aufsteigend entsprechend der Potenz sortiert, wohingegen die zweite Zeile die Koeffizienten in absteigender Reihenfolge sortiert enthält. In Zeile 3 ergänzen wir die entsprechender o.g. Formel berechneten Werte:

$$b_i = a_0 a_i - a_n a_{n-i} \tag{3.108}$$

Tab. 3.10 Tabelle für Jury-Stabilität

Zeile	0	1	2	3	4
1	1	5	1	3	10
2	10	3	1	5	1
3	-99	-25	-9	-47	
4	-47	-9	-25	-99	
5	7.592	2.052	-284		

Dies ergibt

$$b_0 = a_0 a_0 - a_4 a_{4-0} = 1(1) - 10(10) = -99$$

$$b_1 = a_0 a_1 - a_4 a_{4-1} = (1)5 - 10(3) = -25$$

$$b_2 = a_0 a_2 - a_4 a_{4-2} = 1(1) - 10(1) = -9$$

$$b_3 = a_0 a_3 - a_4 a_{4-3} = 3(1) - 10(5) = -47$$

Hier prüfen wir, ob $|b_0| > |b_{n-1}|$ erfüllt ist. Da $|-99| > |-47|$ gilt, fahren wir mit dem nächsten Schritt fort. Wir vertauschen die Reihenfolge der verbleibenden $n-1$ Koeffizienten und fügen diese in Zeile 4 ein. Effektiv haben wir also ein Polynom vom Grad $n-1$ generiert, welches wir nun untersuchen wollen. Dafür nutzen wir in Zeile 5 eine modifizierte Form von Gl. (3.108):

$$c_i = b_0 b_i - b_{n-1} b_{n-1-i} \tag{3.109}$$

Diese Gleichung ist fast identisch zu Gl. (3.108), wobei der Wert von n um 1 reduziert wurde. Die Auswertung von Gl. (3.109) für die $n-2$ Spalten ergibt

$$c_0 = b_0 b_0 - b_3 b_3 = (-99)^2 - (-47)^2 = 7.592$$

$$c_1 = b_0 b_1 - b_3 b_2 = -99(-25) - (-47)(-9) = 2.052$$

$$c_2 = b_0 b_2 - b_3 b_1 = -9(-99) - (-47)(-25) = -284$$

Nachdem nur noch drei Spalten übriggeblieben sind, prüfen wir nun, ob $|q_0| > |q_2|$. In unserem Fall bedeutet das, ob $|7592| > |-284|$ gilt. Nachdem diese Bedingung erfüllt ist, können wir schließen, dass das System stabil ist.

3.3.2.3 Analyse der Stabilität des geschlossenen Regelkreises

Für geschlossene Regelkreise kann die Stabilität mithilfe der Übertragungsfunktion G_{cl} des geschlossenen Regelkreises bestimmt werden, d. h.

$$G_{cl} = \frac{G_c G_p}{1 + G_c G_p} \tag{3.110}$$

Nachdem bereits gezeigt wurde, dass die Polstellen des Systems der entscheidende Faktor für die Stabilität sind, reicht es aus, den Nenner der Übertragungsfunktion, d. h. den Term $1 + G_c G_p$, im Rahmen der Stabilitätsanalyse zu betrachten. Zur Bestimmung der Stabilität kann nun entweder das Routh-Hurwitz- oder das Jury-Stabilitätskriterium angewendet werden. In einigen Fällen kann es zudem hilfreich sein, Frequenzbereichsdarstellungen, insbesondere das Bodediagramm, zur Stabilitätsanalyse heranzuziehen. Zur Vereinfachung der Analyse schreiben wir den Nenner um zu

$$G_c G_p = -1 \tag{3.111}$$

Nehmen wir den Betrag aus Gl. (3.111), so erhalten wir

$$\|G_c G_p\| = \|-1\| \tag{3.112}$$

Der Phasenwinkel für −1 beträgt −180°, da der Imaginärteil gleich Null und der Realteil gleich −1 ist. Nach der Subtraktion von −180° ergibt sich die korrekte Lokalisierung im Koordinatensystem. Das Zeichnen des Bodediagramms der offenen Kette $G_c G_p$ erlaubt uns somit die Bestimmung der Stabilität des Systems mithilfe der **kritischen Frequenz** ω_c, die die zum Phasenwinkel von −180° zugehörige Frequenz beschreibt. Ist der Wert des Amplitudengangs in diesem Punkt größer 1 (bzw. größer 0 bei Nutzung einer logarithmischen Skala), so ist das System als geschlossener Regelkreis instabil. Ein Beispiel mit eingetragenen Frequenzen zeigt Abb. 3.4.

Weiterhin können wir zwei interessante Parameter definieren: den **Amplitudenrand** (auch Amplitudenreserve, A_R) und den **Phasenrand** (auch Phasenreserve, φ_R). Diese beiden Ränder definieren, wie viel Raum bleibt, bis das System instabil wird. Im Bodediagramm wird Instabilität durch einen Wert des Amplitudengangs größer 1 (bzw. größer 0 für logarithmische Skala) oder einem Phasenwinkel kleiner −180° beschrieben. Abb. 3.5 zeigt dies für das Bodediagramm und Abb. 3.6 für die Nyquist-Ortskurve. Der Phasenrand ist bestimmt durch die Addition von 180° zum Phasenwinkel, wenn der

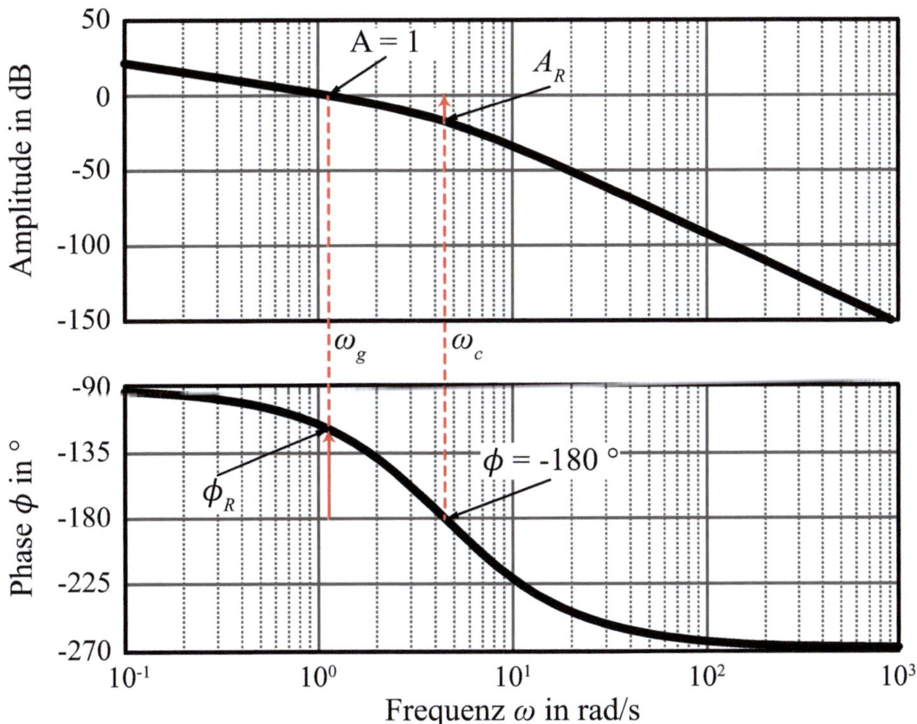

Abb. 3.4 Bodediagramm für Stabilitätsanalyse im geschlossenen Regelkreis

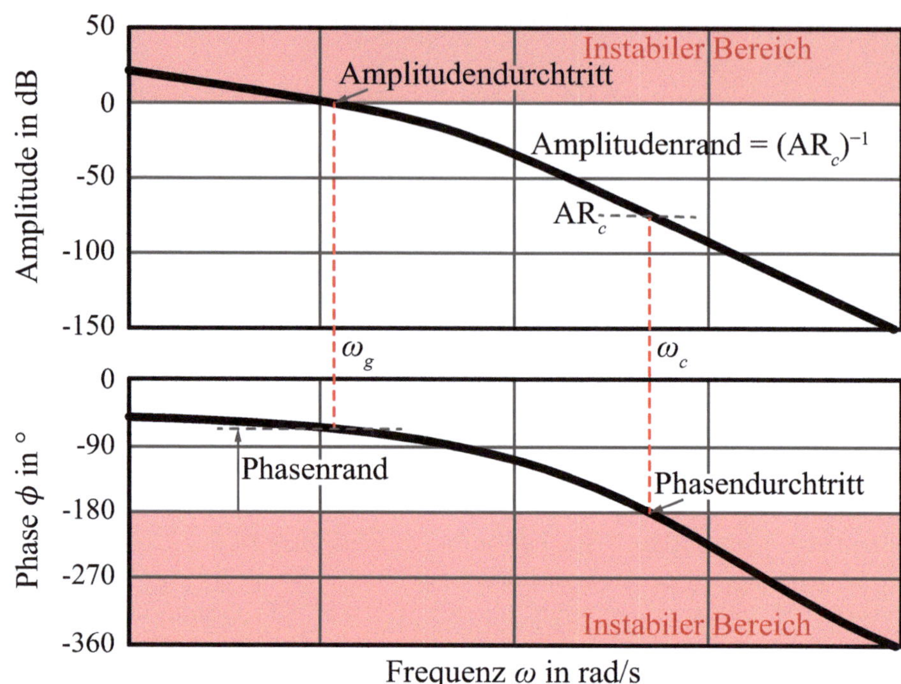

Abb. 3.5 Stabilitätsanalyse des geschlossenen Regelkreises mithilfe des Bodediagramms

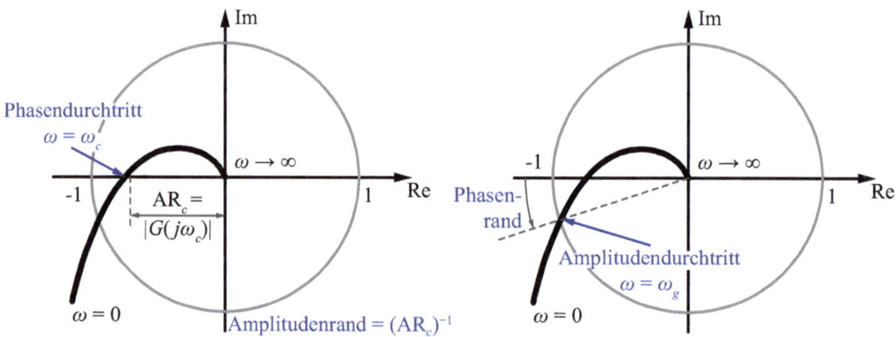

Abb. 3.6 Stabilitätsanalyse des geschlossenen Regelkreises mithilfe der Nyquist-Ortskurve

Amplitudengang den Wert 1 (bzw. 0 bei logarithmischer Skala), bezeichnet als Verstärkungsdurchtritt ω_g, kreuzt, d. h.

$$\phi_R = \phi(\omega_g) + 180° \tag{3.113}$$

Der Amplitudenrand ist definiert als der Kehrwert des Amplitudengangs, wenn der Phasengang den Winkel von $-180°$ kreuzt, beschrieben durch die Phasendurchtrittsfrequenz ω_p:

$$A_R = 1/\operatorname{AR}(\omega_p) \tag{3.114}$$

Es ist möglich, Regler nur anhand der Vorgabe von Phasen- und Amplitudenrand zu entwerfen.

3.3.3 Realisierbarkeit

Die **Realisierbarkeit** einer Übertragungsfunktion beschreibt, ob eine gegebene Übertragungsfunktion in einem realen System implementiert werden kann. Drei Bedingungen müssen für die Realisierbarkeit einer Übertragungsfunktion erfüllt sein:

1) **Stabilität**: Die Übertragungsfunktion sollte stabil sein. Liegen Polstellen auf der imaginären Achse für den kontinuierlichen Fall oder auf dem Einheitskreis für den diskreten Fall, sollten diese keine Multiziplität größer als eins haben. Das bedeutet, dass der Integrator und die Sinusfunktion angewendet werden können.
2) **Kausalität**: Die Übertragungsfunktion sollte kausal sein.
3) **Endliche Impulsantwort**: Die Impulsantwort der Übertragungsfunktion sollte endlich sein, d. h.

$$0 \leq \lim_{\omega \to \infty} \operatorname{AR}(\omega) = K < \infty \tag{3.115}$$

Nachdem die Regeln zur Bestimmung von Stabilität und Kausalität bekannt sind, muss nur die letzte Bedingung näher beschrieben werden. Für eine kontinuierliche Übertragungsfunktion ist die Impulsantwort endlich, wenn die Übertragungsfunktion proper ist. Für diskrete Übertragungsfunktionen ist diese Bedingung nicht relevant da alle rationale Übertragungsfunktionen endliche Impulsantworten aufweisen.

3.3.4 Beobachtbarkeit und Steuerbarkeit

Nachdem wir an der Automatisierung unseres Prozesses interessiert sind, ist es wichtig, zu verstehen, ob der Prozess überhaupt automatisiert werden kann. Für die Zustandsraumdarstellung ist es üblich dazu von Beobachtbarkeit und Steuerbarkeit des Prozesses zu sprechen. Die Zustandsgleichung oder das Paar (A,C) ist genau dann **beobachtbar**, wenn für jeden beliebigen Anfangszustand x_0 eine endliche Zeitspanne der Länge t (größer Null) existiert, sodass die Kenntnis des Eingangs $u(t)$ und Ausgangs $y(t)$ im Intervall $[0, t]$ ausreicht, um den Anfangszustand x_0 zu bestimmen. Das kann genau dann erreicht werden, wenn

1) $\mathcal{O} = \begin{bmatrix} \mathcal{C} \\ \mathcal{CA} \\ \mathcal{CA}^2 \\ \vdots \\ \mathcal{CA}^{n-1} \end{bmatrix}_{nq \times n}$ vollen Rang n hat, wobei $\mathcal{O}$ die Beobachtbarkeitsmatrix ist.

2) die Beobachtbarkeitsgramsche, $\mathcal{W}_o(t)_{n \times n} = \int_0^t e^{\mathcal{A}^T \tau} \mathcal{C}^T \mathcal{C} e^{\mathcal{A}\tau} d\tau$ nichtsingulär ist für alle $t > 0$. Die Energie des Ausgangssignals lässt sich schreiben als $E_y(t) = x^T(0) \mathcal{W}_c(t) x(0)$.

3) die $n \times n$-Matrix $\begin{bmatrix} \dfrac{\mathcal{A} - \lambda_i \mathcal{I}}{\mathcal{C}} \end{bmatrix}$ für alle Eigenwerte λ_i von $\mathcal{A}$ vollen Rang hat. Dies erlaubt die Klassifizierung aller individuellen Zustände oder Eigenwerte von $\mathcal{A}$.

Ein System wird als **detektierbar** bezeichnet, wenn alle instabilen Zustände der Zustandsraumdarstellung beobachtet werden können. Dies kann über die Auswertung von $\begin{bmatrix} \dfrac{\mathcal{A} - \lambda_i \mathcal{I}}{\mathcal{C}} \end{bmatrix}$ für jeden der instabilen Zustände und durch Prüfung auf vollen Rang erfolgen.

Die Zustandsgleichung oder das Paar (A, B) heißt genau dann **steuerbar**, wenn für jeden Anfangszustand x_0 und Endzustand x_1 ein beschränkter Eingang $u(t)$ existiert, der x_0 in endlicher Zeit in x_1 überführt. Dies ist genau dann möglich, wenn

1) $\bar{\mathcal{C}}_{n \times np} = \begin{bmatrix} \mathcal{B} & \mathcal{AB} & \mathcal{A}^2\mathcal{B} & \cdots & \mathcal{A}^{n-1}\mathcal{B} \end{bmatrix}$ vollen Rang n hat, wobei $\bar{\mathcal{C}}$ die Steuerbarkeitsmatrix ist.
2) die Steuerbarkeitsgramsche $\mathcal{W}_c(t)_{n \times n} = \int_0^t e^{\mathcal{A}\tau} \mathcal{BB}^T e^{\mathcal{A}^T \tau} d\tau$ nichtsingulär ist für alle $t > 0$. $\mathcal{W}_c^{-1}$ ist ein Maß für die benötigte Energie, um den Prozess zu steuern. Ein größerer Wert bedeutet, dass mehr Energie (oder Aufwand) notwendig ist.
3) die $n \times n$-Matrix $[\mathcal{A} - \lambda_i \mathrm{I} \mid \mathrm{B}]$ für alle Eigenwerte λ_i von $\mathcal{A}$ vollen Rang hat. Dies erlaubt die Klassifizierung aller individuellen Zustände oder Eigenwerte von $\mathcal{A}$.

Ein System heißt **stabilisierbar**, wenn alle instabilen Zustände einer Zustandsraumdarstellung gesteuert werden können. Dies kann durch Auswertung von $[\mathcal{A} - \lambda_i \mathrm{I} \mid \mathrm{B}]$ für jeden der instabilen Zustände und durch Prüfung auf vollen Rang erfolgen.

Bemerkenswert ist, dass Steuerbarkeit und Beobachtbarkeit **dual** zueinander sind, d. h. wenn (A, B) steuerbar ist, dann ist (A^T, B^T) beobachtbar. Gleichermaßen gilt: Ist $(\mathcal{A}, \mathcal{C})$ beobachtbar, dann ist $(\mathcal{A}^T, \mathcal{C}^T)$ steuerbar. Dies erklärt auch, warum die Regelungs- und Beobachtungsnormalform Transponierte voneinander sind.

3.3.5 Analyse besonderer Übertragungsfunktionen

In diesem Abschnitt widmen wir uns der Analyse besonderer, häufig verwendeter Übertragungsfunktionen. Da viele Analysen im Bereich der Automatisierungstechnik auf die Nutzung von Übertragungsfunktionen ausgerichtet sind, ist es wichtig, das Verhalten der häufigsten Übertragungsfunktionen zu kennen. Die Antworten der Übertragungsfunktionen auf einen Sprung im Zeitbereich (Sprungantwort) werden dabei ebenso berücksichtigt, denn die Übertragungsfunktionen sollen auch im Umfeld realer Prozesse erkannt werden. Zeitdiskrete Systeme werden nur kurz behandelt, da die meisten zeitdiskreten Analysen auf den unterlagerten zeitkontinuierlichen Analysen aufsetzen.

3.3.5.1 Integrator

Wie der Name bereits vermuten lässt, integriert der Integrator eine Variable. Der Integrator ist ein häufiges Modell, z. B. für den Füllstand eines Tanks. Die Laplace-Transformierte lautet

$$G_I = \frac{M_I}{s} \tag{3.115}$$

Dabei ist M_I die Verstärkung. Der Integrator beschreibt ein instabiles System, dessen Ausgang sich immer weiter vergrößern wird, auch wenn der Eingang beschränkt ist. Die Sprungantwort des Systems kann bestimmt werden zu

$$
\begin{aligned}
Y &= G_I U \\
Y &= \frac{M_I}{s}\frac{M}{s} \\
&= \frac{M_I M}{s^2}
\end{aligned}
\tag{3.116}
$$

Basierend auf Tab. 3.1, ergibt sich die Zeitbereichsdarstellung des Integrators aus Gl. (3.116) zu

$$y_t = M_I M t \tag{3.117}$$

Eine beispielhafte Darstellung des Integrators zeigt Abb. 3.7. Die Parameter für das Bodediagramm lassen sich wie folgt bestimmen:

$$G_I(j\omega) = \frac{M_I}{j\omega} = -\frac{M_I j}{\omega}$$

$$\Rightarrow \mathrm{AR} = \sqrt{0^2 + \left(-\frac{M_I}{\omega}\right)^2} = \frac{|M_I|}{\omega} \tag{3.118}$$

$$\phi = \arctan\left(\frac{-\frac{M_I}{\omega}}{0}\right) = -90°$$

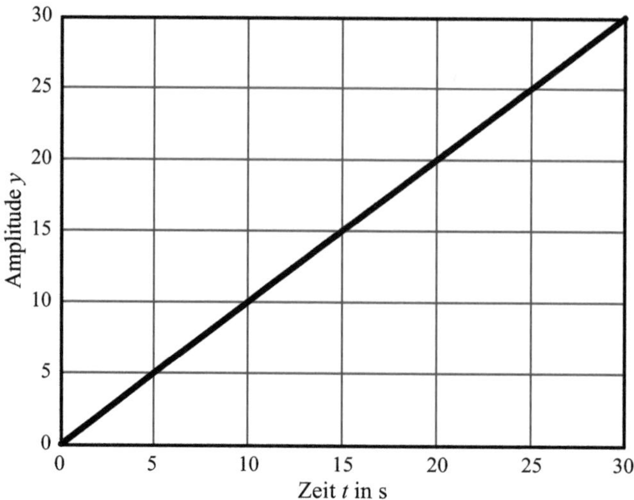

Abb. 3.7 Antwort eines Integrators $1/s$ auf einen Einheitssprung am Eingang

Abb. 3.8 zeigt beispielhaft ein Bodediagramm. Tab. 3.1 fasst die Haupteigenschaften des Integrators zusammen (Tab. 3.11).

3.3.5.2 Lead-Glied

Das Lead-Glied ist eine einfache Übertragungsfunktion erster Ordnung, die gelegentlich in Kombination mit anderen Übertragungsfunktionen verwendet wird, um unübliche

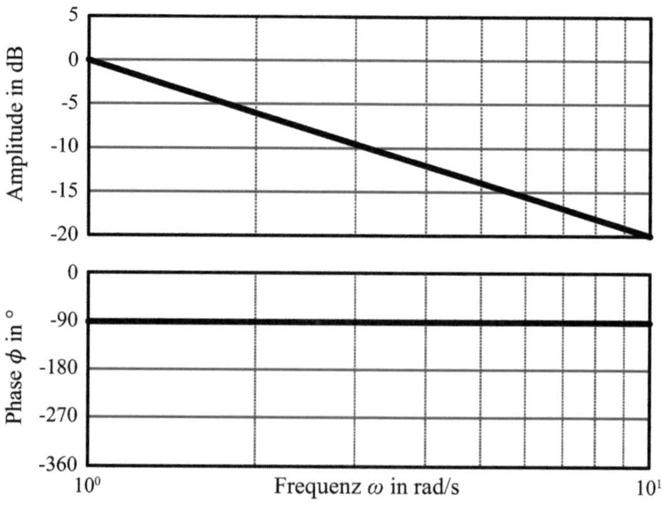

Abb. 3.8 Bodediagramm für einen Integrator

Tab. 3.11 Haupteigenschaften eines Integrators

Eigenschaft		Wert
Laplace-Transformierte		$G_I = \frac{M_I}{s}$
Sprungantwort (Zeitbereich)		$y_t = M_I M t$
Parameter Bodediagramm	AR	$|M_I| / \omega$
	ϕ	$-90°$
Stabil?		Nein

oder komplexere initiale Dynamik in einem Prozess zu modellieren. Die Laplace-Transformierte lautet

$$G_L = K(\tau_L s + 1) \tag{3.119}$$

Dabei ist K die Verstärkung und τ_L eine Zeitkonstante. Die Sprungantwort des Systems ergibt sich zu

$$Y = G_L U$$
$$Y = K(\tau_L s + 1)\frac{M}{s} \tag{3.120}$$
$$= KM\frac{(\tau_L s + 1)}{s}$$

Um die Zeitbereichsdarstellung der Sprungantwort abzuleiten, müssen wir eine Partialbruchzerlegung des Ergebnisses aus Gl. (3.120) durchführen:

$$Y = KM\frac{(\tau_L s + 1)}{s}$$
$$Y = KM\left(\tau_L + \frac{1}{s}\right) \tag{3.121}$$

Aus Tab. 3.2 ergibt sich die Zeitbereichsdarstellung von Gl. (3.121):

$$y_t = KM(\tau_L \delta + u_t) \tag{3.122}$$

Dabei ist δ das Dirac-Delta und u_t ist der Einheitssprung. Die Parameter für das Bodediagramm lassen sich wie folgt bestimmen:

$$G_L(j\omega) = K(\tau_L j\omega + 1) = K + K\tau_L \omega j$$
$$\Rightarrow AR = \sqrt{K^2 + (K\tau_L \omega)^2} = |K|\sqrt{1 + \tau_L^2 \omega^2}$$
$$\phi = \arctan\left(\frac{K\tau_L \omega}{K}\right) = \begin{cases} \arctan \tau_L \omega & K > 0 \\ \arctan \tau_L \omega + 180° & K < 0 \end{cases} \tag{3.123}$$

Abb. 3.9 zeigt beispielhaft ein Bodediagramm für alle vier möglichen Kombinationen von K und τ_L. Tab. 3.12 fasst die Haupteigenschaften des Lead-Glieds zusammen.

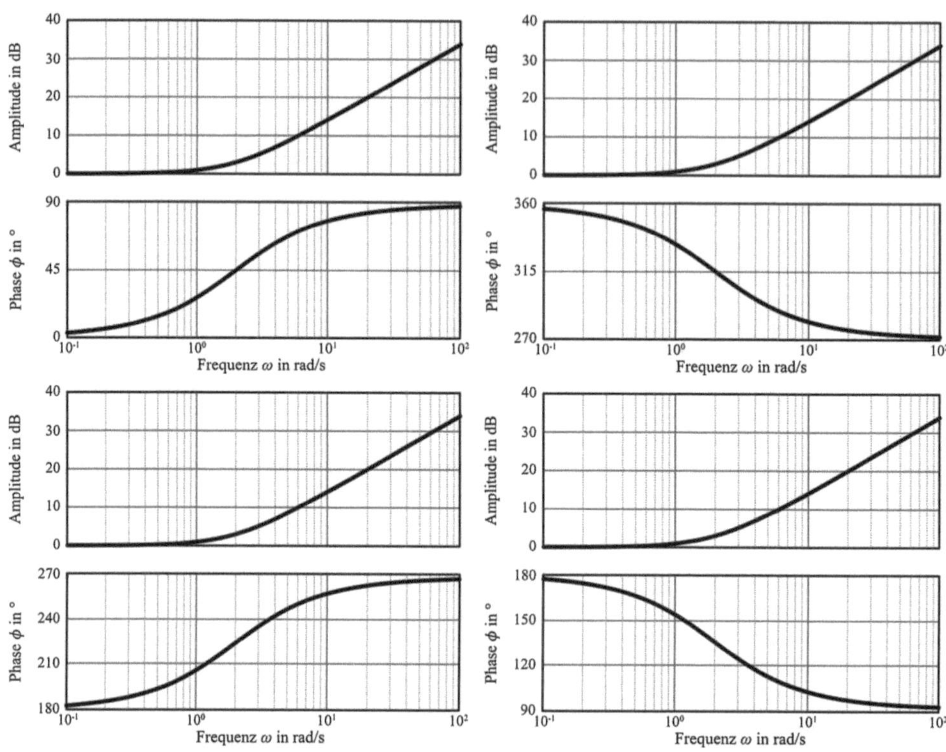

Abb. 3.9 Bodediagramme für ein Lead-Glied – obere Zeile: $K > 0$, untere Zeile: $K < 0$; links: $\tau_L > 0$ und rechts: $\tau_L < 0$

Tab. 3.12 Haupteigenschaften eines Lead-Glieds

Eigenschaft		Wert
Laplace-Transformierte		$G_L = K(\tau_L s + 1)$
Sprungantwort (Zeitbereich)		$y_t = KM(\tau_L \delta + u_t)$
Parameter Bodediagramm	AR	$\lvert K \rvert \sqrt{1 + \tau_L^2 \omega^2}$
	ϕ	$\begin{cases} \arctan \tau_L \omega & K > 0 \\ \arctan(\tau_L \omega) + 180° & K < 0 \end{cases}$
Stabil?		Ja
Kommentar		Negative Werte von τ_L (positive Nullstellen) können ein inverses Antwortverhalten des Systems bedingen, d. h. der Wert der Variable sinkt zunächst, und steigt anschließend an, um seinen neuen stationären Wert anzunehmen (oder umgekehrt)

3.3.5.3 Systeme erster Ordnung (PT$_1$)

Systeme erster Ordnung (PT$_1$) sind mit die häufigsten Übertragungsfunktionen, die in der Automatisierungstechnik betrachtet werden. Diese Systeme können zur Modellierung eines breiten Spektrums an Systemen eingesetzt werden, vom einfachen beheizten Tank, bis hin zu komplexen Multikomponentenreaktionen. Die Laplace-Transformierte des Systems lautet

$$G_F = \frac{K}{(\tau_p s + 1)} \tag{3.124}$$

Dabei ist K die Verstärkung und τ_p die Prozesszeitkonstante. Systeme erster Ordnung sind häufig mit einem Totzeitglied gekoppelt, was als FOPDT-Modell bezeichnet wird. Die Übertragungsfunktion ändert sich dabei wie folgt:

$$G_{FD} = \frac{K}{(\tau_p s + 1)} e^{-\theta s} \tag{3.125}$$

Die Sprungantwort des reinen Systems erster Ordnung lässt sich bestimmen zu

$$\begin{aligned} Y &= G_F U \\ Y &= \frac{K}{(\tau_p s + 1)} \frac{M}{s} \\ &= \frac{KM}{s(\tau_p s + 1)} \end{aligned} \tag{3.126}$$

Um die Zeitbereichsdarstellung des Systems zu erhalten, muss eine Partialbruchzerlegung durchgeführt werden. Angewendet auf Gl. (3.126) ergibt diese

$$\begin{aligned} Y &= \frac{KM}{s(\tau_p s + 1)} \\ Y(s) &= KM \left(\frac{1}{s} + \frac{-\tau_p}{\tau_p s + 1} \right) \end{aligned} \tag{3.127}$$

Mithilfe von Tab. 3.2 können wir die Zeitbereichsdarstellung von Gl. (3.127) bestimmen zu

$$y(t) = KM \left(1 - e^{-\frac{t}{\tau_p}} \right) \tag{3.128}$$

Der Prozess ist stabil für $\tau_p > 0$ und instabil für $\tau_p < 0$. Nehmen wir an, dass $\tau_p > 0$ gilt, können wir mithilfe des Endwertsatzes zeigen, dass für den neuen stationären Zustand folgende Beziehung gilt:

$$\lim_{t \to \infty} y_t = \lim_{s \to 0} sY(s) = \lim_{s \to 0} s \frac{MG_F(s)}{s}$$

$$= \lim_{s \to 0} MG_F(s) = \lim_{s \to 0} MG_F(0) \qquad (3.129)$$

$$= KM$$

Abb. 3.10 zeigt die Sprungantwort für ein System erster Ordnung sowie die Vorgehensweise zur Bestimmung der Systemparameter aus dem Graphen. Die Parameter für das Bodediagramm lassen sich wie folgt bestimmen:

$$G_F(j\omega) = \frac{K}{\left(\tau_p j\omega + 1\right)} = \frac{K\left(1 - \tau_p\omega j\right)}{1 + \tau_p^2\omega^2}$$

$$\Rightarrow \mathrm{AR} = \sqrt{\frac{K^2 + \left(-K\tau_p\omega\right)^2}{\left(1 + \tau_p^2\omega^2\right)^2}} = \frac{|K|}{\sqrt{1 + \tau_p^2\omega^2}} \qquad (3.130)$$

$$\phi = \arctan\left(\frac{-K\tau_p\omega}{K}\right) = \begin{cases} -\arctan\tau_p\omega & K > 0 \\ 180° - \arctan\tau_p\omega & K < 0 \end{cases}$$

Um Diskontinuitäten beim Durchgang des Phasengangs durch 0° zu vermeiden, ist es üblich, negative Phasenwinkel zur Darstellung der Funktion zu nutzen, also −45° anstelle

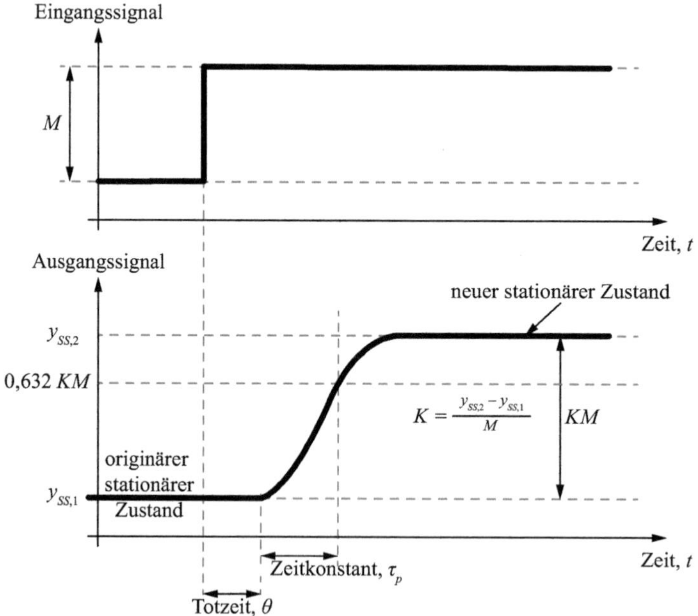

Abb. 3.10 Sprungantwort eines stabilen Systems erster Ordnung (mit Totzeit)

des äquivalenten Ausdrucks von 315°. Abb. 3.9 zeigt beispielhaft ein Bodediagramm für alle vier möglichen Kombinationen von K und τ_p. Tab. 3.13 fasst die Haupteigenschaften des Systems erster Ordnung zusammen (Abb. 3.11).

3.3.5.4 Systeme zweiter Ordnung (PT$_2$)

Systeme zweiter Ordnung sind weitere typische Übertragungsfunktionen, die oftmals zur Modellierung von Schwingungen und periodischem Verhalten eingesetzt werden. Die zugehörige Laplace-Transformierte lautet

$$G_{II} = \frac{K}{\left(\tau_p^2 s^2 + 2\zeta\tau_p s + 1\right)} \tag{3.131}$$

Hierbei ist K die Verstärkung, τ_p die Prozesszeitkonstante und ζ der Dämpfungskoeffizient. Die grundlegende Übertragungsfunktion kann durch einen Lead-Term zur Modellierung verschiedenen Verhaltens erweitert werden:

$$G_{II} = \frac{K(\tau_L s + 1)}{\left(\tau_p^2 s^2 + 2\zeta\tau_p s + 1\right)} \tag{3.132}$$

Genau wie das System erster Ordnung, kann auch das System zweiter Ordnung mit einem Totzeitglied gekoppelt werden. Dieses Konstrukt wird als **SOPDT-Modell** bezeichnet und hat die folgende Übertragungsfunktion:

$$G_{IID} = \frac{K}{\left(\tau_p^2 s^2 + 2\zeta\tau_p s + 1\right)} e^{-\theta s} \tag{3.133}$$

Die Polstellen der Übertragungsfunktion zweiter Ordnung ergeben sich zu

Tab. 3.13 Haupteigenschaften eines Systems erster Ordnung

Eigenschaft		Wert
Laplace-Transformierte		$G_F = \frac{K}{(\tau_p s + 1)}$
Sprungantwort (Zeitbereich)		$y(t) = KM\left(1 - e^{-\frac{t}{\tau}}\right)$
Parameter Bodediagramm	AR	$\frac{\lvert K \rvert}{\sqrt{1+\tau_p^2\omega^2}}$
	ϕ	$\begin{cases} -\arctan\tau_p\omega & K > 0 \\ 180° - \arctan\tau_p\omega & K < 0 \end{cases}$
Stabil?		Ja, wenn $\tau_p > 0$
Kommentar		Dies ist eine der häufigsten Übertragungsfunktionen in der Automatisierungstechniktechnik und wird für die Modellierung vieler verschiedener Anwendungen verwendet, oft unter Einbeziehung einer Totzeit

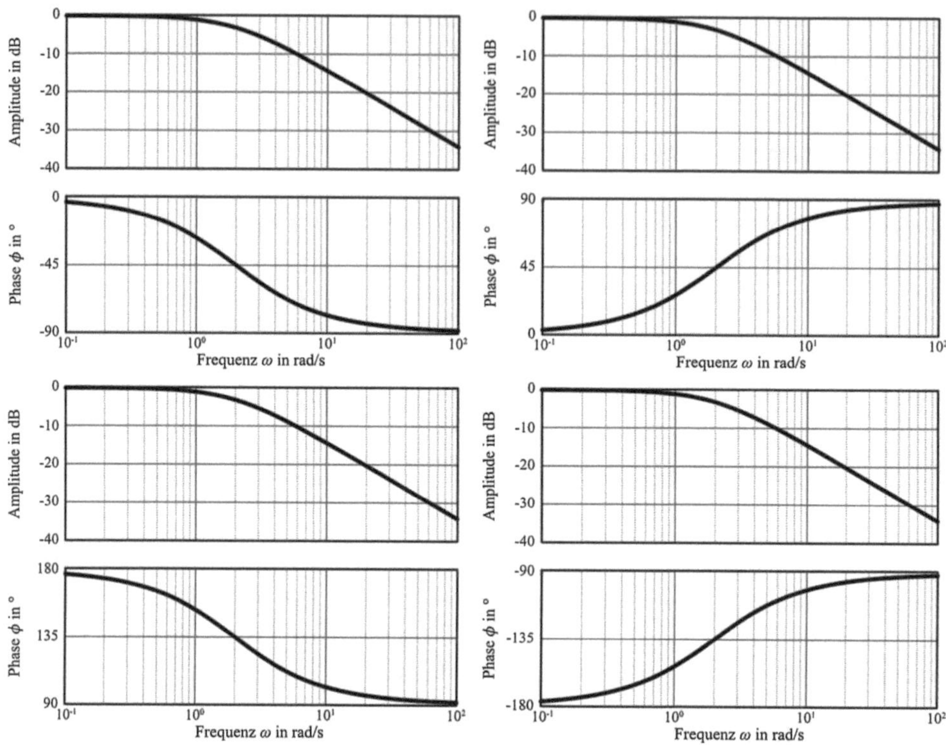

Abb. 3.11 Bodediagramme für ein System erster Ordnung – obere Zeile: $K > 0$, untere Zeile: $K < 0$; links: $\tau_p > 0$ und rechts: $\tau_p < 0$

$$s = \frac{-2\zeta\tau_p \pm \sqrt{4\zeta^2\tau_p^2 - 4\tau_p^2}}{2\tau_p^2}$$

$$= \frac{-\zeta \pm \sqrt{\zeta^2 - 1}}{\tau_p} \tag{3.134}$$

Basierend auf dem Wert von ζ können drei Fälle unterschieden werden:

1) **Fall 1: periodischer Fall** –hier ist $|\zeta| < 1$, d. h. die Polstellen enthalten einen imaginären Anteil.
2) **Fall 2: aperiodischer Grenzfall** –hier ist $|\zeta| = 1$, d. h. die Polstellen sind beide reell und identisch.
3) **Fall 3: Kriechfall** –hier ist $|\zeta| > 1$, d. h. beide Polstellen sind reell.

Das Verhalten des Systems und damit die kritischen Informationen hängen stark vom betrachteten Fall ab.

Für den **periodischen Fall**, wobei $|\zeta| < 1$ gilt, enthalten die Polstellen aus Gl. (3.131) einen imaginären Anteil. Das Vorhandensein eines imaginären Anteils impliziert, dass das System Oszillationen beinhaltet. Ist $\zeta = 0$, so schwingt das System kontinuierlich um einen Mittelwert. In den anderen Fällen kommt es auf das Vorzeichen von $\zeta\tau_p$ an. Ist das Vorzeichen positiv, so ist das System stabil (abklingende/gedämpfte Schwingung), ist das Vorzeichen negativ, so ist das System instabil (aufklingende/ungedämpfte Schwingung). Die Sprungantwort des Systems ergibt sich zu

$$y(t) = KM\left(1 - e^{-\zeta t/\tau_p}\left[\cos\left(\frac{\sqrt{1-\zeta^2}}{\tau_p}t\right) + \frac{\zeta^2}{\sqrt{1-\zeta^2}}\sin\left(\frac{\sqrt{1-\zeta^2}}{\tau_p}t\right)\right]\right).$$

$$(3.135)$$

Abb. 3.12 zeigt eine typische Sprungantwort für den stabilen periodischen Fall. Die Schlüsselparameter, die aus der Sprungantwort extrahiert werden können, sind:

1) **Zeit bis zum ersten Maximum, t_p:** $t_p = \dfrac{\pi\tau_p}{\sqrt{1-\zeta^2}}$

2) **Überschwingen, OS:** $OS = \exp\left(-\pi\zeta \Big/ \sqrt{1-\zeta^2}\right) = \dfrac{a}{b}$.

3) **Abklingrate, DR:** Die Abklingrate ist das Quadrat des Überschwingens, d. h.
   $DR = \exp\left(-2\pi\zeta \Big/ \sqrt{1-\zeta^2}\right) = \dfrac{c}{a}$.

4) **Periodendauer, P:** Dies ist die Zeit zwischen zwei Schwingungen. Sie ist gegeben durch $P = \dfrac{2\pi\tau}{\sqrt{1-\zeta^2}}$.

5) **Einschwingzeit, t_s:** Die Einschwingzeit beschreibt die Zeit, die der Prozess benötigt, um innerhalb eines Bandes von $\pm 2{,}5\,\%$ des stationären Werts zu bleiben. Die Zeitspanne bis zum ersten Auftreten dieses Ereignisses wird Einschwingzeit genannt.

6) **Anstiegszeit, t_r:** Benötigte Zeit bis zum ersten Erreichen des stationären Werts.

Für das **aperiodischer Grenzfall**, also den Fall $|\zeta| = 1$, sind die Polstellen aus Gl. (3.131) dieselben und haben beide keinen imaginären Anteil. Das System ist stabil, wenn das Vorzeichen von $\zeta\tau_p$ positiv ist und instabil bei negativem Vorzeichen von $\zeta\tau_p$. Die Sprungantwort des Systems lässt sich schreiben als

$$y(t) = KM\left(1 - \left(1 + \frac{t}{\tau_p}\right)e^{-\zeta t/\tau_p}\right) \qquad (3.136)$$

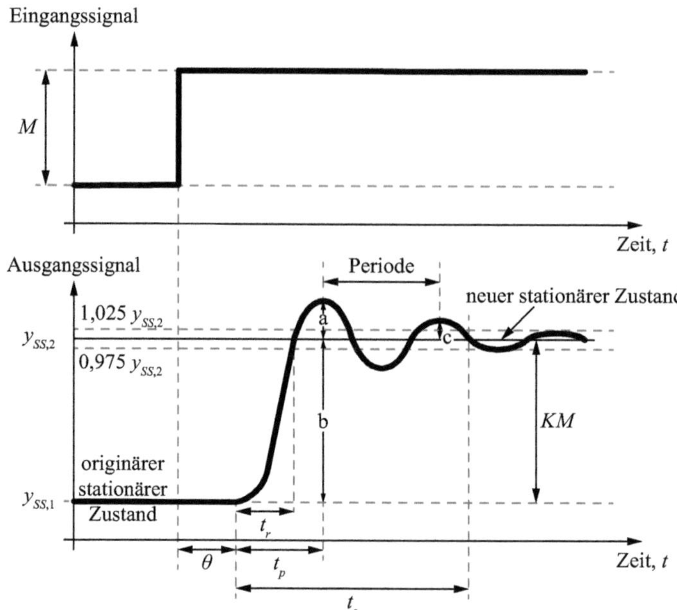

Abb. 3.12 System zweiter Ordnung im gedämpften Fall

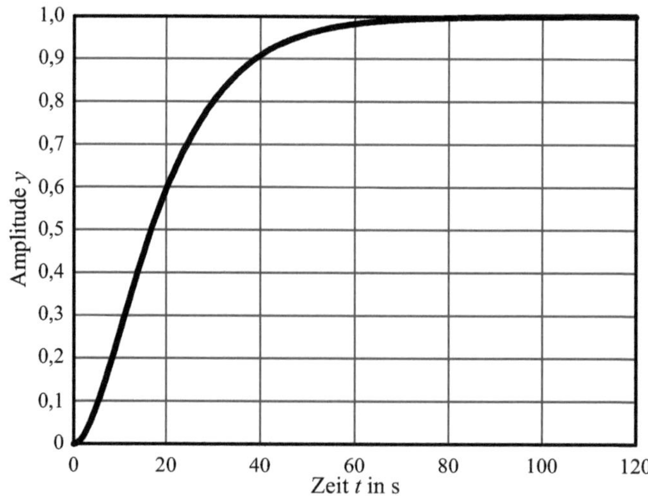

Abb. 3.13 Sprungantwort eines kritisch gedämpften Systems ($\zeta = 1$, $\tau_p = 10$ und $K = 1$)

Die Sprungantwort eines typischen, stabilen Systems im kritisch gedämpften Fall zeigt Abb. 3.13. Im Allgemeinen sieht solch ein System dem System erster Ordnung mit Totzeit sehr ähnlich und wird deshalb oft auch als solches analysiert. Der größte Unter-

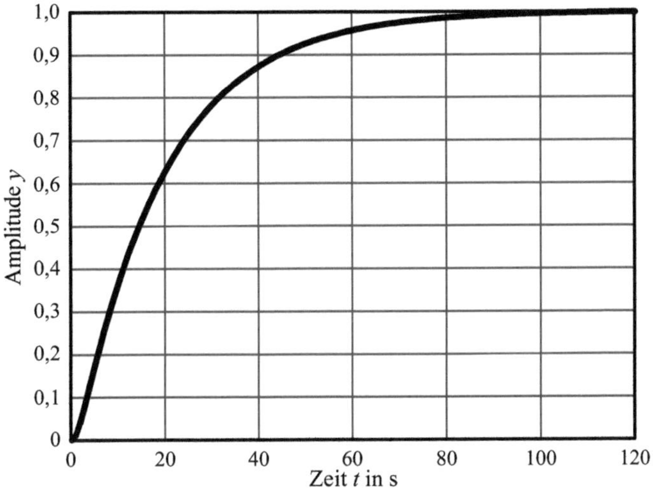

Abb. 3.14 Sprungantwort eines überdämpften Systems ($\zeta=2$, $\tau_p=5$ und $K=1$)

schied ist die geringfügig langsamere initiale Antwort, die deshalb oft als Totzeit behandelt wird.

Für das **Kriechfall** mit $|\zeta|>1$ sind die Polstellen aus Gl. (3.131) nur noch reelle Zahlen. Das bedeutet, dass in diesem System folglich auch keine Schwingungen in der Sprungantwort auftreten. Das System ist stabil, wenn das Vorzeichen von $\zeta\tau_p$ positiv ist und instabil, wenn das Vorzeichen von $\zeta\tau_p$ negativ ist. Die Sprungantwort des Systems kann geschrieben werden als[12]

$$y(t) = KM\left(1 - e^{-\zeta t/\tau_p}\left[\cosh\left(\frac{\sqrt{\zeta^2-1}}{\tau_p}t\right) + \frac{\zeta^2}{\sqrt{\zeta^2-1}}\sinh\left(\frac{\sqrt{\zeta^2-1}}{\tau_p}t\right)\right]\right).$$

$$(3.137)$$

Abb. 3.14 zeigt eine typische Sprungantwort für ein stabiles System im Kriechfall. In den meisten Fällen kann dieses System als System erster Ordnung mit Totzeit analysiert werden. Bemerkenswert ist, dass das System im Kriechfall die langsamste initiale Antwort aller Systeme erster und zweiter Ordnung hat. Diese langsame initiale Antwort wird bei der Modellierung als System erster Ordnung oft als Totzeit abgebildet.

---

[12] *Cosh* ist die hyperbolische Cosinusfunktion, definiert als $\frac{1}{2}(e^x+e^{-x})$ und *sinh* ist die hyperbolische Sinusfunktion, definiert als $\frac{1}{2}(e^x-e^{-x})$.

Die Parametrierung für das Bodediagramm eines Systems zweiter Ordnung ergibt sich zu

$$G_{II}(j\omega) = \frac{K}{\tau_p^2(j\omega)^2 + 2\zeta\,\tau_p j\omega + 1} = \frac{K}{1 - \tau_p^2\omega^2 + 2\zeta\,\tau_p j\omega} = \frac{K\left(1 - \tau_p^2\omega^2 - 2\zeta\,\tau_p j\omega\right)}{\left(1 - \tau_p^2\omega^2\right)^2 + 4\zeta^2\tau_p^2\omega^2}$$

$$\Rightarrow AR = \sqrt{\frac{K^2\left(1 - \tau_p^2\omega^2\right)^2 + K^2\left(-2\zeta\,\tau_p\omega\right)^2}{\left(\left(1 - \tau_p^2\omega^2\right)^2 + 4\zeta^2\tau_p^2\omega^2\right)^2}} = \frac{|K|}{\sqrt{\left(1 - \tau_p^2\omega^2\right)^2 + 4\zeta^2\tau_p^2\omega^2}}$$

$$\phi = \arctan\left(\frac{-K2\zeta\,\tau_p\omega}{K\left(1 - \tau_p^2\omega^2\right)}\right) = \begin{cases} -\arctan\frac{2\zeta\tau_p\omega}{1-\tau_p^2\omega^2} & K > 0, \left|\tau_p\omega\right| < 1 \\[4pt] -\arctan\frac{2\zeta\tau_p\omega}{1-\tau_p^2\omega^2} - 180° & K > 0, \left|\tau_p\omega\right| > 1 \\[4pt] 180° - \arctan\frac{2\zeta\tau_p\omega}{1-\tau_p^2\omega^2} & K < 0, \left|\tau_p\omega\right| < 1 \\[4pt] -\arctan\frac{2\zeta\tau_p\omega}{1-\tau_p^2\omega^2} & K < 0, \left|\tau_p\omega\right| > 1 \end{cases}$$

$$(3.138)$$

Bei der Untersuchung von Systemen zweiter Ordnung kann der Fall auftreten, dass der Amplitudengang größer wird als der initiale Wert von |K|. Das tritt immer dann auf, wenn der Nenner des Amplitudengangs einen Wert kleiner 1 aufweist. Nehmen wir den Nenner des Amplitudengangs eines Systems zweiter Ordnung und lösen die Gleichung für den kritischen Fall (< 1), so erhalten wir

$$\left(1 - \tau_p^2\omega^2\right)^2 + 4\zeta^2\tau_p^2\omega^2 < 1$$
$$1 - 2\tau_p^2\omega^2 + \tau_p^4\omega^4 + 4\zeta^2\tau_p^2\omega^2 < 1$$
$$-2 + \tau_p^2\omega^2 + 4\zeta^2 < 0$$
$$\omega^2 < \frac{2 - 4\zeta^2}{\tau_p^2} \qquad (3.139)$$
$$|\omega| < \sqrt{\frac{2 - 4\zeta^2}{\tau_p^2}} = \frac{\sqrt{2 - 4\zeta^2}}{|\tau_p|}$$

Nachdem die Frequenz aus physikalisch-technischer Sicht nur eine positive Zahl sein kann, muss der Radikand auch positiv sein, da ein negativer Wert komplexe Zahlen hervorrufen würde. Damit muss gelten

$$2 - 4\zeta^2 \geq 0$$
$$|\zeta| \geq \sqrt{0,5} \approx 0,707 \qquad (3.140)$$

Wenn der Dämpfungskoeffizient im von Gl. (3.140) angegebenen Bereich liegt, gibt es im Bodediagramm, wie in Abb. 3.15 (erste Zeile) gezeigt, einen Buckel. Nachdem diese Frequenzen die Systemantwort vergrößern, ist beim Entwurf von Reglern für solche Systeme besonderes Augenmerk auf die kritischen Punkte zu legen.

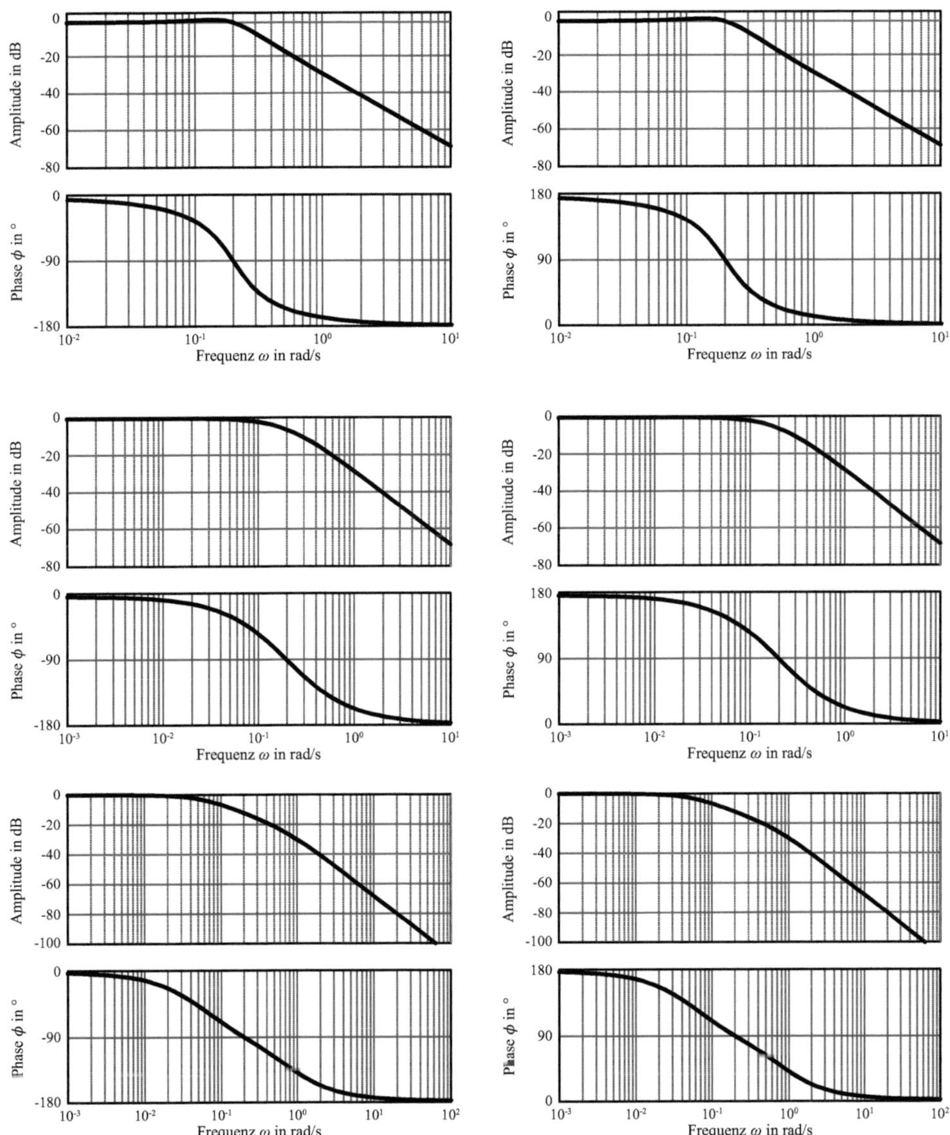

Abb. 3.15 Bodediagramme für $\tau_p = 5$ – oben: $\zeta = 0{,}5$, Mitte: $\zeta = 1$, unten: $\zeta = 2$; links: $K = 1$ und rechts: $K = -1$

Sollte dem System ein Lead-Term hinzugefügt worden sein (Vgl. Gleichung (3.132)), so zeigt das System ein Inverse-Response-Verhalten, sofern die Nullstellen positiv sind, wie beispielhaft in Abb. 3.16 gezeigt. Die Parameter des Bodediagramms für dieses System ergeben sich unter Beachtung der Regeln zum Zusammensetzen von Übertragungsfunktionen zu

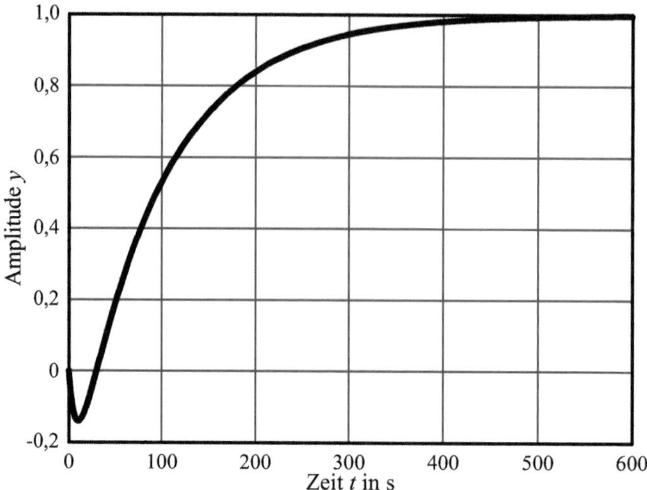

Abb. 3.16 Sprungantwort eines Systems zweiter Ordnung mit Inverse-Response-Verhalten ($\tau_L = -25$, $\zeta = 5/\sqrt{7}$, $\tau_p = 10\sqrt{7}$ und $K = 1$)

$$G_{II} = \frac{K(\tau_L s + 1)}{\left(\tau_p^2 s^2 + 2\zeta\tau_p s + 1\right)} = G_{II}G_L$$

$$\mathrm{AR} = \mathrm{AR}_{II}\mathrm{AR}_L = \frac{|K|\sqrt{1 + \tau_L^2\omega^2}}{\sqrt{\left(1 - \tau_p^2\omega^2\right)^2 + 4\zeta^2\tau_p^2\omega^2}} \tag{3.141}$$

$$\phi = \phi_{II} + \phi_L = \arctan \tau_L\omega - \arctan \frac{2\zeta\tau_p\omega}{1 - \tau_p^2\omega^2}$$

(Ignorieren aller Winkelkomplikationen)

Abb. 3.17 zeigt das zugehörige Beispiel.

Abb. 3.15 zeigt beispielhaft die zugehörigen Bodediagramme für verschiedene Parameterkombinationen. Tab. 3.14 fasst die Haupteigenschaften des Systems zweiter Ordnung zusammen.

3.3.5.5 Übertragungsfunktionen höherer Ordnung

Die Analyse von Systemen höherer Ordnung basiert auf den Ergebnissen der Analysen einfacher Systeme. Folgende Punkte sollten bei der Analyse von Systemen höherer Ordnung im Zeitbereich beachtet werden:

1) **Polstellen**: Die Polstellen der Prozess-Übertragungsfunktion bestimmen ihre Stabilität. In Tab. 3.6 sind die Anforderungen an die Stabilität zusammengefasst.

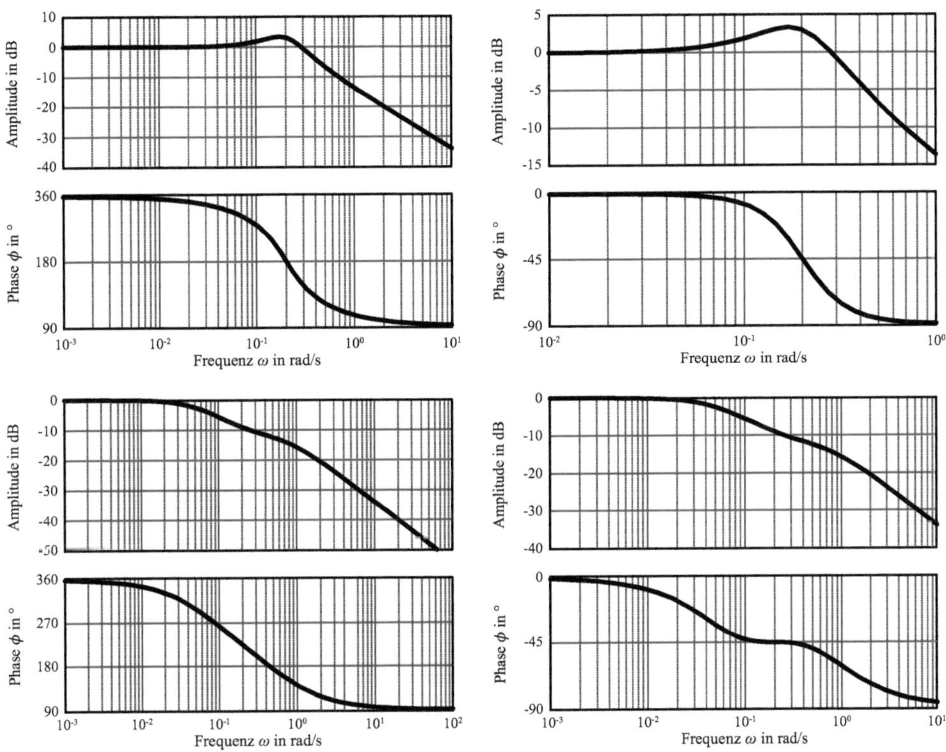

Abb. 3.17 Bodediagramme System zweiter Ordnung mit Lead-Term (links: $\tau_L = -5$, rechts: $\tau_L = 5$; oben: $\zeta = 0{,}5$ unten: $\zeta = 2$)

Tab. 3.14 Haupteigenschaften eines Systems zweiter Ordnung

Eigenschaft		Wert
Laplace-Transformierte		$G_{II} = \dfrac{K}{(\tau_p^2 s^2 + 2\zeta\tau_p s + 1)}$
Sprungantwort (Zeitbereich)		$|\zeta| < 1$: Gl. (3.135) $|\zeta| = 1$: Gl. (3.136) $|\zeta| > 1$: Gl. (3.137))
Parametrierung Bodediagramm	AR	$\dfrac{|K|}{\sqrt{\left(1-\tau_p^2\omega^2\right)^2 + 4\zeta^2\tau_p^2\omega^2}}$
	ϕ	$-\arctan\dfrac{2\zeta\tau_p\omega}{1-\tau_p^2\omega^2}$, Vgl. Gl. (3.138) für weitere Details
Stabil		Ja, wenn $\zeta\,\tau_p > 0$
Kommentar		Diese Übertragungsfunktion wird häufig zur Beschreibung von Schwingungen und Systemen mit Inverse-Response-Verhalten genutzt

2) **Nullstellen**: Sind die Nullstellen der zeitkontinuierlichen Übertragungsfunktion positiv, so weist das System ein Inverse-Response-Verhalten auf.

3) **Zeitkonstante**: Wenn das System stabil ist, dann kann die betragsmäßig größte Polstelle als dominante Zeitkonstante für den gesamten Prozess genutzt werden.

Im Frequenzbereich ergeben sich die zugehörigen Bodediagramme durch zusammensetzen der Übertragungsfunktion höherer Ordnung aus den einfachen Übertragungsfunktionen erster/zweiter Ordnung. Beim Zusammensetzen sind stets die Regeln für das Zusammensetzen des Amplitudengangs (Multiplikation) und des Phasengangs (Addition) zu beachten.

Beispiel 3.14: Skizzieren der erwarteten Systemantworten im Zeitbereich

Skizzieren Sie für die drei folgenden Übertragungsfunktionen die erwarteten Zeitbereichsantworten des Systems, wenn eine sprungförmige Eingangsgröße (positiver Sprung) angelegt wird:

1) $G_1 = \dfrac{1{,}54(-5s+1)}{(5s+1)(4s+2)(2s+1)}e^{-10s}$

2) $G_2 = \dfrac{1{,}54(5s+1)}{100s^2-200s+1}$

3) $G_3 = \dfrac{1{,}54}{(-100s^2+10s-1)(4s+1)}$

Lösung

Erste Übertragungsfunktion.

Für die erste Übertragungsfunktion liegt die Verstärkung K bei 1,54 / 2 = 0.77 (durch Berechnung von $G_1(0)$), die Nullstelle liegt bei 0,2; die Polstellen sind $-0,2$ ($=-1/5$), $-0,5$ ($=-2/4$) und $-0,5$ ($=-1/2$), und die Totzeit beträgt 10. Nachdem die Nullstelle positiv ist, erwarten wir ein Inverse-Response-Verhalten. Das negative Vorzeichen der Polstellen hingegen impliziert stabiles Systemverhalten. Nachdem auch keine der Polstellen einen Imaginärteil aufweist, ergibt sich ein Zeitbereichsverhalten gemäß Abb. 3.18 (links).

Zweite Übertragungsfunktion.

Das zweite System hat eine Nullstelle bei $-0,2$. Anstatt jedoch die Polstellen aus der Übertragungsfunktion direkt zu bestimmen, machen wir uns die Eigenschaft zu Nutze, dass es sich bei dem System um ein System zweiter Ordnung (PT_2-System) handelt. Schreiben wir das System in die allgemeine Form für Systeme zweiter Ordnung gemäß Gl. (3.133) um, erhalten wir $\tau_p = 10$ und $\zeta = -10$. Nachdem $\zeta\tau_p < 0$ ist, ist das System instabil, jedoch ohne Schwingungsanteil, da $|\zeta| > 1$. Die „Verstärkung" ist positiv, was bedeutet, dass die Funktion in Richtung $+\infty$ wachsen wird. Somit ergibt sich ein Verlauf wie in Abb. 3.18 (Mitte) dargestellt.

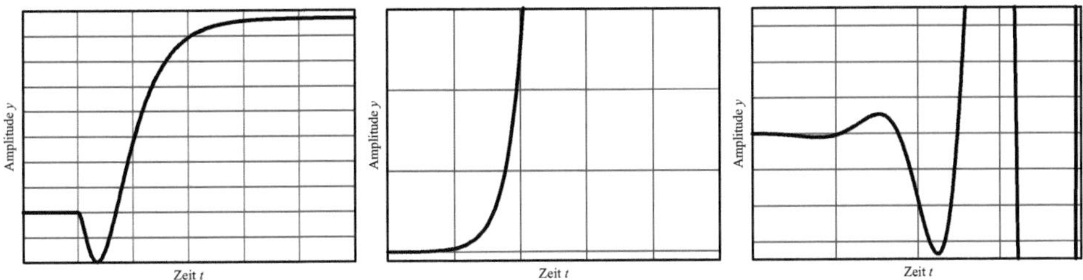

Abb. 3.18 Skizzen der Sprungantworten der Übertragungsfunktionen (links: erste Übertragungsfunktion, Mitte: zweite Übertragungsfunktion und rechts: dritte Übertragungsfunktion)

Dritte Übertragungsfunktion.
In der dritten Übertragungsfunktion treten keine Nullstellen oder Totzeit auf. Genau wie die zweite Übertragungsfunktion kann auch dieses System als System zweiter Ordnung geschrieben werden:

$$G_3 = \frac{1,54}{(-100s^2 + 10s - 1)(4s + 1)} \frac{-1}{-1} = \frac{-1,54}{(100s^2 - 10s + 1)(4s + 1)}.$$

Aus Vergleich mit der allgemeinen Form für Übertragungsfunktionen zweiter Ordnung sehen wir, dass das System die folgenden Eigenschaften hat: $\tau_p = 10$ und $\zeta = -0{,}5$. Die impliziert, dass die Polstellen instabil sind und das System schwingt. Der zweite Faktor hat eine reelle Polstelle ($-0{,}25 = -\frac{1}{4}$). Somit erhalten wir einen Verlauf wie in Abb. 3.18 (rechts) dargestellt.

Beim Skizzieren des Verlaufs der Zeitbereichsantwort ist es nur wichtig, den allgemeinen, charakteristischen Verlauf wiederzugeben, wohingegen die konkreten Parameter vernachlässigt werden können.

3.3.5.6 Zusammenfassung des funktionalen Zusammenhangs im zeitkontinuierlichen und zeitdiskreten Bereich

Tab. 3.15 fasst die Beziehung zwischen der Lokalisierung der Polstellen einer Übertragungsfunktion und dem allgemeinen Verhalten sowohl im zeitkontinuierlichen wie auch im zeitdiskreten Fall zusammen. Die *Klingelfälle* können nur im zeitdiskreten Fall auftreten. Sie hängen davon ab, wie die Diskretisierung des zeitkontinuierlichen Modells durchgeführt wird.

Beispiel 3.15: Ursprung von Klingeln in zeitdiskreten Systemen
Betrachten Sie das kontinuierliche System aus Cosinus und Exponentialterm:

$$y(t) = e^{at}\cos(\omega t) \tag{3.142}$$

Tab. 3.15 Grafische Darstellung verschiedener Typen von Funktionen (Klingelfälle treten nur im zeitdiskreten Bereich auf)

Fall	Lokalisierung der Polstellen		Sprungantwort	
	Kontinuierlich	Diskret	Kontinuierlich	Diskret
Stabil, exponentielles Abklingen	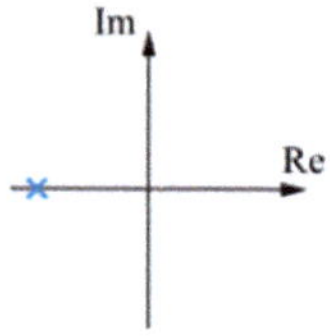	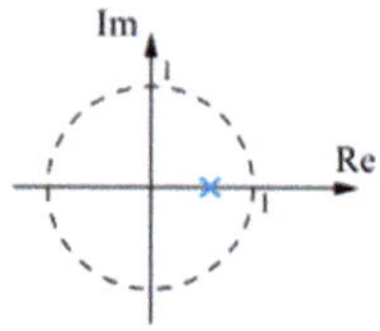	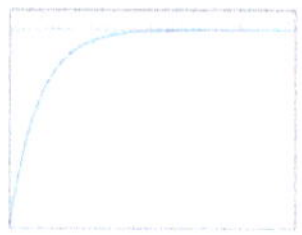	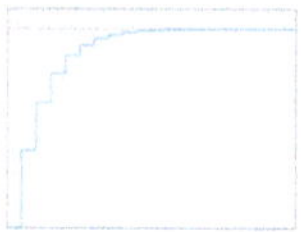
Stabil, schwingungsfähig	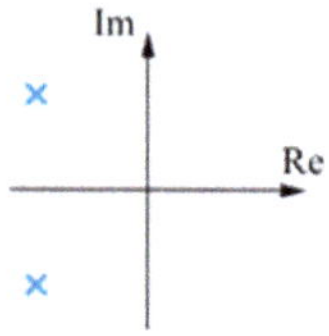	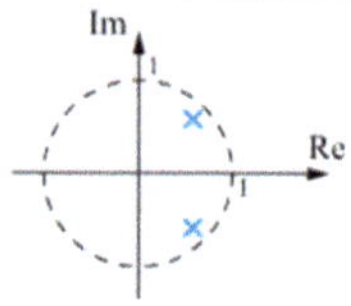	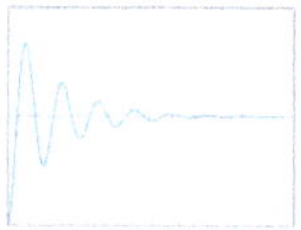	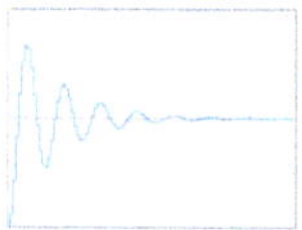
Instabil, reine Schwingung	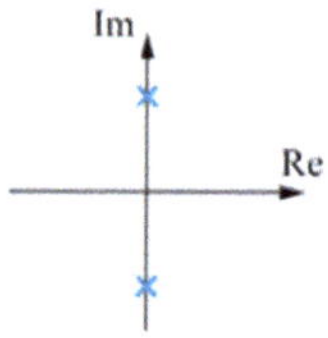	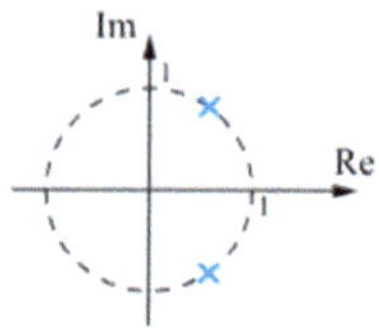	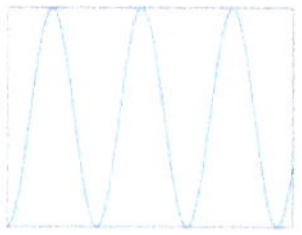	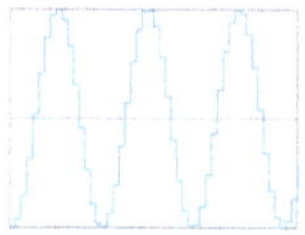
Instabil, Integrator	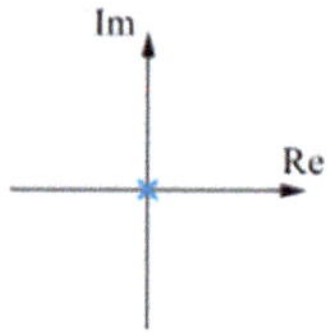	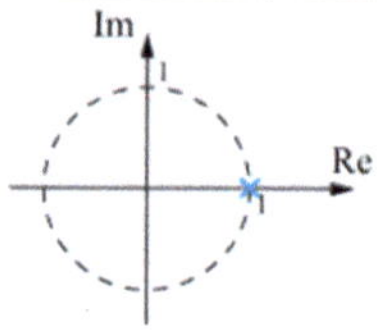	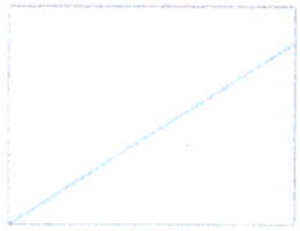	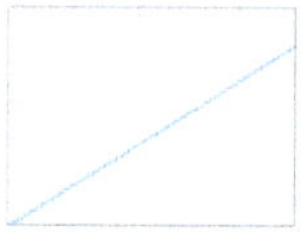
Instabil, exponentielles Wachstum	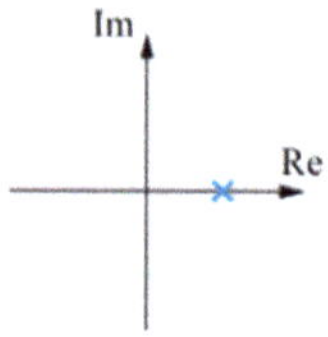	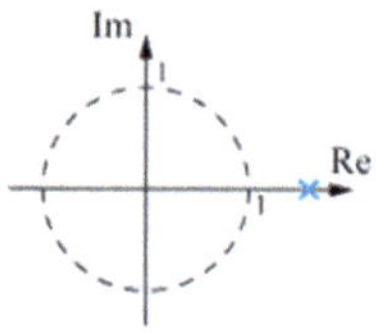	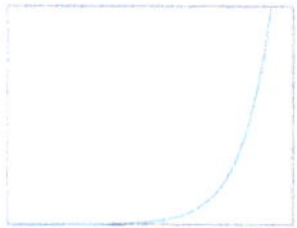	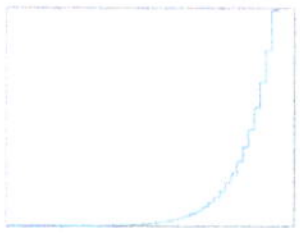
Instabil, schwingungsfähig	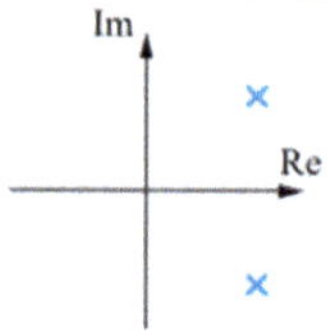	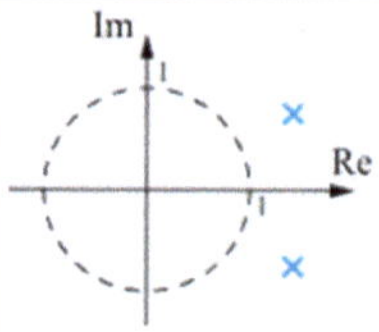	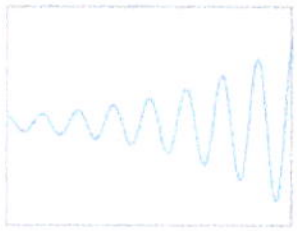	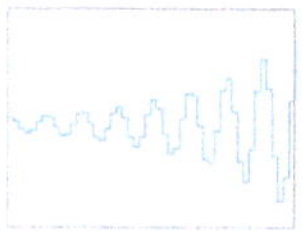
Klingeln, stabil		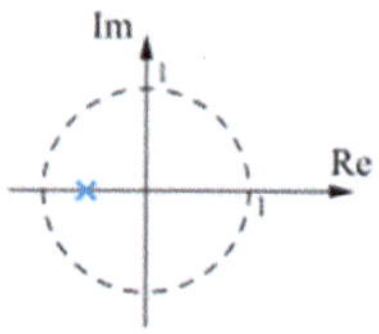		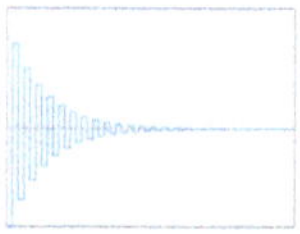

(Fortsetzung)

Tab. 3.15 (Fortsetzung)

Fall	Lokalisierung der Polstellen		Sprungantwort	
	Kontinuierlich	Diskret	Kontinuierlich	Diskret
Klingeln, stabil, schwingungsfähig				
Klingeln, Integrator				
Klingeln, instabil				
Klingeln, instabil, schwingungsfähig				
Deadbeat-Antwort				

Dieses wird mit der Abtastzeit T_s diskretisiert, wobei ein System der Form

$$y_k = e^{akT_s} \cos(\omega k T_s) \qquad (3.143)$$

entsteht, welches gemäß Tab. 3.3 folgende z-Transformierte hat:

$$\frac{1 - e^{aT_s} \cos(\omega T_s) z^{-1}}{1 - 2e^{aT_s} \cos(\omega T_s) z^{-1} + e^{2aT_s} z^{-2}} \qquad (3.144)$$

Unter der Annahme, dass $a \in \mathbb{R}$ gilt, gilt außerdem $a \geq 0$ was zu einem instabilen Systemverhalten führt. Die Ergebnisse für einen Sinus anstelle des Cosinus sind

identisch in entsprechender Anwendung. Bestimmen Sie den Einfluss der Abtastzeit auf die resultierende zeitdiskrete Funktion und ihre z-Transformierte.

Lösung

Das Verhalten der Übertragungsfunktion ist bestimmt durch die Werte ihrer Polstellen, d. h. die Nullstellen des Nenners. Mithilfe der Lösungsformel für quadratische Gleichungen lassen sich diese in allgemeiner Form bestimmen zu

$$z = \frac{2\psi \cos(\omega T_s) \pm \sqrt{4\psi^2 \cos^2(\omega T_s) - 4\psi^2}}{2} = \psi \cos(\omega T_s) \pm \psi \sqrt{\cos^2(\omega T_S) - 1}$$

$$(3.145)$$

mit der Vereinfachung $\psi = e^{aT_s}$. Wir stellen fest, dass ψ immer positiv sein wird,
denn die Potenzierung einer positiven Zahl ist immer positiv.

Um das Verhalten der zeitdiskreten Funktion besser zu verstehen, müssen wir
den Radikanden der Funktion, also den Teil unter der Wurzel, genauer beleuchten.
Hierbei betrachten wir drei Fälle: Radikand größer Null, gleich Null und kleiner
Null.

Fall 1: Radikand größer Null.

Für einen Radikand größer Null ergibt sich, dass

$$\cos^2(\omega T_S) - 1 > 0 \Rightarrow \cos^2(\omega T_s) > 1 \qquad (3.146)$$

Nachdem der Cosinus keine Werte größer 1 annehmen kann, kann dieser Fall nicht
auftreten, womit es keine zwei unterschiedlichen reellen Polstellen gibt.

Fall 2: Radikand gleich Null.

Für einen Radikand gleich Null ergibt sich, dass

$$\cos^2(\omega T_S) - 1 = 0 \Rightarrow \cos^2(\omega T_s) = 1 \qquad (3.147)$$

Ziehen wir die Quadratwurzel der rechten Seite und beachten, dass wir dadurch
zwei Lösungen erhalten, ergibt sich

$$\cos(\omega T_s) = \pm 1 \qquad (3.148)$$

Dieser Fall tritt genau dann auf, wenn

$$\omega T_s = n\pi,$$

mit $n \in \mathbb{Z}$. Beschränken wir uns auf das Intervall $[0, 2\pi[$, so sehen wir, dass wir
zwei Lösungen erhalten: bei $n = 0$ mit einem Wert von 1 und bei $n = 1$ mit einem
Wert von -1. In diesem Fall ist doppelte Wurzel auf der x-Achse lokalisiert, bei ψ
für gerade n und bei $-\psi$ für ungerade n. Für ungerade n liegen die Polstellen in der
linken diskreten Halbebene, was bedeutet, dass wir Klingeln im System haben. Die
Stabilität wird also durch den Wert von ψ bestimmt. Für diesen Fall schwingt das
System nicht und wir erhalten die allgemeine Form der diskreten Form gemäß

$$y_k = \psi^k \cos(k\pi n) \qquad (3.149)$$

Für ungerade n oszilliert der Wert von $\cos(k\pi n)$ zwischen 1 und -1, was das charakteristische Klingelverhalten hervorruft.

Fall 3: Radikand kleiner Null.

Für einen Radikand kleiner Null ergibt sich

$$\cos^2(\omega T_S) - 1 < 0 \Rightarrow \cos^2(\omega T_s) < 1 \qquad (3.150)$$

In diesem Fall gibt es zwei imaginäre Nullstellen, die zueinander konjugiert komplex sind, d. h. $\psi + \gamma i$ und $\psi - \gamma i$, wobei γ gleich $\psi\sqrt{1 - \cos^2(\omega T_S)}$ ist. Das bedeutet, dass wir eindeutig ein oszillierendes Verhalten sehen werden. Beschränken wir die Betrachtungen auf das Intervall $[0, 2\pi[$, so können wir feststellen, dass $\cos(\omega T_s)$ im Bereich $[0; 0{,}5\pi[\cup]1{,}5\pi; 2\pi[$ positiv und im Bereich $]0{,}5\pi; 1{,}5\pi[$ negativ ist. Die Funktion ist genau Null für $0{,}5\pi$ und $1{,}5\pi$. Im positiven Bereich liegen die Polstellen in der rechten diskreten Halbebene, wohingegen sie im negativen Bereich in die linke Halbebene verschoben werden, was zu Klingeln führt. Wenn $\cos(\omega T_s)$ genau Null ist, liegen zwei Polstellen genau im Ursprung vor, was uns keine Informationen zum System liefert. Diese Erkenntnis bringt uns direkt zu den Einschränkungen des shannonschen Abtasttheorems, das besagt, dass die Abtastzeit größer sein muss als $2/\omega$.

3.4 Ereignisbasierte Repräsentationen

Bei ereignisbasierten Prozessen, bei denen bestimmte Ereignisse den Prozess verändern, sind andere Modelle bzw. Ansätze vonnöten, bei denen der Einfluss auf das System besser sichtbar wird. **Automaten** sind eine gute Möglichkeit, darzustellen, wie sich ein Prozess auf Basis bestimmter diskreter Ereignisse verändert. In jedem Zustand wird eine Serie von Eingängen erkannt, welche den Automaten in einen anderen (oder denselben) Zustand bringt.

Bevor es um die formelle Definition eines Automaten geht, soll anhand eines einfachen Beispiels zunächst seine Funktionsweise erklärt werden. Ein System habe zwei Eingänge a und b. Ziel ist es, mit diesem System die Eingangssequenz *baba* zu detektieren. In der Automatentheorie handelt es sich bei den möglichen (akzeptierten) Eingängen um das sog. **Eingabealphabet** des Automaten. Die Sequenz der Eingänge wird in diesem Zusammenhang **Wort** genannt. In diesem konkreten Fall ist also das Eingabealphabet die Menge $\{a, b\}$ und das Wort ist *baba*. Ein **Zustand** ist definiert als die interne Repräsentation des Systems sowie dessen erwarteten Verhaltens. In diesem Fall können 5 Zustände definiert werden: Z0 ist der Anfangszustand, Z1 ist der Zustand, wenn das erste b eingegangen ist. Der Zustand Z2 beschreibt den Sachverhalt, wenn die Sequenz *ba* eingegangen ist, und Z3 schließlich, wenn *bab* in den Automaten geflossen ist. Der Zustand Z4, beschreibt, dass das Ausgabewort *baba* lautet. Basierend auf den Eingängen und dem aktuellen Zustand wird eine Übergangsfunktion definiert, die zeigt, wie das System in den nächsten Zustand gelangt. Wird zum Beispiel im Zustand Z0 ein *a* eingegeben, so verbleibt der Automat in Z0, erfolgt hingegen die Eingabe des Buchstaben *b*, so wechselt der Automat in den Zustand Z1. Zustände können in **akzeptierende** und **nichtakzeptierende** Zustände unterteilt werden. Ein akzeptierender Zustand hat genau den gewünschten Ausgang, in diesem Fall ist dies Z4. Ein nichtakzeptierender Zustand hat nicht den gewünschten Ausgang, d. h. in diesem Beispiel sind dies alle anderen Zustände. Hat ein Automat alle Eingänge gelesen, so kann entschieden werden, ob das Wort in diesem Endzustand akzeptiert oder abgelehnt wird. Die Menge aller Wörter, die durch den Automaten akzeptiert werden, heißt **die vom Automaten akzeptierte Sprache**.

Mathematisch kann ein endlicher Automat $\mathcal{A}$ in der Form eines Quintupels aufgeschrieben werden:

$$\mathcal{A} \equiv \left(\mathbb{X}, \sum, f, x_0, \mathbb{X}_m \right). \tag{3.151}$$

$\mathbb{X}$ beschreibt die finite Menge aller Zustände, Σ beschreibt die finite Menge der möglichen Symbole, auch Eingabealphabet des Automaten genannt, $x_0 \in \mathbb{X}$ ist der Anfangszustand und $\mathbb{X}_m \subseteq \mathbb{X}$ ist die Menge aller akzeptierenden Zustände und f ist die Übergangsfunktion, die wie folgt abbildet:

$$f : \mathbb{X} \times \sum \rightarrow \mathbb{X}. \tag{3.152}$$

Das Eingabealphabet repräsentiert alle möglichen Werte, die der Automat erkennen wird. Es kann aus Buchstaben, Zahlen oder beliebigen anderen Symbolen bestehen. Ein Automat erzeugt eine Sprache L, die aus allen möglichen Zeichenketten besteht, die vom Automaten unabhängig vom Endzustand erzeugt werden können. Ein Automat akzeptiert eine spezifische Sprache L_m.

Außerdem kann eine **Ausgangsfunktion** g des Automaten definiert werden, welche die Ausgaben des Automaten bestimmt. Im Allgemeinen wird sie definiert als

$$g : \mathbb{X} \times \sum \rightarrow Y, \tag{3.153}$$

d. h. die Ausgangsfunktion hängt von den Zuständen und den Eingängen ab. In diesem Fall wird der Automat als **Mealy-Automat**, nach George H. Mealy (* 1927 † 2010), bezeichnet. Ist die Ausgangsfunktion g definiert als

$$g : \mathbb{X} \rightarrow Y, \tag{3.154}$$

d. h. die Ausgangsfunktion hängt nur von den Zuständen ab, so liegt ein **Moore-Automat**, nach Edward F. Moore (* 1925 † 2003), vor.

Abb. 3.19 Grafische
Darstellung eines Automaten

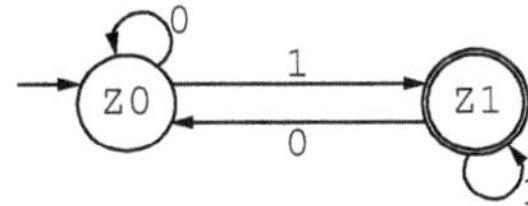

Weiterhin ist eine grafische Repräsentation eines Automaten denkbar. Abb. 3.19 zeigt
eine typische Darstellung mit zwei Zuständen. Die wichtigsten Komponenten sind:

- Jeder Zustand wird durch einen Kreis markiert und mit einem bestimmten Namen
  versehen.
- Der Anfangszustand wird zusätzlich noch mit einem Pfeil gekennzeichnet, ohne dass
  es weitere Markierungen gibt.
- Die Übergänge zwischen den Zuständen werden durch Pfeile symbolisiert.
- Auf den Pfeilen werden die Kombinationen aus Ein- und Ausgängen, die zum nächs-
  ten Zustand führen, vermerkt.
- Akzeptierende Zustände werden durch einen Doppelkreis markiert.

Das Senden und Empfangen von Symbolen für Eingänge bzw. Ausgänge erfolge instan-
tan. Ein endlicher Automat muss für jedes Symbol zu jedem beliebigen Zeitpunkt eine
gültige Transition gewährleisten. Oftmals sind solche Transitionen auch **Eigenschleifen**,
bei denen der aktuelle und der folgende Zustand identisch sind.

Beispiel 3.16: Automat für einen Prozess
Betrachten Sie den zuvor eingeführten Prozess, dessen Ziel die Findung des Wor-
tes *baba* ist. Zeichnen Sie den Automaten für diesen Prozess und definieren Sie alle
Komponenten in der mathematischen Beschreibung des Automaten.

Lösung
Der Automat ist in Abb. 3.20 dargestellt.
Die mathematische Beschreibung lautet

$$\mathbb{X} = \{Z0,\ Z1,\ Z2,\ Z3,\ Z4\}$$
$$\Sigma = \{a, b\}$$
$$x_0 = Z0$$
$$\mathbb{X}_m = \{Z4\}$$

Für die Übergangsfunktion f ergibt sich:

$$f(Z0, a) = Z0 \text{ (dies ist eine Eigenschleife)}$$
$$f(Z0, b) = Z1$$
$$f(Z1, a) = Z2$$
$$f(Z1, b) = Z1$$

Abb. 3.20 Automatengraph
zum Beispielwort *baba*

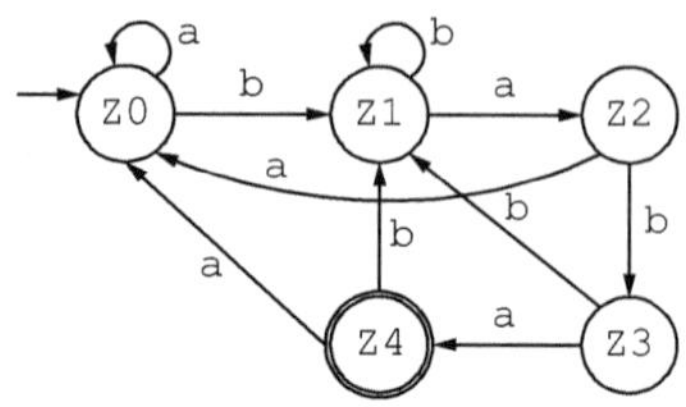

$$f(Z2, a) = Z0$$

$$f(Z2, b) = Z3$$

$$f(Z3, a) = Z4$$

$$f(Z3, b) = Z1$$

$$f(Z4, a) = Z0$$

$$f(Z4, b) = Z1$$

Beachten Sie, dass die Übergangsfunktion den Pfeilen im Automatengraph entsprechen sollte!

Übergänge zwischen den Zuständen können **spontan** stattfinden, d. h. es ist nicht bekannt, wann der Übergang auftritt. Zum Beispiel kann das Füllen eines Tanks zum vollen Tank ein spontaner Übergang sein, v. a. dann, wenn die Höhe des Tanks nicht bekannt ist. Diese Art des Übergangs wird durch den griechischen Buchstaben ε gekennzeichnet. Spontane Übergänge finden vor allem dann statt, wenn das System nicht vollständig bekannt ist. Automaten, die spontane Übergänge enthalten, heißen **nichtdeterministisch**, da es nicht möglich ist, den Zustand des Automaten zu jedem Zeitpunkt zu kennen. Eine andere Form von Nichtdeterminiertheit ist das Vorhandensein mehrerer Übergänge mit demselben Eingang, z. B. zwei Übergänge von einem Zustand, die mit a beschrieben sind, aber zu zwei unterschiedlichen Zuständen führen. In einem solchen Fall ist es gleichermaßen unmöglich zu wissen in welchem Zustand der Automat ist. Alle weiteren Automaten heißen **deterministisch**, da es möglich ist, aus allen vergangenen Zuständen und den Übergangsbedingungen den nächsten Zustand abzuleiten.

Zustände innerhalb eines Automaten können wie folgt klassifiziert werden:

1) **Periodische Zustände**: Periodische Zustände beschreiben eine Menge von Zuständen, zwischen denen der Automat oszillieren kann. Normalerweise wird für diese Beschreibung die größte Menge von Zuständen genommen, zwischen denen der Automat oszillieren kann.

2) **Ergodische Zustände**: Ergodische Zustände kann ein Automat nicht mehr verlassen.

3) **Transiente Zustände**: Alle Zustände, die nicht ergodisch sind, heißen transient.

3.4.1 Analyse von Automaten

Mithilfe der beschriebenen mathematischen Modelle ist es nun möglich, den Automaten zu analysieren. Dieser Abschnitt widmet sich kurz den verschiedenen Möglichkeiten zur Manipulation und Analyse von Automaten.

Unter **Deadlock** versteht man einen nichtakzeptierenden Zustand, welchen der Automat nicht verlassen kann. So ein Automat hat einen Stillstand erreicht und ist nicht in der Lage, weitere Aktionen auszuführen. Da Automaten im Allgemeinen reale Prozesse beschreiben, handelt es sich hierbei um einen unerwünschten Zustand, der nach Möglichkeit vermieden werden sollte. Ein ähnliches Konzept wird durch den sog. **Livelock** beschreiben, wobei der Automat in einer periodischen Menge, die nur nichtakzeptierende Zustände enthält, feststeckt. Das bedeutet, dass, obwohl der Automat fähig ist zwischen Zuständen zu wechseln, nie ein akzeptierender Zustand und damit ein Ende der Ausführung erreicht werden kann. Zusammengefasst werden Deadlock und Livelock als **Blockierung** bezeichnet, da der Automat in der Ausführung seiner Aufgabe blockiert wird.

> **Beispiel 3.17: Blockierung innerhalb eines Automaten**
> Bestimmen Sie, ob der Automat in Abb. 3.21 blockiert. Sollte er blockieren, bestimmen Sie, welche Arten von Blockierung auftreten.
>
> **Lösung**
> Die Betrachtung von Abb. 3.21 zeigt, dass Zustand Z3 ein ergodischer, nichtakzeptierender Zustand ist. Deshalb tritt in diesem Zustand Deadlock auf. Die Zustände Z5 und Z6 bilden eine periodische Menge, aus der kein Übergang herausführt. Jedoch ist keiner der Zustände ein akzeptierender Zustand, weshalb zwischen diesen beiden Zuständen Livelock auftritt.

Es ist möglich, Automaten zu manipulieren. Im Folgenden sollen einige typische Manipulationen und ihre Definitionen aufgezeigt werden:

Abb. 3.21 Automat mit Blockierung

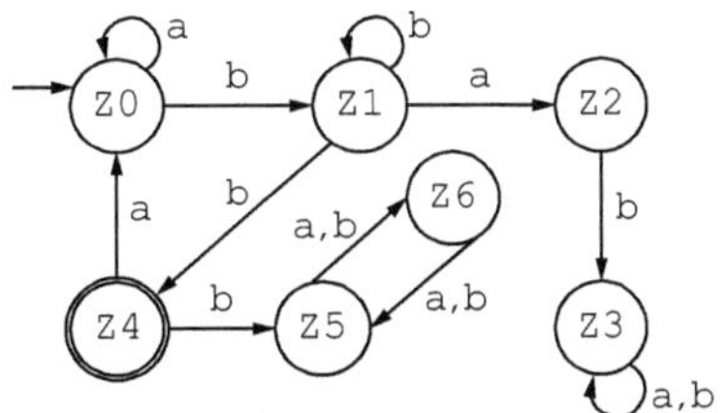

1) **Akzessibel-Operator** (Acc): Dieser entfernt alle unerreichbaren Zustände und ihre assoziierten Übergänge. Diese Operation wird notwendig, wenn fortgeschrittenere Manipulationen auf dem Automaten ausgeführt werden und der Automat danach aufgeräumt werden soll. Diese Operation verändert weder die von Automaten erzeugte noch akzeptierte Sprache. Ein Zustand heißt **unerreichbar**, wenn es keinen Pfad vom Anfangszustand zu diesem Zustand gibt.

2) **Koakzessibel-Operator** (CoAc): Diese Operation entfernt alle Zustände und ihre assoziierten Übergänge, wenn aus diesen kein akzeptierender Zustand erreicht werden kann. Gilt für einen Automaten $A = \mathrm{CoAc}(A)$, so heißt der Automat koakzessibel und blockiert niemals. Diese Operation kann die von Automaten erzeugte, doch niemals die von Automaten akzeptierte Sprache verändern.

3) **Trimm-Operator** (Trim): Diese Operation generiert einen Automaten, der sowohl akzessibel als auch koakzessibel ist. Die Reihenfolge dieser Operation ist dabei irrelevant, es gilt $\mathrm{Trim}(A) = \mathrm{CoAc}(\mathrm{Acc}(A)) = \mathrm{Acc}(\mathrm{CoAc}(A))$.

Beispiel 3.18: Trimm eines Automaten
Wenden Sie den Trimm-Operator auf den Automaten in Abb. 3.21 an!

Lösung
Ein Blick auf den Automaten in Abb. 3.21 zeigt, dass es keine Zustände gibt, die nicht vom Anfangszustand aus erreicht werden können. Somit müssen wir den Koakzessibel-Operator bemühen. Es müssen die Zustände Z3, Z5 und Z6 aus dem Automaten entfernt werden, da diese Blockierungen aufweisen. Durch das Entfernen des Zustands Z3 geht der Zustand Z2 in Blockierung. Somit muss auch dieser Zustand entfernt werden. Im Allgemeinen ist dieser Prozess iterativ und wird so lange ausgeführt, bis alle blockierenden Zustände entfernt sind oder es keine Zustände mehr gibt. Den finalen Automaten zeigt Abb. 3.22.

3.4.2 Kombinierung von Automaten

Nach der Betrachtung von verschiedenen Operationen auf einzelnen Automaten ist es nun an der Zeit, Manipulationen an zwei oder mehr Automaten zu betrachten. Ist das Ziel die Kombinierung von zwei Automaten, so können zwei Operationen ausgeführt

Abb. 3.22 Getrimmter Automat

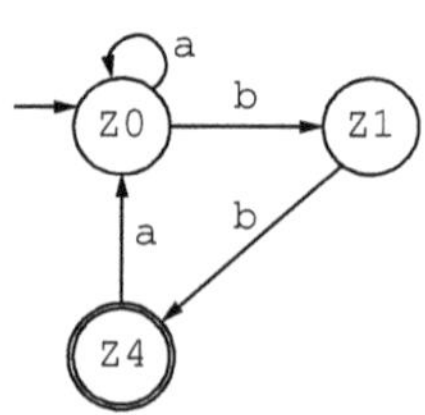

werden: Produkt der Automaten, beschrieben durch $\times$ und parallele Anordnung, beschrieben durch $\parallel$. Die parallele Komposition wird oft auch als synchrone Komposition beschrieben.

Produkt-Komposition ist definiert als Kombination von zwei Automaten, wobei nur die Buchstaben des Alphabets betrachtet werden, welches die Automaten gemeinsam haben, d. h. $\Sigma_1 \cap \Sigma_2$. Formal kann das Produkt zweier Automaten G_1 und G_2 geschrieben werden als[13]

$$G_1 \times G_2 \equiv \mathrm{Acc}\left(\mathbb{X}_1 \times \mathbb{X}_2, \Sigma_1 \cup \Sigma_2, f, \left(x_{0_1}, x_{0_2}\right), \mathbb{X}_{m_1} \times \mathbb{X}_{m_2}\right), \tag{3.155}$$

wobei

$$f((x_1, x_2), e) \equiv \begin{cases} (f_1(x_1, e), f_2(x_2, e)) & e \text{ ist valide Eingabe an einem bestimmten Punkt} \\ \text{undefiniert} & \text{sonst} \end{cases}$$

$$\tag{3.156}$$

In der Produkt-Komposition sind die Übergänge der beiden Automaten immer auf ein allgemeines Ereignis synchronisiert. Das impliziert, dass ein Übergang nur dann stattfindet, wenn ein Eingang für beide Automaten valide ist. Die Zustände von $G_1 \times G_2$ werden als Paar (x_1, x_2) angegeben, wobei x_1 der aktuelle Zustand von G_1 und x_2 der aktuelle Zustand von G_2 ist. Aus der Definition der Produkt-Komposition folgt

$$L(G_1 \times G_2) = L(G_1) \cap L(G_2)$$
$$L_m(G_1 \times G_2) = L_m(G_1) \cap L_m(G_2) \tag{3.157}$$

Die Produkt-Komposition hat die folgenden Eigenschaften:

1) Sie ist kommutativ, bis auf eine Neuordnung der Zustandskomponenten in den kombinierten Zuständen.
2) Sie ist assoziativ, was $G_1 \times G_2 \times G_3 \equiv (G_1 \times G_2) \times G_3 = G_1 \times (G_2 \times G_3)$ impliziert.

Beispiel 3.19: Produkt zweier Automaten
Betrachten Sie die Automaten in Abb. 3.23 und Abb. 3.24. Bestimmen Sie das Produkt dieser beiden Automaten.

Lösung
Bevor der Automat gezeichnet werden kann, ist es sinnvoll zu überlegen, welche Eingänge für den finalen Automaten valide sind. Aus Abb. 3.23 ist ablesbar, dass für G_1 die Eingänge $\{a, b, g\}$ vorhanden sind. Analog zeigt Abb. 3.24, dass

---

[13] Bitte beachten Sie, dass die hier definierte Ereignismenge als Schnitt der beiden Ereignismengen definiert ist, da wir gegebenenfalls zukünftig alle Ereignisse überwachen wollen.

Abb. 3.23 G_1

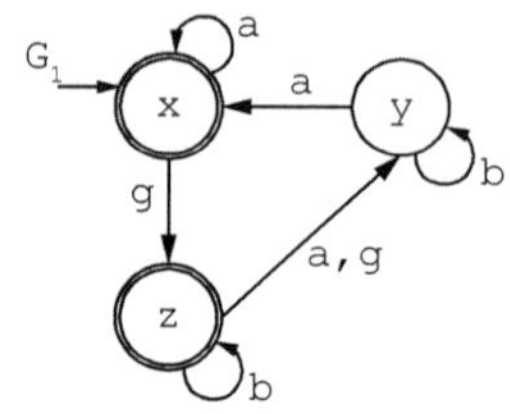

Abb. 3.24 G_2

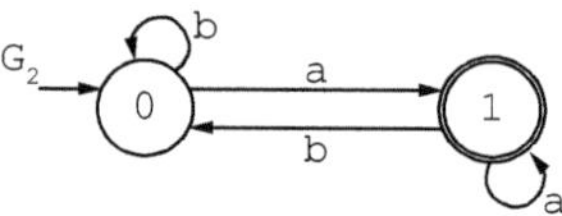

die Eingänge von G_2 $\{a, b\}$ lauten. Deshalb ergibt sich die gemeinsame Eingangsmenge zu $\{a, b\}$.

Beim Zeichnen des finalen Automaten ist es hilfreich, im Anfangszustand beider Automaten zu starten, sich durch alle möglichen Übergänge zu arbeiten und damit den nächsten Zustand zu zeichnen. Mit dem Zustand $(x, 0)$ gestartet, verbleibt G_1 bei einem Eingang a im Zustand x, wohingegen G_2 in den Zustand 1 übergeht. Der nächste Zustand im Produkt der Automaten ist folglich $(x, 1)$. Dies ist der einzig mögliche Übergang ausgehend von $(x, 0)$, da ein Eingang b für den Automaten G_1 nicht valide ist. Ein Eingang muss für beide Automaten valide sein, damit er in deren Produkt auftaucht. Zu beachten ist, dass g nicht auftauchen wird, da es sich nicht um einen gemeinsamen Eingang handelt. Das weitere Vorgehen ist analog zur gerade beschriebenen Schrittfolge der Betrachtung der möglichen Zustände und wie diese von Eingängen beeinflusst werden. Ein Zustand heißt akzeptierend, wenn alle Zustände der originären Automaten akzeptierend sind. Der finale Automat ist in Abb. 3.25 dargestellt.

Die bisherigen Ausführungen zeigen, dass die Produkt-Komposition dahingehend relativ restriktiv ist, dass ein gegebener Eingang gültig für beide Automaten sein muss. Eine Möglichkeit, diese Einschränkungen abzumildern, ist die parallele Komposition. Bei diesem Verfahren werden die Eingänge in zwei Teile aufgeteilt: **gemeinsame Eingänge** und **private Eingänge**. Ein privater Eingang betrifft nur einen der gegebenen Automaten, wohingegen gemeinsame Eingänge von beiden Automaten geteilt werden. Normalerweise

Abb. 3.25   Produkt von G_1
und G_2

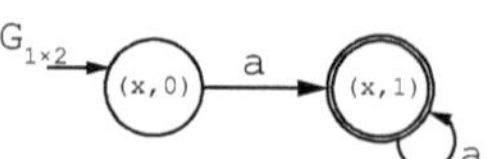

wird die parallele Komposition zweier Automaten G_1 und G_2 mittels $G_1 \parallel G_2$ notiert und ist definiert als

$$G_1 \parallel G_2 \equiv \mathrm{Acc}\left(\mathbb{X}_1 \times \mathbb{X}_2, \Sigma_1 \cup \Sigma_2, f, \left(x_{0_1}, x_{0_2}\right), \mathbb{X}_{m_1} \times \mathbb{X}_{m_2}\right), \qquad (3.158)$$

wobei

$$f((x_1, x_2), e) \equiv \begin{cases} (f_1(x_1, e), f_2(x_2, e)) & \begin{array}{l} e \text{ ist ein valider gemeinsamer Eingang} \\ \text{für beide Automaten} \end{array} \\ (f_1(x_1, e), x_2) & e \text{ ist ein privater Eingang von } G_1 \\ (x_1, f_2(x_2, e)) & e \text{ ist ein privater Eingang von } G_2 \\ \text{undefiniert} & \text{sonst} \end{cases}$$

$$(3.159)$$

Zu beachten ist, dass der einzige Unterschied zwischen paralleler und Produkt-Komposition in der Definition der Übergangsfunktion liegt.

Die parallele Komposition hat folgende Eigenschaften:

1) Sie ist kommutativ bis auf eine Neuordnung der Komponenten in den zusammengesetzten Zuständen.
2) Sie ist assoziativ. Dies zeigt der Ausdruck $G_1 \parallel G_2 \parallel G_3 \equiv (G_1 \parallel G_2) \parallel G_3 = G_1 \parallel (G_2 \parallel G_3)$.

Beispiel 3.20: Parallele Komposition von zwei Automaten
Betrachten Sie dieselben Automaten wie in Beispiel 19. Bestimmen Sie die parallele Komposition der beiden Automaten.

Lösung
Das allgemeine Vorgeben zur Lösung dieses Problems ist analog der Vorgehensweise bei der Produkt-Komposition. Zuerst muss bestimmt werden, welche Eingänge zu welcher Kategorie gehören. Da der Eingang g nur G_1 beeinflusst, handelt es sich um einen privaten Eingang von G_1. Die anderen beiden Eingänge $\{a, b\}$ sind gemeinsame Eingänge beider Automaten.

Start ist wieder in den Anfangszuständen beider Automaten und der Weg führt durch beide Automaten hindurch. Aus dem Anfangszustand $(x, 0)$ heraus gibt es zwei valide Eingänge (der gemeinsame Eingang a und der private Eingang g). Wie zuvor bewirkt der gemeinsame Eingang a eine Zustandsänderung in $(x, 1)$, wohingegen der private Eingang g einen Übergang in den Zustand $(z, 0)$ auslöst. Im Zustand $(z, 0)$ gibt es drei valide Eingänge (gemeinsame Eingänge a und b sowie privater Eingang g). Eingang a bewirkt eine Zustandsänderung in $(x, 1)$, während Eingang b eine Eigenschleife auslöst. Der private Eingang g, der nur den Automaten G_1 beeinflusst, bringt $G_{1\parallel 2}$ in den Zustand $(y, 0)$. Der finale Automat ist in Abb. 3.26 gezeigt.

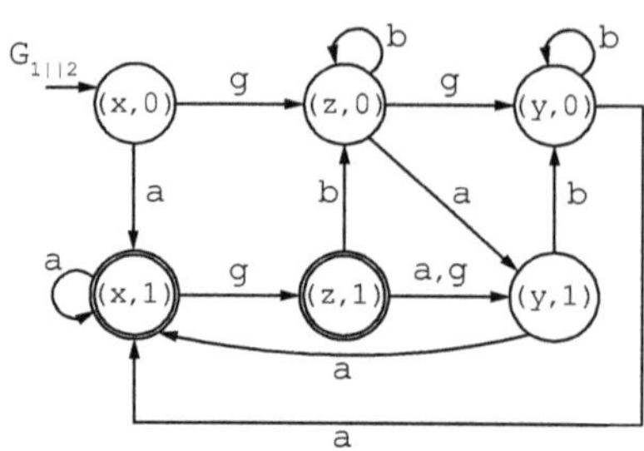

Abb. 3.26 Parallele Komposition von G_1 und G_2

3.4.3 Zeitbewertete Automaten

Zeitbewertete Automaten sind mit einer Uhr verbunden. Solch ein Automat hat vier Bestandteile: den endlichen Automaten, die **Uhr**, die **Invarianten** und die **Bedingungen** (Guards). Solche Automaten können minimale und maximale Zeitvorgaben für bestimmte Übergänge modellieren. Abb. 3.27 zeigt einen Ausschnitt aus einem zeitbewerteten Automaten. Die Uhrenvariable c beschreibt die Zeit, die seit dem letzten Rücksetzen der Uhr verstrichen ist, was mit der Gleichung c $\equiv$ 0 beschrieben wird. Eine Bedingung zeigt an, wann ein Übergang stattfinden kann. In Abb. 3.27 beispielsweise kann der Übergang Z0 $\rightarrow$ Z1 nur für eine Zeit $c \geq 180$ s stattfinden. Eine Invariante zeigt, wie lange ein Automat maximal in einem Zustand verbleiben kann. Aus Abb. 3.27 ist erkennbar, dass der Automat maximal 240 s im Zustand Z0 verbleiben darf, bevor er diesen verlassen muss. Das bedeutet, dass dieser Automat eine unendliche Anzahl an möglichen Realisierungen hat, da er den Zustandswechsel Z0 $\rightarrow$ Z1 in einem beliebigen Zeitfenster mit $180 \leq t \leq 240$ s vollziehen kann. Deshalb hat ein zeitbewerteter Automat einen unendlichen Zustandsraum.

Mathematisch kann ein zeitbewerteter Automat beschrieben werden durch das Septupel

$$\mathcal{A} \equiv (\mathbb{X},\ \Sigma,\ f,\ \mathbb{C},\ I,\ x_0,\ \mathbb{X}_m) \tag{3.160}$$

wobei C eine endliche Menge von Uhrenvariablen ist. Die Variable I ist die Invariantenfunktion, die die Zustände mit den Übergangseinschränkungen verbindet, d. h.

$$I : \mathbb{X} \rightarrow \Phi(\mathbb{C}) \tag{3.161}$$

Abb. 3.27 Zeitbewerteter Automat

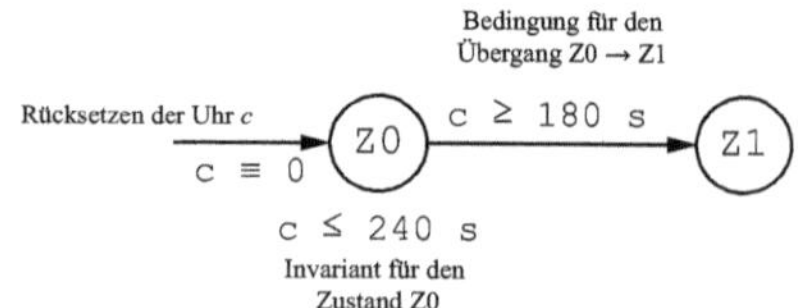

wobei $\Phi(C)$ die Menge der Zeitbedingungen δ ist. Die Zeitbedingungen δ sind entweder wahr oder falsch, abhängig von den aktuellen Uhrenvariablen. Mit $a \in R$ und $c \in C$ ergeben sich die folgenden möglichen Zeitbedingungen:

- $\delta \equiv (c \leq a)$
- $\delta \equiv (c = a)$
- $\delta \equiv (c \geq a)$
- $\delta \equiv (\delta 1 \text{ OR } \delta 2)$
- $\delta \equiv \neg(\delta)$
- $\delta \equiv \emptyset \text{ or } \{\}$

Die Übergangsfunktion ist definiert durch

$$f : \mathbb{X} \times \Sigma \times \Phi(\mathbb{C}) \to \mathbb{X} \times 2^{|\mathbb{C}|} \tag{3.162}$$

wobei $2^{|\mathbb{C}|}$ die Potenzmenge von C repräsentiert.

In einigen Formalismen werden die Übergänge als **dringend** oder **nichtdringend** definiert. Dringende Übergänge finden so bald wie möglich statt, wohingegen nichtdringende Übergänge weniger stark priorisiert sind. Normalerweise werden spontane Übergänge nichtdringenden Übergängen zugeordnet.

3.5 Weiterführende Literatur

Nachfolgend wird Literatur angegeben, die zusätzliche Informationen zum jeweiligen Thema bereitstellt:

1) **Allgemeine Ingenieurmathematik**: E. Kreyszig (2011). *Advanced Engineering Mathematics* (10. Ausg.), New York, New York, USA: Wiley.
2) **Laplace-Transformation und kontinuierliche Zeitanalyse**: G. Doetsch (1976). *Einführung in Theorie und Anwendung der Laplace-Transformation*, Basel, Schweiz: Springer.
3) **Z-Transform und diskrete Zeitanalyse**
   a. R. El Attar (2005). *Lecture notes on Z-Transform*, Morrisville, North Carolina, USA: Lulu Press.
   b. K. Ogata (1995). *Discrete-Time Control Systems* (2. Ausg.), Upper Saddle River, New Jersey, USA: Prentice-Hall.
4) **Automaten**
   a. J. Carroll and D. Long (1989). *Theory of finite automata*, Englewood Cliffs, New Jersey, USA: Prentice-Hall.
   b. C. G. Cassandras and S. Lafortune (2008), *Introduction to Discrete Event Systems*, (2. Ausg.), New York, New York, USA: Springer.

3.6 Aufgaben zum Kapitel

Die Aufgaben zum Kapitel bestehen aus drei verschiedenen Typen: (a) Grundlegende Konzepte (Wahr/Falsch), die das Verständnis des Lesers zu den wesentlichen Inhalten des Kapitels überprüfen; (b) Übungsaufgaben, die darauf ausgelegt sind, die Fähigkeit des Lesers zu überprüfen, die erforderlichen Größen für einen unkomplizierten Datensatz mit einfachen oder ohne technische Hilfsmittel zu berechnen; und (c) Übungen mit Rechnerunterstützung, die nicht nur ein gründliches Verständnis der Grundlagen erfordern, sondern auch die Verwendung geeigneter Software.

3.6.1 Grundlagen

Stellen Sie fest, ob die folgenden Aussagen wahr oder falsch sind und begründen Sie Ihre Entscheidung!

1) Ein Prozess, der das Homogenitäts- und das Superpositionsprinzip erfüllt, heißt linear.
2) In einem zeitvarianten Modell verändern sich die Parameter mit der Zeit.
3) In einem Modell mit konzentrierten Parametern existieren Ortsableitungen der Parameter.
4) Ein akausales System hängt von zukünftigen Werten ab.
5) Ein dynamisches System zieht nur den aktuellen Wert des Prozesses in Betracht.
6) Die Zustandsraumdarstellung eines Systems beinhaltet die Verknüpfung von Eingängen, Zuständen und Ausgängen.
7) Eine Übertragungsfunktion kann nur für lineare Prozesse aufgestellt werden.
8) Jede Übertragungsfunktion hat eine eindeutige Zustandsraum-Darstellung.
9) Vorhersagefehler-Modelle sind zeitdiskrete Modelle eines Prozesses.
10) Ein weißes Rauschsignal hängt von den vergangenen Werten des Rauschsignals ab.
11) Im Box-Jenkins-Modell ist der Grad des A-Polynoms auf null festgelegt.
12) Im autoregressiven exogenen Modell ist jeweils der Grad des C- und D-Polynoms gleich null.
13) Es ist nicht möglich, ein kontinuierliches Modell in ein diskretes Modell zu überführen.
14) Ein Prozess im stationären Zustand wird unvorhersehbare Schwingungen in seinen Werten beinhalten.
15) Die Verstärkung eines Prozesses repräsentiert das transiente Verhalten des Prozesses.
16) Die Prozesszeitkonstante beschreibt die Verzögerung, bis der Prozess reagiert.
17) Eine kontinuierliche Übertragungsfunktion mit Polstellen bei $-2, -1$ und 0 ist stabil.
18) Eine kontinuierliche Übertragungsfunktion mit Polstellen bei $1, 2$ und 5 ist stabil.
19) Eine diskrete Übertragungsfunktion mit Polstellen bei $0{,}5, -0{,}5$ und 1 ist instabil.

20) Eine diskrete Übertragungsfunktion mit Polstellen bei 0,25, 0,36 und $0,25 \pm 0,5i$ ist stabil.

21) Ein kontinuierliches Zustandsraummodell mit Eigenwerten bei $0,25 \pm 2i$ ist stabil.

22) Ein diskretes Zustandsraummodell mit einfachen Eigenwerten bei $\pm 0,25i$ ist stabil.

23) Das Alphabet eines Automaten repräsentiert die erlaubten Eingaben des Automaten.

24) Ein akzeptierender Zustand ist ein Zustand, der die gewünschte Ausgabe liefert.

25) Die von einem Automaten akzeptierte Sprache ist die Menge aller vom Automaten akzeptierten Wörter.

26) Bei Mealy-Automaten hängt die Ausgangsfunktion nur von den Zuständen ab.

27) Blockierung tritt auf, wenn ein Automat keinen akzeptierenden Zustand erreichen kann.

28) Spontane Übergänge werden mit ε beschrieben.

29) Ein Automat mit spontanen Übergängen wird als deterministischer Automat bezeichnet.

30) Der Koakzessibel-Operator entfernt alle Zustände inklusive der zugehörigen Übergänge, die nicht vom Anfangszustand aus erreichbar sind.

31) In einem zeitbewerteten Automaten zeigt der Bedingung an, wie lange der Automat in einem bestimmten Zustand verbleiben kann.

32) Für einen zeitbewerteten Automaten ist $\delta \equiv (c \leq 1.000)$ eine akzeptierbare Zeitbedingung.

33) Für einen zeitbewerteten Automaten ist $\delta \equiv (c = abcd)$ eine akzeptierbare Zeitbedingung.

34) Aus einem ergodischen Zustand führt kein Übergang hinaus.

3.6.2 Übungsaufgaben

Diese Aufgaben sollen mithilfe von Stift und Papier gelöst werden. Zum Zeichnen von bspw. Diagrammen kann auch eine entsprechende Software verwendet werden.

35) Klassifizieren Sie die nachfolgenden Modelle anhand der Informationen aus diesem Kapitel. Sind die Modelle linear, zeitinvariant, dynamisch, kausal oder enthalten sie verteilte Parameter?

   a. $y_{k+1} = 4y_k + 7u_{k+5} - 5e_k$.

   b. $\frac{\partial^2 T}{\partial x^2} = -\alpha(t)\frac{\partial T}{\partial t}$, wobei α ein zeitabhängiger Parameter ist.

   c. $y_{k+1} = -4y_k - 3e_k$

   d. $\frac{\partial T}{\partial t} = -\alpha(t)u(t+1)$, wobei α ein zeitabhängiger Parameter ist.

36) Bestimmen Sie die Stabilität der folgenden kontinuierlichen Übertragungsfunktionen. Sind die Übertragungsfunktionen stabil, so bestimmen Sie die Verstärkung, die Zeitkonstante und die Totzeit.

a. $\quad G(s) = \frac{5(s+1)}{6s^3+11s^2+6s+1}e^{-3s}$

b. $\quad G(s) = \frac{-5}{150s^3+65s^2+2s-1}e^{-10s}$

c. $\quad G(s) = \frac{4.5}{15s^2+8s+1}e^{-10s}$

d. $\quad G(s) = \frac{4.5}{15s^2+26s+7}e^{-7s}$

37) Bestimmen Sie die Stabilität der folgenden kontinuierlichen Übertragungsfunktionen. Überführen Sie die Modelle in eine Übertragungsfunktion. Sind die Modelle stabil, so bestimmen Sie die Verstärkung und die Zeitkonstante.

a.
$$\frac{d\vec{x}}{dt} = \begin{bmatrix} 5 & 0 \\ 0 & -2 \end{bmatrix}\vec{x} + \begin{bmatrix} 2 \\ 1 \end{bmatrix}\vec{u}$$
$$y = \begin{bmatrix} 1 & 0 \\ 0 & 1 \end{bmatrix}\vec{x}$$

b.
$$\frac{d\vec{x}}{dt} = \begin{bmatrix} -5 & 0 \\ 0 & -2 \end{bmatrix}\vec{x} + \begin{bmatrix} -2 \\ 1 \end{bmatrix}\vec{u}$$
$$y = \begin{bmatrix} 2 & 0 \\ 0 & 1 \end{bmatrix}\vec{x}$$

c.
$$\frac{d\vec{x}}{dt} = \begin{bmatrix} -2 & 1 & 2 \\ 0 & -3 & 2 \\ 0 & 0 & -1 \end{bmatrix}\vec{x} + \begin{bmatrix} 1 \\ -0,5 \\ 2 \end{bmatrix}\vec{u}$$
$$y = \begin{bmatrix} 2 & 0 & 0 \\ 0 & -1 & 0 \\ 0 & 0 & 1 \end{bmatrix}\vec{x}$$

38) Bestimmen Sie die Stabilität der folgenden zeitdiskreten Modelle.

a. $\quad y_{k+1} = 4y_k + 7u_{k+5} - 5e_k$

b. $\quad y_{k+1} = \frac{z^{-5}}{1-4z^{-1}}u_k$

c. $\quad y_{k+1} = \frac{z^5+z^4}{z^6+z^5+z^4+z^3+z^2+z^1+1}u_k$

d.
$$\vec{x}_{k+1} = \begin{bmatrix} -0,5 & 1 & 2 \\ 0 & 0,5 & 2 \\ 0 & 0 & 0,25 \end{bmatrix}\vec{x}_k + \begin{bmatrix} 1 \\ -0,5 \\ 2 \end{bmatrix}\vec{u}_k$$
$$\vec{y}_k = \begin{bmatrix} 2 & 0 & 0 \\ 0 & -1 & 0 \\ 0 & 0 & 1 \end{bmatrix}\vec{x}_k$$

$$\vec{x}_{k+1} = \begin{bmatrix} -1,5 & 0 & 0 \\ 3 & 1,5 & 0 \\ 1 & 2 & 2,25 \end{bmatrix} \vec{x}_k + \begin{bmatrix} -1 \\ 0,5 \\ 3 \end{bmatrix} \vec{u}_k$$

e.

$$\vec{y}_k = \begin{bmatrix} 1 & 0 & 0 \\ 0 & 1 & 0 \\ 0 & 0 & 1 \end{bmatrix} \vec{x}_k$$

39) Wie lautet die Beziehung zwischen den Eigenwerten einer Zustandsraumdarstellung und der Zeitkonstante, die aus der Übertragungsfunktion bestimmt wurde?

40) Leiten Sie die kompakten Zustandsraumdarstellungen für die Addition (gegeben durch Gl. (3.71)), die Multiplikation (gegeben durch Gl. (3.72)), die Inverse (gegeben durch Gl. (3.73)), und die transponierte Form (gegeben durch Gl. (3.74)) her!

41) Unterscheiden Sie die Zustände des Automaten in Abb. 3.28 in markiert, ergodisch, periodisch und transient. Bestimmen Sie, ob Blockierung vorliegt. Ist dies der Fall, geben Sie die Art der Blockierung an.

42) Wenden Sie den Trimm-Operator auf die Automaten in Abb. 3.28 an.

Abb. 3.28 Automat für
Aufgaben 41 und 42

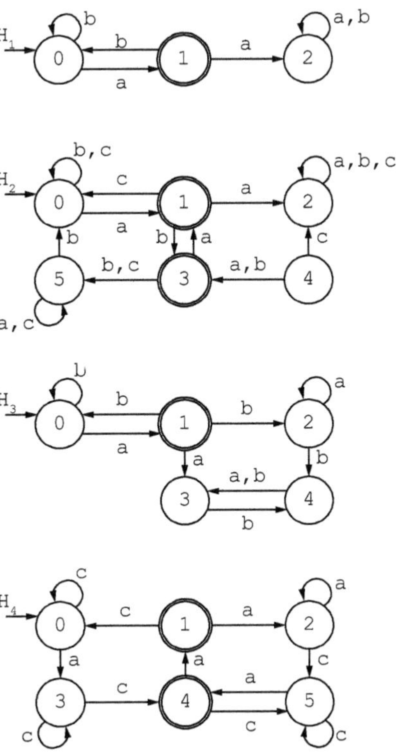

Abb. 3.29 Automaten für
Aufgabe 42

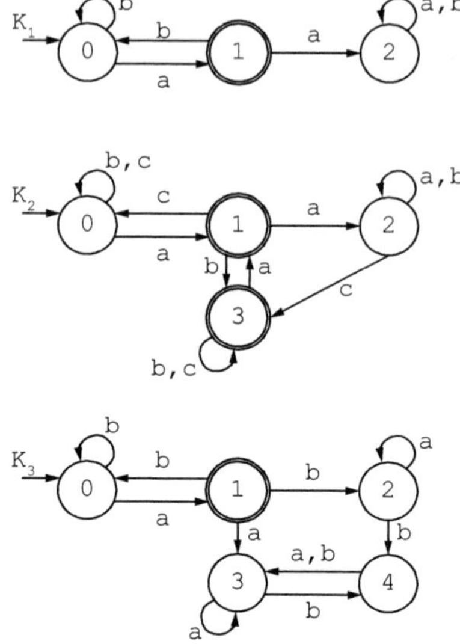

43) Führen Sie mithilfe der Automaten in Abb. 3.29 die folgenden Operationen durch: K1 × K2, K1∥K2, K1 × K3, K1∥K2∥K3 und K1 × K2 × K3.

44) Zeichnen Sie die Automaten für die folgenden Prozesse:

 a. Für die gegebenen Buchstaben *a* und *b* soll die Zeichenkette *abab* gefunden werden.

 b. Für die gegebenen Buchstaben *c*, *d* und *e* soll die Zeichenkette *decd* gefunden werden.

 c. Für die gegebenen Buchstaben *g*, *h* und *i* sollen die Zeichenketten *hig* und *high* gefunden werden.

3.6.3 Computergestützte Aufgaben

Die folgenden Probleme sollen mithilfe eines Computers und entsprechender Software-pakete wie z. B. MATLAB® gelöst werden.

45) Modellieren Sie ein Ihnen vertrautes System. Stellen Sie sicher, dass Sie alle für den Prozess notwendigen Differenzialgleichungen in Ihrer Beschreibung aufnehmen.

Schematische Darstellung eines Prozesses

4

Dieser Kapitel beschäftigt sich mit den wichtigsten schematischen Methoden zur Darstellung von Prozessen. Hierbei werden **Blockdiagramme, Rohrleitungs- und Instrumentenfließschemata (R&IDs), Verfahrensfließschemata (PFDs)** sowie **elektrische und logische Schaltkreisdiagramme** betrachtet.

4.1 Blockdiagramme

Ein Blockdiagramm ist eine abstrakte Repräsentation des Prozesses im Frequenzbereich. Hierbei werden alle unwichtigen Details außen vorgelassen und nur essenzielle Elemente hervorgehoben.[1] Das **grundlegende Blockdiagramm** besteht aus drei Teilen, wie Abb. 4.1 zeigt. Der Eingang in das Blockdiagramm auf der linken Seite wird durch U beschrieben, wohingegen der Ausgang auf der rechten Seite durch die Variable Y beschrieben wird. Innerhalb des Blocks ist das **Prozessmodell**, beschrieben durch G, lokalisiert. In den meisten Fällen wird die konkrete Ausformung des Prozessmodells nicht beschrieben, doch es ist nahezu jede Beziehung zwischen Ausgang und Eingang denkbar.

Ein weiterer wichtiger Block ist der **Summationsblock**, der zeigt, wie zwei oder mehr Signale miteinander kombiniert werden müssen. Abb. 4.2 zeigt einen typischen Summationsblock. Die Zeichen innerhalb des Kreises deuten an, ob die Signale addiert oder subtrahiert werden müssen. Da die Struktur eines Summationsblocks bekannt ist,

---

[1] Oftmals wird es auch für eine Darstellung im Zeitbereich verwendet, wobei die Kompositions- und Summationsregeln vernachlässigt und geringfügig andere Modelle verwendet werden. In solchen Fällen werden Blockdiagramme besser als Verfahrensfließschemata bezeichnet, welche in Abschn. 4.2 behandelt werden.

Y. A. W. Shardt und C. Gatermann, *Automatisierungstechnik,*
https://doi.org/10.1007/978-3-662-72649-5_4

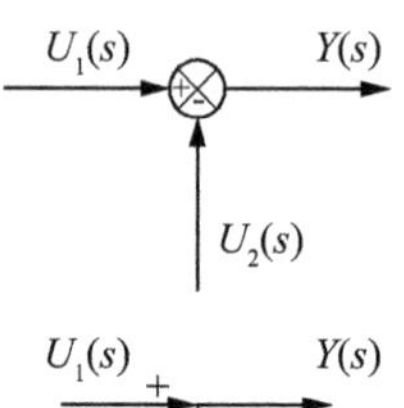

Abb. 4.1 Grundlegendes Blockdiagramm

Abb. 4.2 Summationsblock
in ganzer Form (oben) und als
abgekürzte Darstellung (unten)

Summationsblock, mit dem
$U_2(s)$ von $U_1(s)$ abgezogen
wird und somit $Y(s)$ entsteht

Summationsblock, mit dem
$U_2(s)$ von $U_1(s)$ abgezogen
wird und somit $Y(s)$ entsteht

können zwei Vereinfachungen getroffen werden. Anstelle eines Kreises werden die Signale durch Pfeile dargestellt und die jeweiligen Vorzeichen an den Enden der Pfeile vermerkt. Eine weitere Vereinfachung ist der Verzicht auf die Pluszeichen und es werden nur Minuszeichen neben den Pfeilen notiert. Ein häufig genutzter Standard ist es, die Rechenzeichen, die den Signalen zugeordnet sind, in Pfeilrichtung auf der linken Seite anzuordnen.

Der größte Vorteil der Blockdiagramme ist, dass ihre Struktur ein einfaches Auslesen der Beziehungen zwischen Eingangs- und Ausgangssignal erlaubt. So gilt für das allgemeine Blockdiagramm gemäß Abb. 4.1 zwischen Ein- und Ausgang die Beziehung

$$Y = G\,U \tag{4.1}$$

wohingegen für den Summationsblock aus Abb. 4.53 geschrieben werden kann

$$Y = U_1 - U_2 \tag{4.2}$$

Nun soll die Beziehung zwischen Y und U für eine Reihenschaltung aus drei Blöcken, wie in Abb. 4.54 dargestellt, abgeleitet werden. Der naive Ansatz wäre, zwischen den Blöcken die Ausgänge Y_1 und Y_2 einzuführen und die Gleichungen dann folgendermaßen aufzuschreiben:

$$Y_1 = G_1\,U \tag{4.3}$$

$$Y_2 = G_2\,Y_1 = G_2\,G_1\,U \tag{4.4}$$

$$Y = G_3\,Y_2 = G_3 G_2 G_1\,U \tag{4.5}$$

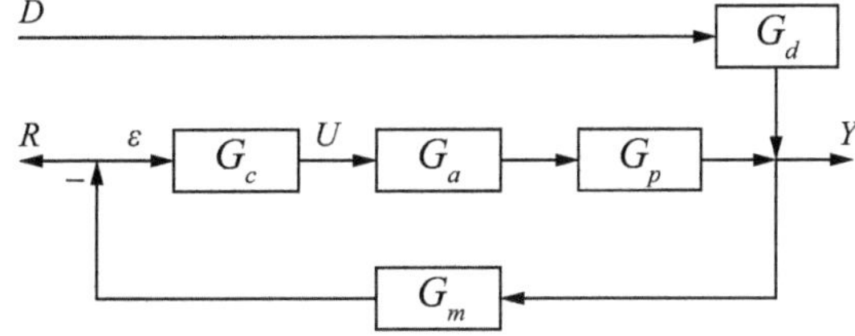

Abb. 4.3 Blockdiagramm-Algebra: Zur Bestimmung des Zusammenhangs zwischen U und Y müssen die Übertragungsfunktionen zwischen den beiden Punkten multipliziert werden, also, $Y = G_1\, G_2\, G_1\, U$

Abb. 4.4 Generischer Regelkreis

Dies zeigt, dass das endgültige Ergebnis als $Y = G_3\, G_2\, G_1\, U$. geschrieben werden kann. Da die Blöcke in Serie geschaltet sind, kann das Endergebnis auch über die Multiplikation der Übertragungsfunktionen erlangt werden. Der zuerst vorgestellte Ansatz hat dennoch seine Berechtigung, v. a. dann, wenn das System aus vielen Übertragungsfunktionen und Summationsblöcken besteht.

Beispiel 4.1: Verzweigtes Blockdiagramm
Betrachten Sie den geschlossenen Regelkreis in Abb. 4.4 und bestimmen Sie den Ausdruck für den Zusammenhang zwischen R und Y. Nehmen Sie dazu an, dass alle Signale im Frequenzbereich vorliegen.

Lösung
Beginnen wir beim Eingangssignal R und durchlaufen das Blockdiagramm in Richtung Ausgang Y, so ergibt sich:

$$\varepsilon = R - G_m\, Y$$

$$U = G_c\varepsilon$$

$$Y = G_p G_a\, U + G_d\, D$$

Einsetzen der ersten Beziehung in die zweite Gleichung und Nutzung des Ergebnisses in der dritten Beziehung ergibt

$$Y = G_p G_a G_c\, (R - G_m\, Y) + G_d\, D$$

Durch Umsortieren dieser Gleichung erhalten wir

$$Y = G_p G_a G_c\, R - G_p G_a G_c G_m\, Y + G_d\, D$$

Auflösen nach Y liefert

$$Y = \frac{G_p G_a G_c}{1 + G_p G_a G_c G_m} R + \frac{G_d}{1 + G_p G_a G_c G_m} D$$

Da nur die Beziehung zwischen R und Y gefragt ist, kann $D=0$ gesetzt werden. Damit erhalten wir

$$Y = \frac{G_p G_a G_c}{1 + G_p G_a G_c G_m} R$$

Diese Gleichung wird häufig für geschlossene Regelkreise verwendet.

Die Erstellung eines Blockdiagramms kann mitunter sehr komplex sein, doch sie erlaubt es, die wichtigsten Eigenschaften des Systems zu extrahieren und zu verstehen.

4.2 Verfahrensfließschemata

Das Verfahrensfließschema (PFD) stellt eine Vereinfachung des Prozesses dar, wobei nur die wesentlichen Elemente des Prozesses dargestellt werden. Für kompliziertere Prozesse werden PFD oftmals mit Blöcken modelliert, wobei die Blöcke die einzelnen Unterprozesse repräsentieren. In solchen Fällen sind die PFD ähnlich den Blockdiagrammen aus Abschn. 4.1.

Ein Verfahrensfließschema, das einen einzelnen Prozess beschreibt, enthält normalerweise die folgenden Komponenten: Prozessverrohrung, Schlüssel-/Hauptkomponenten, Hauptventile, Regelventile, Verbindungen zu anderen Systemen, wichtige Umgehungs- und Rückführströme und Verfahrensfließnamen.

Abb. 4.5 zeigt ein typisches Verfahrensfließschema. Die Regeln zur Erstellung eines PFD sind gleich denen zur Erstellung eines R&ID aus Abschn. 4.3. Der einzige Unterschied ist der Grad der Detaillierung.

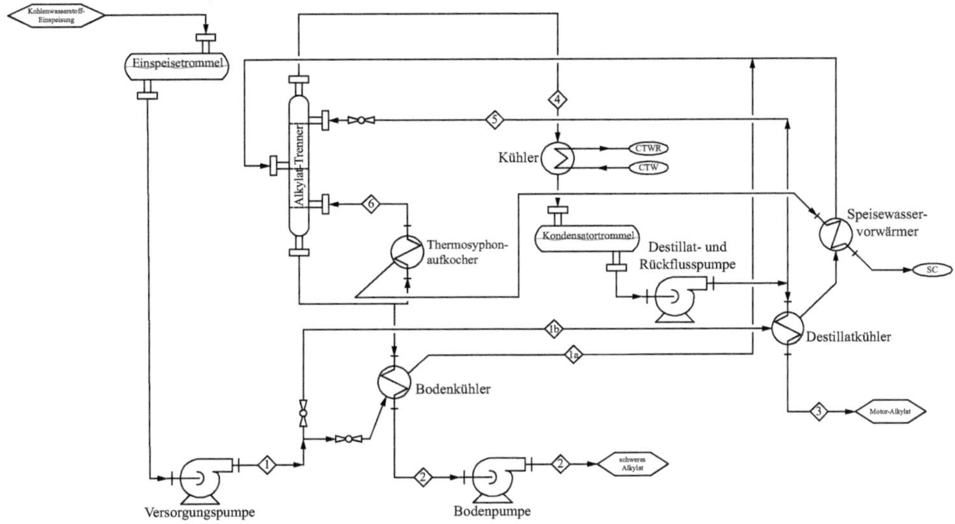

Abb. 4.5   Prozessflussdiagramm für die Alkalyt-Spaltung

4.3   Rohrleitungs- und Instrumentierungsdiagramm (R&ID)

Das Rohrleitungs- und Instrumentierungsdiagramm (R&ID) ist eine detaillierte Beschreibung eines Prozesses, in der alle Verbindungen und Komponenten gezeigt werden. Zusätzlich zu den Informationen des PFD enthält das R&ID folgende weitere Informationen:

1. Typ und ID-Nummer aller Komponenten,
2. Rohrleitungen, Armaturen mit nominellen Durchmessern, Druckstufen und Materialien,
3. Motoren und
4. Mess- und Kontrollinstrumente.

Abb. 4.6 zeigt ein typisches R&ID für einer Chemiefabrik.

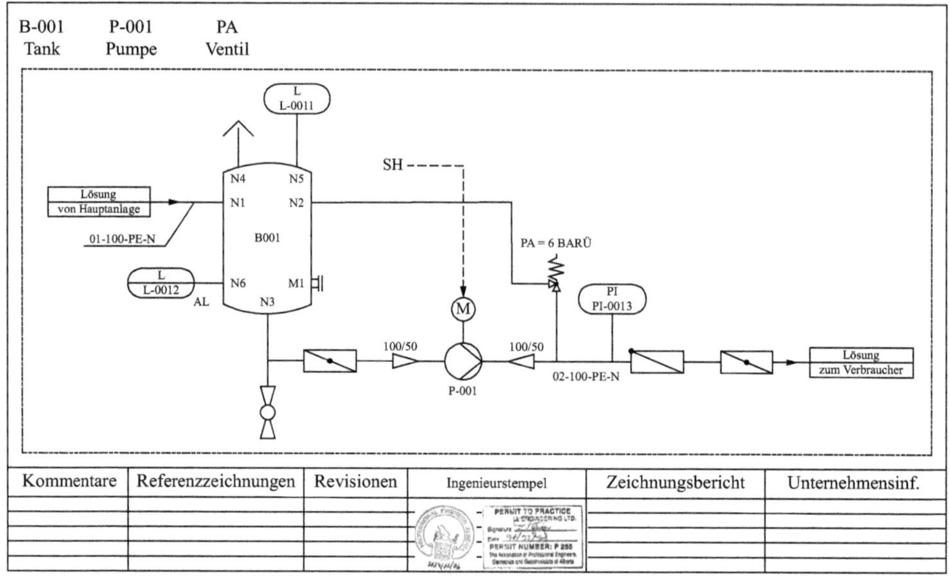

Abb. 4.6 R&ID für eine Gaskühl- und -trennanlage in Anlehnung an den kanadischen Entwurfsstandard (Beachten Sie den technischen Stempel in der Box in der Mitte.)

4.3.1 Symbole für R&ID-Komponenten gemäß DIN EN 62424

Tab. 4.1 zeigt die wichtigsten Komponenten gemäß DIN EN 62424[2]. Weitere Symbole sind in der Norm hinterlegt.

4.3.2 Verbindungen und Rohrleitungen in R&IDs

Die Art der Verbindung muss im R&ID dargestellt werden. Tab. 4.2 zeigt die meistgenutzten Darstellungen für solche Verbindungen.

---

[2] Die veraltete deutsche Norm DIN 19227 stimmt nahezu mit der ISA oder nordamerikanischen Norm überein. Unterschiede bestehen lediglich in der Bezeichnung der verschiedenen Sensoren oder Funktionen und kleineren Details die korrekte Positionierung von zusätzlichen Angaben betreffend. Dieses Buch folgt der neuen Norm, ohne auf ältere Standards zu referenzieren, um Verwirrung zu vermeiden.

Tab. 4.1 Komponenten von R&IDs gemäß DIN EN 62424

Symbol	Name	Symbol	Name
	Rohr		Gasflasche
	Isoliertes Rohr		Ofen, Brennofen
	Rohr mit Schutzmantel		Kühlturm
	Beheiztes oder gekühltes Rohr		Trockner, Verdampfer
	Behälter (Chemischer Reaktor) mit Mantel		Kühler
	Druckbehälter		Wärmeübertrager (Nach DIN-Standard „M-Wärmeübertrager")
	Behälter mit Halbrohrschlange		Wärmeübertrager
	Kolonne		Platten-Wärmeübertrager
	Pumpe (allgemein)		Spiral-Wärmeübertrager
	Verdichter, Kompressor, Vakuumpumpe (allgemein)		Mantelrohr-Wärmeübertrager
	Sack		Rohrbündel-Wärmeübertrager
	Kolonne mit Austauschböden		U-Rohr-Wärmeübertrager
	Ventilator		Rippenrohr-Wärmeübertrager mit Axiallüfter
	Axialventilator		Überstromöffnung (abgedeckt)
	Radialventilator		

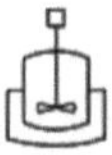

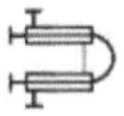

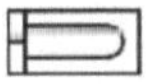

(Fortsetzung)

Tab. 4.1 (Fortsetzung)

Symbol	Name		Symbol	Name
	Überstromöffnung (gekrümmt)			Schlauch
	Staub-/Partikelfilter (Die englische Bezeichnung trifft die Funktion in diesem Fall besser, da es sich um eine Art Auffangbehälter für Staub oder Partikel handelt, die aus dem Volumenstrom abgeschieden wurden)			Absperrarmatur
				Regelventil
				manuelles Ventil
				Rückschlagarmatur
	Trichter			Nadelventil
				Absperrklappe
	Kondensatableiter			Membranventil
	Schauglas			Kugelhahn
	Druckminderer			Sicherheitsventil in Eckform, federbelastet

4.3.3   Beschriftungen in R&IDs

Wichtig für R&IDs ist, dass die einzelnen Komponenten klar und eindeutig identifiziert sein müssen. Genauso müssen der Typ und der Ort der Komponente klar erkennbar sein. Tab. 4.3 und 4.4 zeigen die Symbole für Sensoren und Aktoren im Überblick.

Es gibt viele unterschiedliche Felder in den Beschriftungen der Komponenten. Eine Übersicht zeigt Abb. 4.7. Die linken Felder (Nr. 1 bis Nr. 3) sind optional und es gibt keine Beschränkungen bezüglich des Inhalts. Feld Nr. 1 enthält zumeist den Zulieferer, Feld Nr. 2 Standardwerte der Komponente. Die zwei zentralen Felder (Nr. 4 und Nr. 5) zeigen die wichtigen Informationen über die Komponente. Feld Nr. 4 enthält die PCE-Kategorie[3], sowie die PCE-Verarbeitungsfunktion (Vgl. Tab. 4.5). Feld Nr. 5 enthält eine (willkürliche) PCE-Kennzeichnung. Die rechten Felder (Nr. 6 bis Nr. 12) zeigen zusätzliche Informationen über die Komponente. So zeigen die Felder Nr. 6 bis Nr. 8 Alarme und Benachrichtigungen bezogen auf obere Grenzwerte, wohingegen die Felder Nr. 10

---

[3] PCE ist die Abkürzung für *process-control engineering*.

Tab. 4.2 Verbindungstypen für R&IDs

Symbol	Deutscher Name
————————————	Rohr (Prozessfluss)
—//——//——//—	Pneumatisches Signal
– – – – – – – – –	Elektrisches Signal
—L——L——L—	Hydraulisches Signal
—Ω——Ω——Ω—	Elektromagnetisches Signal

Tab. 4.3 Symbole zur Lokalisierung

Ort	Lokal/im Feld	In zentraler Position	In lokal zentralem Punkt
Symbol	PI 123.4	PI 123.4	PI 123.4
Beschreibung	Komponente ist in (direkter) Nachbarschaft zum Prozess	Komponente ist in zentraler Position (oftmals ein Computer)	Komponente ist in einer lokalen, aber zentralen Position (oftmals Prozessleitsystem)

Tab. 4.4 Symbole zur Typisierung

	Allgemein	Prozessleitfunktion
Symbol	PI 123.4	UY 123

Abb. 4.7 Felder in einer R&ID Beschriftung

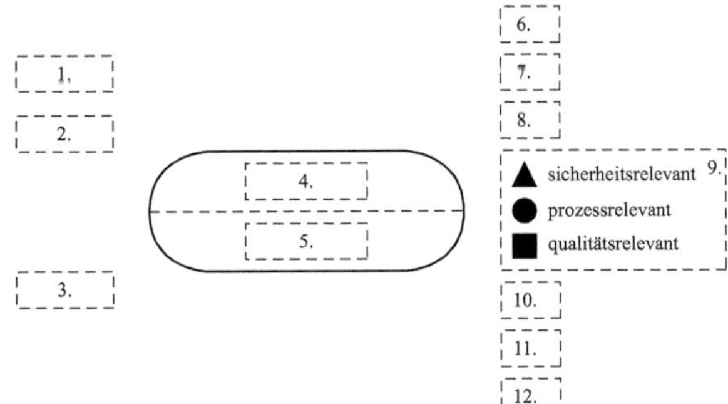

Tab. 4.5 PCE-Kategorien

Buchstabe	Bedeutung	Englischer Name
A	Analyse	Analysis
B	Flammenüberwachung	Burner Combustion
C[4]	*Leitfähigkeit*	*Conductivity*
D	Dichte	Density
E	Elektrische Spannung	Voltage
F	Durchfluss	Flow
G	Abstand, Länge, Stellung	Gap
H	Handeingabe/Handeingriff	Hand
I	Elektrischer Strom	Current
J	Elektrische Leistung	Power
K	Zeitbasierte Funktion	Time Schedule
L	Füllstand	Level
M	Feuchte	Moisture
N	Elektrisch aktuiertes Stellglied	Motor
O	*Frei*	*Free*
P	Druck	Pressure
Q	Quantität	Quantity/Event
R	Strahlung	Radiation
S	Geschwindigkeit, Drehzahl, Frequenz	Speed, Frequency
T	Temperatur	Temperature
U	*vorgesehen für PCE-Leitfunktionen*	*anticipated for PCE control functions*
V	Schwingung	Vibration
W	Gewichtskraft, Masse	Weight
X	*Frei*	*Free*
Y	Stellventil	Valve
Z	*Frei*	*Free*

bis Nr. 12 Alarme und Benachrichtigungen bezüglich unterer Grenzwerte beinhalten. Dabei enthalten die Felder, die am weitesten vom Zentrum entfernt sind, die wichtigsten Informationen. Feld Nr. 9 enthält Informationen über die Wichtigkeit der Komponente. Ein Dreieck (▲) bedeutet, dass die Komponente sicherheitsrelevant ist, wohingegen ein Kreis (●) zeigt, dass die Komponente für eine gute Herstellungspraxis (GMP) benötigt wird. Ein Quadrat (■) zeigt an, dass die Komponente qualitätsrelevant ist.

---

[4]Offiziell handelt es sich um eine freie Variable, die beliebig belegt werden kann. In der Praxis wird sie häufig für die Leitfähigkeit genutzt.

Tab. 4.6 PCE-Verarbeitungsfunktionen

Buchstabe	Bedeutung	Englischer Name	Kommentar
A	Alarm, Meldung	Alarming	nur in Feldern Nr. 6, 7, 8, 10, 11 und 12; in Feld Nr. 4 für Prozessleitfunktionen
B	Beschränkung, Eingrenzung	Condition, Limitation	nur in Feld Nr. 4
C	Regelung/Steuerung	Control	nur in Feld Nr. 4
D	Differenz	Difference	nur in Feld Nr. 4
F	Verhältnis	Fraction	nur in Feld Nr. 4
H	Oberer Grenzwert, an, offen	High, on, open	nur in Feldern Nr. 6, 7, 8, 10, 11 und 12
I	Anzeige	Indicator	nur in Feld Nr. 4
L	Unterer Grenzwert, aus, geschlossen	Low, off, closed	nur in Feldern Nr. 6, 7, 8, 10, 11 und 12
O	lokale oder PCS-Statusanzeige von Binärsignalen	Local or PCS status indictor from a binary signal	nur in Feldern Nr. 6, 7, 8, 10, 11 und 12
Q	Laufende Summe/Integral	Quantity	nur Feld Nr. 4
R	Speicherung / Aufzeichnung	Recording	nur Feld Nr. 4
S	Binäre Steuerungsfunktion / Schaltfunktion (nicht sicherheitsrelevant)	Switching	nur in Feldern Nr. 6,7, 8, 10, 11 und 12; in Feld Nr. 4 für Prozessleitfunktionen
T	Sender	Transmitter	nur in Feld Nr. 4
Y	Rechenfunktion	Computation	nur in Feld Nr. 4
Z	Binäre Steuerungsfunktion / Schaltfunktion (sicherheitsrelevant)	Emergency	nur in Feldern Nr. 6,7, 8, 10, 11 und 12; in Feld Nr. 4 für Prozessleitfunktionen

Tab. 4.5 zeigt die PCE-Kategorien und in Tab. 4.6 sind die PCE-Verarbeitungsfunktionen dargestellt. Für motorisierte Geräte (PCE-Kategorie N) gibt es nur zwei Möglichkeiten für die Verarbeitungsfunktion: S, was einen AN/AUS-Motor darstellt und C, was für die Motorsteuerung steht. Handelt es sich um ein Ventil mit PCE-Kategorie Y, so ergeben sich vier Möglichkeiten: S beschreibt ein Ventil mit den Schaltzuständen EIN/ AUS, C beschreibt ein Regelventil, Z beschreibt ein sicherheitsrelevantes Ventil mit den Zuständen EIN/AUS und mit IC beschreibt ein Regelventil mit kontinuierlicher Positionserkennung. Für Prozessleitfunktionen gibt es noch einige weitere spezifische Regeln:

1) PCE-Kategorie ist immer dieselbe, und zwar U.
2) Die nachfolgenden Buchstaben sind meist A, C, D, F, Q, S, Y oder Z. Kombinationen aus diesen Buchstaben sind möglich.

Beispiel 4.2: PCE-Kennzeichnungen

Was ist die Bedeutung der folgenden PCE-Kennzeichnungen: PI-512, UZ-512 und MDI-512?

Lösung

Bei „PI-512" ist der erste Buchstabe ein „P". Aus Tab. 4.5 ist ersichtlich, dass „P" Druck repräsentiert. Der folgende Buchstabe ist ein „I". Mithilfe von Tab. 4.6 können wir bestimmen, dass es sich bei „I" um eine Anzeige handelt. Somit ist „PI-512" eine Druckanzeige.

Bei „UZ-512" ist der erste Buchstabe ein „U", gemäß Tab. 4.5 eine Prozessleitfunktion beschrieben wird. Dem Buchstaben „Z" kann aus Tab. 4.6 eine sicherheitsrelevante Steuerungsfunktion zugeordnet werden. Somit handelt es sich bei der Kennzeichnung „UZ-512" um eine sicherheitsrelevante Steuerungsfunktion, die von einem Computer bzw. einer SPS überwacht wird.

Die Kennzeichnung „MDI-512" enthält als ersten Buchstaben ein „M", welchem der Begriff Feuchtigkeit gemäß Tab. 4.5 zugeordnet werden kann. Die folgenden Buchstaben sind „DI". Tab. 4.6 zeigt uns, dass „D" für Differenz und „I" für Anzeige steht. Somit handelt es sich bei einem Gerät mit der Kennzeichnung „MDI-512" um eine Feuchtigkeitsdifferenzanzeige.

Die Beschriftungen für die anderen Felder sind nicht genormt. In einem R&ID sollte jedoch dieselbe Beschriftung für dieselbe Komponente/Idee genutzt werden. Für alle R&IDs ist es außerdem notwendig, eine Legende mit allen für den Prozess wichtigen Informationen (Name der Komponente, Daten, Materialien, Operationsbedingungen) zu integrieren. Je nach Rechtslage kann es außerdem vonnöten sein, bestimmte Stempel/Markierungen auf dem Dokument zu haben, um die Authentizität und Echtheit nachweisen zu können.

4.4   Elektrische und logische Schaltkreisdiagramme

Nachdem viele Aufgaben in der Automatisierungstechnik unter Verwendung von elektrischen Signalen und logischen Ausdrücken implementiert werden, ist es nützlich, die Grundlagen der Erstellung solcher Schaltkreise zu kennen. Zudem werden wir einige der gezeigten Symbole wiederfinden, wenn wir uns mit grafischen Programmiersprachen befassen.

Es gibt zwei Normen, aus denen die Formen für elektrische und logische Schaltkreise ausgewählt werden: die offizielle DIN EN 60617 (auch bekannt als IEC 617) sowie den zwar nichtbevorzugten, aber häufig genutzten ANSI IEEE 91-1991 Standard. Der offizielle Standard besagt, dass es erlaubt ist, die lokal akzeptierten, nationalen Symbole zur Darstellung zu nutzen, auch wenn die nichtbevorzugten Symbole nicht gezeigt werden. Die typischen Symbole beider Standards fasst Tab. 4.7 zusammen.

Tab. 4.7 Typische Symbole in Schaltkreisen

Objekt	DIN 60617-Symbol	ANSI-Symbol	Kommentar
Widerstand			
Induktivität			
Gleichspannungsquelle			Batterie
Wechselspannungsquelle			
Diode			
Kapazität			
UND-Gatter			
ODER-Gatter			
Invertierer			
NAND-Gatter			
NOR-Gatter			
XOR-Gatter			
Masse			
Variabel			Der Pfeil wird über dem variablen Element platziert, wie hier beim variablen Widerstand:
Allgemeine Negation	○	○	Die Negation wird dort platziert, wo das Signal in den Block hineingeht oder ausdringt (vgl. NAND- oder NOR-Gatter)

Abb. 4.8 Verbindungen: **a**
empfohlene Form für Kontakt;
b oftmals genutzte Form für
Kontakt und **c** kein Kontakt

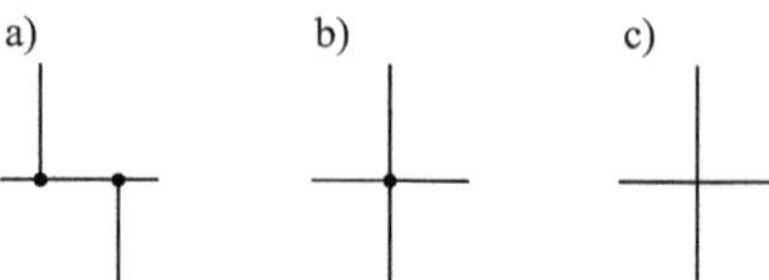

Kommt es weiterhin zur Darstellung von Kontakten, z. B. an einem Punkt wo sich ein Kabel aufteilt, so sind verschiedene Darstellungsformen zulässig. Der gewünschte Ansatz ist, zur Darstellung eines sich aufteilenden Kabels eine T-Kreuzung zu verwenden (Vgl. Abb. 4.8a)). Oftmals wird die Aufteilung jedoch wie in Abb. 4.8b gezeigt, dargestellt. Eine einfache Kreuzung von Kabeln zeigt Abb. 4.8c.

4.5   Weiterführende Literatur

Nachfolgend wird Literatur angegeben, die zusätzliche Informationen zum jeweiligen Thema bereitstellt:

1) **R&ID**
   a. T. Bindel und D. Hofmann (2016). *R&I-Fließschema.* Wiesbaden, Germany: Springer Vieweg.
   b. M. Toghraei (2019). *Piping and Instrumentation Diagram Development*, Hoboken, New Jersey, USA: Wiley.

4.6   Aufgaben zum Kapitel

Die Aufgaben zum Kapitel bestehen aus drei verschiedenen Typen: (a) Grundlegende Konzepte (Wahr/Falsch), die das Verständnis des Lesers zu den wesentlichen Inhalten des Kapitels überprüfen; (b) Übungsaufgaben, die darauf ausgelegt sind, die Fähigkeit des Lesers zu überprüfen, die erforderlichen Größen für einen unkomplizierten Datensatz mit einfachen oder ohne technische Hilfsmittel zu berechnen; und (c) Übungen mit Rechnerunterstützung, die nicht nur ein gründliches Verständnis der Grundlagen erfordern, sondern auch die Verwendung geeigneter Software.

4.6.1   Grundlagen

Stellen Sie fest, ob die folgenden Aussagen wahr oder falsch sind und begründen Sie Ihre Entscheidung!

1) Ein Blockdiagramm ist die Frequenzbereichsdarstellung eines Prozesses.
2) Ein pneumatisches Signal wird mit einer Linie mit Ausschnitten aus Sinusfunktionen dargestellt.

3) Ein elektrisches Signal wird durch eine gestrichelte Linie repräsentiert.

4) Eine R&ID-Beschriftung in einem runden Symbol mit einer einzelnen Linie durch dessen Mitte stellt eine Komponente in einem beliebigen lokalen zentralen Punkt dar.

5) Ein Instrument mit der Kennzeichnung TIC ist ein Regler der Dichteanzeige.

6) Ein Instrument mit der Kennzeichnung PIC ist ein Regler der Druckanzeige.

7) Ein Instrument mit der Kennzeichnung RI ist eine Strahlungsanzeige.

8) Ein Instrument mit der Kennzeichnung TDI ist eine Temperaturdifferenz-Anzeige.

9) Ein Instrument mit der Kennzeichnung JI ist eine Stromanzeige.

10) Ein R&ID sollte eine Legende zur Erklärung der verwendeten Symbole und Notationen enthalten.

4.6.2 Übungsaufgaben

Diese Aufgaben sollen mithilfe von Stift und Papier gelöst werden. Zum Zeichnen von bspw. Diagrammen kann auch eine entsprechende Software verwendet werden.

11) Entwerfen Sie das Prozessmodell (Beziehung zwischen U und Y) für die Blockdiagramme aus Abb. 4.9.

12) Zeichnen Sie die Verfahrensfließschemata für die nachfolgend beschriebenen Prozesse. *Hinweis: Kenntnisse im Bereich Verfahrenstechnik und dem physikalischen Verhalten von Systemen sind notwendig.*

    a. Die Diethanolamin-Lösung (DEA-Lösung) wird durch ein Drosselventil in das Reaktionsgefäß geleitet und dort in drei aufeinanderfolgenden Wärmetauschern aufgeheizt. Die erhitzte Lösung wird in die erste Verdampfungskolonne eingeleitet, welche unter 80 kPa Vakuum bei einer Temperatur von 150 °C betrieben wird. Der Großteil des Wassers wird in diesem Schritt verdampft, wobei der Wasserdampf im ersten Wärmetauscher genutzt wird, um die einströmende Lösung zu erwärmen. Die konzentrierte DEA-Lösung wird über ein weiteres

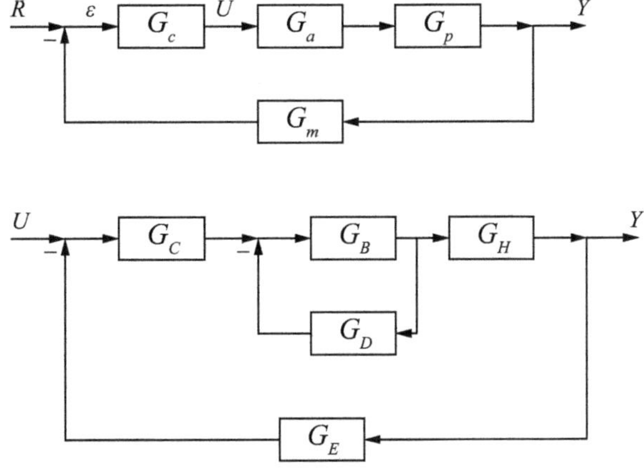

Abb. 4.9 Blockdiagramme für Aufgabe 11

Drosselventil vom ersten in den zweiten Verdampfer geleitet, sodass der Unterdruck auf 10 kPa reduziert werden kann. Der zweite Verdampfer ist ein Dünnschichtverdampfer, der durch den Hochdruckdampf beheizt wird. An dieser Stelle wird der Großteil des DEA verdampft. Die verbleibende Aufschlämmung wird mittels einer Verdrängerpumpe aus der Verdampfungskolonne entfernt. Der DEA-Dampf wird verwendet, um das einströmende Medium im zweiten Wärmetauscher zu erwärmen. Der dritte Wärmetauscher in der Reihe wird durch einen Mitteldruckdampf erwärmt und dient der Gewährleistung einer ausreichenden Verdampfung in der ersten Verdampfungskolonne. Nach der Abgabe ihrer Wärme an die speisenden Medien der Wärmetauscher werden der Wasser- und DEA-Dampfstrom vollständig in zwei wassergekühlten Kondensatoren verflüssigt, bevor sie in eine T-Kreuzung gepumpt und im Gaswäscheprozess erneut eingesetzt werden.

b. Eine konzentrierte Lösung aus 99 % Triethylenglykol ($C_6H_{14}O_4$) und 1 % Wasser wird häufig dazu verwendet, Feuchtigkeit bei 4,1 MPa aus Erdgas zu entfernen. Erdgas besteht zum Großteil aus Methan, kleinere Anteile machen Ethan, Propan, Kohlendioxid und Stickstoff aus. Das mit Wasser angereicherte Erdgas wird bei 40 °C in einer Bodenabsorberkolonne mit dem Triethylenglykol in Kontakt gebracht. Das getrocknete Gas kann anschließend über Pipelines auf den Markt transportiert werden. Die Triethylenglykol-Lösung, die den Absorber verlässt, ist mit Wasser verdünnt, muss also für einen erneuten Durchlauf aufbereitet werden. Zuerst wird sie bei einem Druck von 110 kPa durch eine Entspannungstrommel geleitet, um aufgelöste Gase zu extrahieren. Anschließend wird sie in einem Wärmetauscher durch das heiße aufbereitete Glykol erhitzt. Die verdünnte Lösung wird nun in eine gepackte Regenerationskolonne geleitet, wobei sie auf dem Weg nach unten mit aufsteigendem Dampf beströmt wird, der das Wasser in der Glykol-Lösung verdampfen lässt. Der Aufkocher am unteren Ende der Kolonne nutzt Mitteldruckdampf, um die Triethylenglykol-Lösung auf 200 °C aufzuheizen. Am oberen Ende der Kolonne wird der Dampf (d. h. das aus der Triethylenglykol-Lösung verdampfte Wasser) in die Atmosphäre geleitet. Die heiße aufbereitete Lösung vom Boden der Regenerationskolonne wird im Wärmetauscher über die verdünnte Lösung aus dem Absorber gekühlt. Die Lösung wird dann durch einen Luftkühler zurück zur Absorberkolonne gepumpt, wo sie mit einer Temperatur von *ca.* 45 °C erneut eingesetzt wird.

13) Fertigen Sie mithilfe der Skizze des Verfahrensfließschemas in Abb. 4.10 und der untenstehenden Prozessbeschreibung ein korrekt formatiertes Verfahrensfließschema mit allen notwendigen Komponenten und Informationen an. Folgender Prozess soll betrachtet werden: Ethylchlorid (C_2H_5Cl) wird in einem Rührkessel, der mit einer katalytischen Suspension aus flüssigem Ethylchlorid gefüllt ist, hergestellt. Die meiste Reaktionswärme wird durch die Verdampfung von 25 kmol/h des flüssigen Ethylchlorid absorbiert. Der Dampf verlässt den Rührkessel mit dem Strom des Reaktionsprodukts. Um eine zusätzliche Temperaturregelung implementieren zu können, ist der Reaktor nach außen isoliert. Das gesamte Ethylchlorid im Strom

Abb. 4.10 Skizze des
Verfahrensfließschemas für
Aufgabe 13

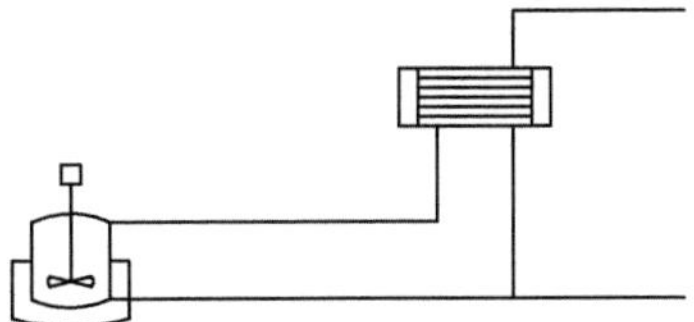

der Reaktionsprodukte wird kondensiert und genügend Ethylchlorid dem Rührkessel
wieder zugeführt, um einen stationären Zustand zu erreichen. Das Abfallgas wird an
die Fackelanlage weitergeleitet.

14) Evaluieren Sie die R&IDs in Abb. 4.11. Wurden diese korrekt gezeichnet? Gibt es
fehlende Elemente? Sind alle Ströme korrekt eingezeichnet?

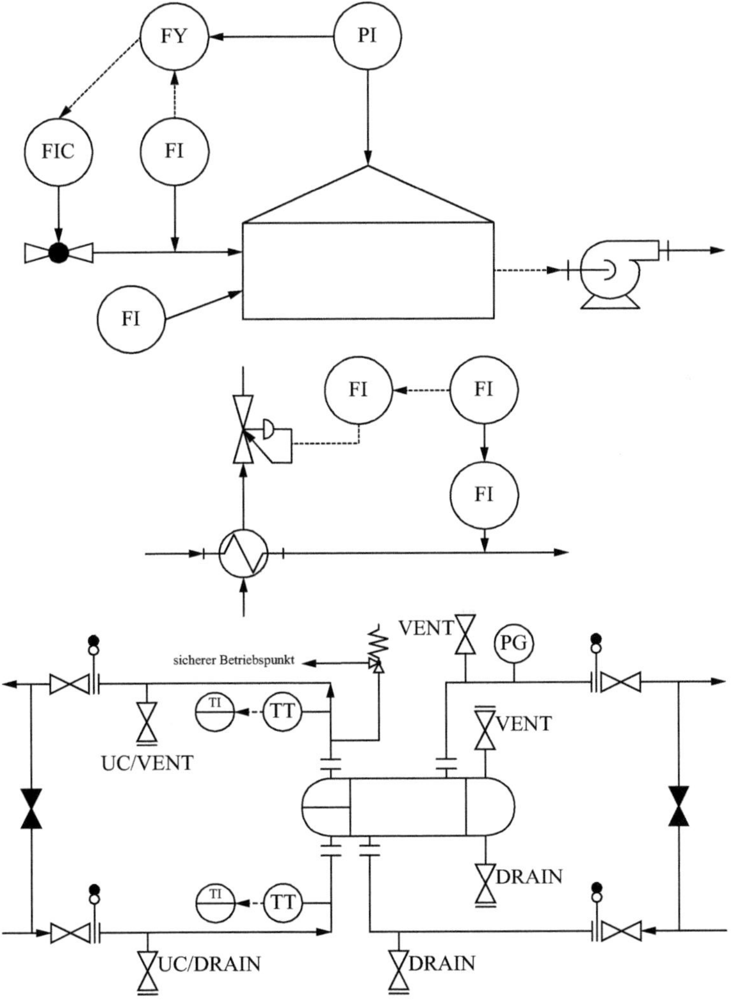

Abb. 4.11 R&IDs für Aufgabe 14

Abb. 4.12 R&ID für
Aufgabe 15

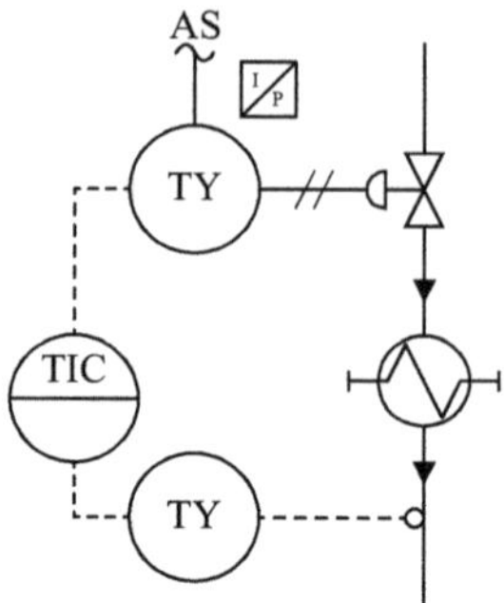

15) Bestimmen Sie für das in Abb. 4.12 gegebene R&ID, wo der Regler lokalisiert ist und welche Signale benötigt werden.
16) Beantworten Sie für den in Abb. 4.13 dargestellten Prozess folgende Fragen:
    a. Welche Art von Alarm wird durch den Regler ausgelöst?
    b. Wie wird der Füllstand gemessen? Welche Art von Signal wird erzeugt?
    c. Welcher Ventiltyp wird zur Regelung des Füllstands genutzt?
    d. Was bedeutet der Doppelstrich bei der Kennzeichnung des Instruments LI-135?
17) Nehmen Sie an, Sie produzieren Ahornsirup. Das R&ID ist zusammen mit den aktuellen Werten in Abb. 4.14 dargestellt. Bestimmen Sie, ob Messfehler vorliegen.

4.6.3 Computergestützte Aufgaben

Die folgenden Probleme sollen mithilfe eines Computers und entsprechender Softwarepakete gelöst werden.

Abb. 4.13 R&ID für
Aufgabe 16

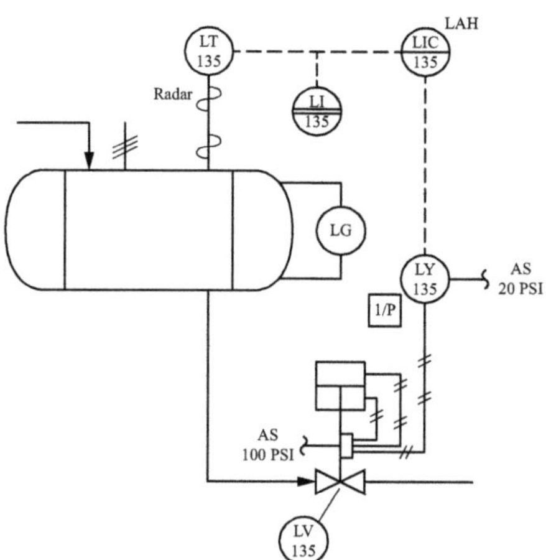

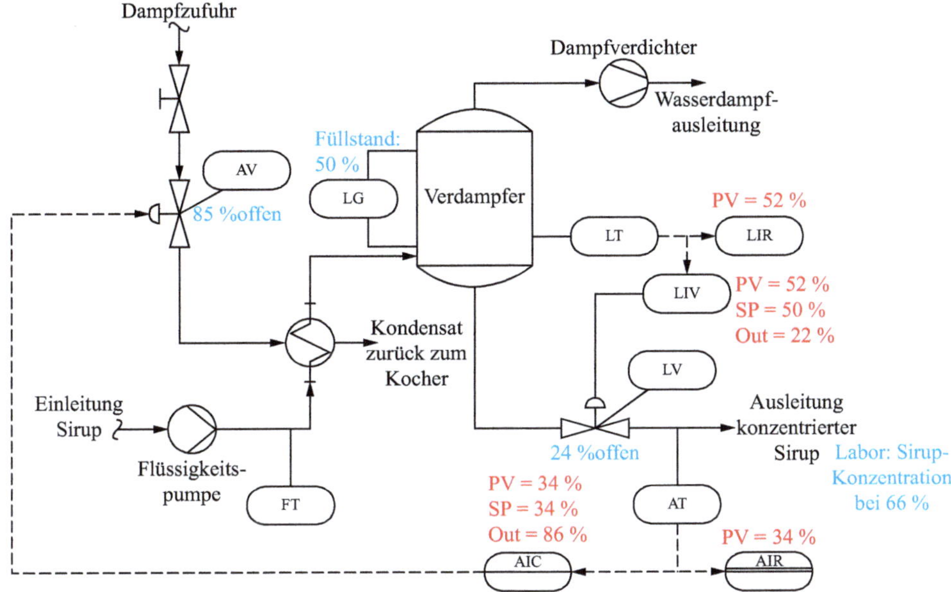

Abb. 4.14 Ahornsirup R&ID für Aufgabe 17

18) Betrachten Sie einen komplexen Prozess und zeichnen Sie für diesen das R&ID. Stellen Sie sicher, dass Sie auch alle relevanten Sensoren und Regler berücksichtigen.

19) Erstellen Sie aus dem in Aufgabe 18) angefertigten R&ID das vereinfachte Verfahrensfließschema für den Prozess.

Regelungstechnik und Automatisierungsstrategien

5

Nach der Betrachtung verschiedener Methoden und Modelle, die in der Automatisierungstechnik verwendet werden können, ist es nun an der Zeit, die Implementierung dieser Methoden genauer zu beleuchten. Die **Regelungs-** bzw. **Automatisierungsstrategie** umfasst die Methoden, welche zur Regelung/Automatisierung von Prozessen verwendet werden, um das angestrebte Ziel zu erreichen. Die generellen Konzepte ähneln sich stark: Ziel ist es, ein System zu generieren, welches sich mit minimalem menschlichem Eingriff selbst ausführen kann. Abhängig von der Branche oder dem Einsatzbereich ist der eine oder der andere Begriff besser geeignet.

Es gibt viele verschiedene Ansätze zur Klassifizierung der verschiedenen Strategien. In der Praxis werden diese Strategien oftmals miteinander kombiniert, um schließlich eine allgemeine Regelungsstrategie zu erhalten. Die meistgenutzten Strategien sind:

1. **Steuerung:** Bei der Steuerung wird die Trajektorie vorgegeben und so implementiert. Das Objekt folgt dieser Trajektorie, ohne auf Veränderungen in der Umwelt oder seiner Umgebung zu reagieren. Gibt es also Veränderungen in der Umgebung, so kann das Objekt der Trajektorie u. U. nicht folgen.
2. **Regelung:** Bei der Regelung wird der aktuelle Wert des Systems immer gegen einen Referenzwert verglichen. Sollte es zu Abweichungen kommen, so werden diese mit einem Regler korrigiert. Dies erlaubt es dem System folglich Korrekturen vorzunehmen, die z. B. durch Unzulänglichkeiten in der Spezifikation, Änderungen in den Umgebungsbedingungen oder unerwartete Ereignisse hervorgerufen werden. In den meisten Regelungsstrategien ist dieses Konzept verankert.
3. **Störgrößenaufschaltung:** Störgrößenaufschaltung misst bekannte Störungen und korrigiert diese so, dass sie keinen Einfluss mehr auf das System haben. Diese Herangehensweise leitet aus zukünftigen Informationen über den Prozess Handlungen für die Gegenwart ab.

Y. A.W. Shardt und C. Gatermann, *Automatisierungstechnik,*
https://doi.org/10.1007/978-3-662-72649-5_5

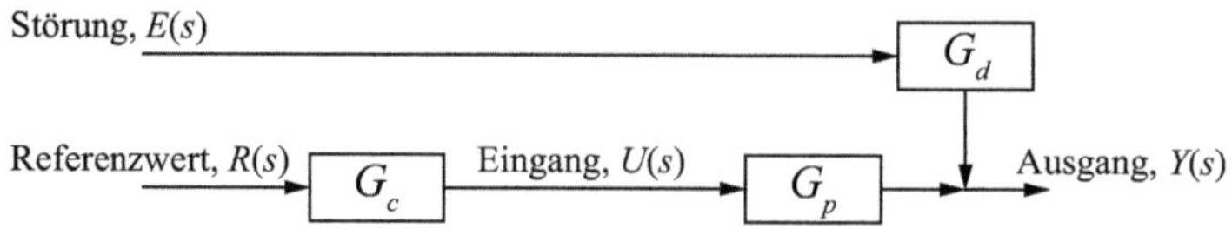

Abb. 5.1　Blockdiagramm Steuerung

4. **Ereignisbasierte Regelung:** Ereignisbasierte Regelung reagiert nur, wenn bestimmte logische Bedingungen erfüllt sind. Sie wird häufig in sicherheitsrelevanten Systemen genutzt, um bspw. einen Alarm oder bestimmte Handlungen auszulösen. Beispielsweise kann so ein Ventil geöffnet werden, wenn der Druck in einem Tank über ein Maximum steigt. Oftmals werden solche Systeme mithilfe von Automaten modelliert.
5. **Überwachende Regelung:** Bei der überwachenden Regelung wird kein Prozess, sondern eine weitere Regelschleife durch die Regelung überwacht. Diese Art der Regelung wird häufig in komplexen Industriesystemen eingesetzt, wo es mehrere Objekte oder Variablen zu überwachen gibt.

5.1　Steuerung und Regelung

Da diese beiden Konzepte oftmals zusammen verwendet werden, ist es sinnvoll, ihre Wirkungsweise zu differenzieren und zu verstehen.

5.1.1　Steuerung

Gegeben sei ein System gemäß Abb. 5.1, wobei $u(t)$ als Eingangsvariable die Ausgangsvariable $y(t)$ beeinflusst. Das angestrebte Verhalten wird durch den Referenzwert bzw. Sollwert $r(t)$ spezifiziert. Der Pfad von $r(t)$ über $u(t)$ nach $y(t)$ heißt offene Kette. Ziel ist es, eine Steuereinrichtung G_c so zu entwerfen, dass sie für eine gegebene Referenztrajektorie eine Folge von Werten für den Eingang $u(t)$ erzeugen kann, sodass der Ausgang $y(t)$ die gewünschten Werte, festgelegt durch $r(t)$, annimmt. Die Störung $e(t)$, die das System beeinflusst, wird meist als weißes, gaußsches Rauschen angenommen. Die Übertragungsfunktion für die Störung ist G_d.

Ist eine Funktion G_p (meist als Strecke bezeichnet) gegeben, die den Eingang $u(t)$ in den Ausgang $y(t)$ überführt, so erlaubt eine Steuereinrichtung, die die Inverse der Strecke als Übertragungsfunktion hat, die Erreichung des Ziels $y(t) = r(t)$. In der Praxis ergeben sich dabei jedoch folgende Schwierigkeiten:

1. **Inverse des Modells nichtrealisierbar:** Aufgrund von Totzeiten oder instabilen Null-stellen des Prozesses, kann es sein, dass die Inverse der Strecke G_p nichtrealisierbar ist.

2. **Modellierungsfehler:** Es ist sehr wahrscheinlich, dass die Modellierung, die G_p zu-grunde liegt, nicht exakt ist. Somit werden der Steuereinrichtung falsche Parameter übergeben, was zu falschen Ergebnissen führt.

3. **Störungen:** In der Realität verhindern Störungen, dass der Ausgang $y(t)$ den durch $r(t)$ vorgegebenen Wert erreicht. Eine Möglichkeit, dieses Problem zu umgehen, ist die Implementierung einer Störgrößenaufschaltung, sodass die Störungen nach ihrer Messung ausgeregelt werden können. Dieser Ansatz löst das Problem jedoch nur, wenn die Störung bekannt, also messbar, ist.

Beispiel 5.1: Heizen eines Hauses – Teil 1: Steuerung

Abb. 5.2 zeigt eine Schemazeichnung für die Temperatursteuerung in einem Haus, wobei die Thermostateinstellung für die Bestimmung der Raumtemperatur ver-wendet wird. Ist die Einstellung des Heizkörpers einmal vollzogen, werden keine weiteren Handlungen ausgelöst, sollten Störungen, wie eine Änderung der Außen-temperatur, mehr Personen im Raum, ein geöffnetes Fenster oder die Sonne, die zu scheinen anfängt, auftreten. Alle genannten Störungen werden die Temperatur im Raum verändern, wobei jedoch keine automatische Anpassung an der Heiz-körpereinstellung erfolgen wird. Von den gezeigten Störungen ist wahrscheinlich die Außentemperaturänderung die mit der gravierendsten Auswirkung. Können wir, wie in Abb. 5.2 gezeigt, eine Messung der Außentemperatur vornehmen, so

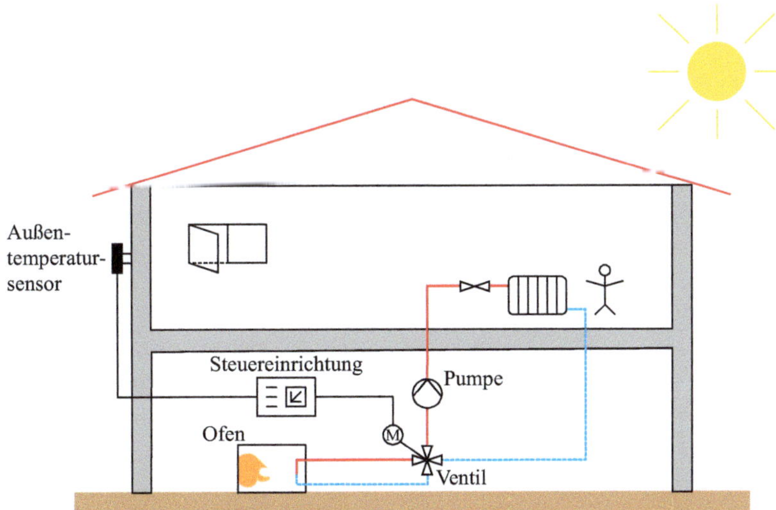

Abb. 5.2   Temperatursteuerung in einem Haus

können wir eine Störgrößenaufschaltung entwerfen, die die durch diese Variable hervorgerufene Störung beseitigt.

5.1.2   Regelung

Bei der Regelung werden Informationen aus dem Prozess dazu verwendet, das Regelgesetz zu aktualisieren. Abb. 5.3 zeigt den geschlossenen Regelkreis, wobei die Differenz zwischen dem Referenzsignal und dem aktuellen Ausgangswert als Eingangssignal für den Regler verwendet wird. Der Regelfehler $\varepsilon(t)$ ist definiert als die Differenz zwischen dem Referenzwert und dem gemessenen Ausgangswert. Dieser Fehler wird nun in den Regler eingespeist. Um zu betonen, dass der Ausgang messbar sein muss, damit Regelung funktioniert, wird die Sensorübertragungsfunktion G_m explizit angegeben. Um die Bedeutung des Aktors gleichermaßen zu betonen, wird die dessen Übertragungsfunktion explizit als G_a inkludiert. In den meisten Fällen kann angenommen werden, dass G_m und G_a einen minimalen Einfluss auf das System haben und diese Übertragungsfunktionen somit weggelassen werden können.

Das Konzept der Regelung bietet im Vergleich zur Steuerung die folgenden Vorteile:

1. **Höhere Genauigkeit,** da unbekannte bzw. nichtmessbare Störungen oder unpräzise Modelle kompensiert werden können.
2. **Stabilität,** da die Regelung in der Lage ist, instabile Prozesse zu stabilisieren.

Bei der Regelung wird jedoch vorausgesetzt, dass die Ausgangsvariablen messbar sind, was zu höheren Kosten führen kann. Zudem kann ein unzureichendes Design des geschlossenen Regelkreises das System destabilisieren.

Beispiel 5.2: Heizen eines Hauses – Teil 2: Regelung
Betrachten Sie dieselbe Situation wie in Beispiel 23, jedoch gemäß Abb. 5.4 modifiziert, sodass die Temperatur im Raum nun gemessen und damit ein angemessener Regler entworfen werden kann. Basierend auf der Raumtemperatur kann der Reg-

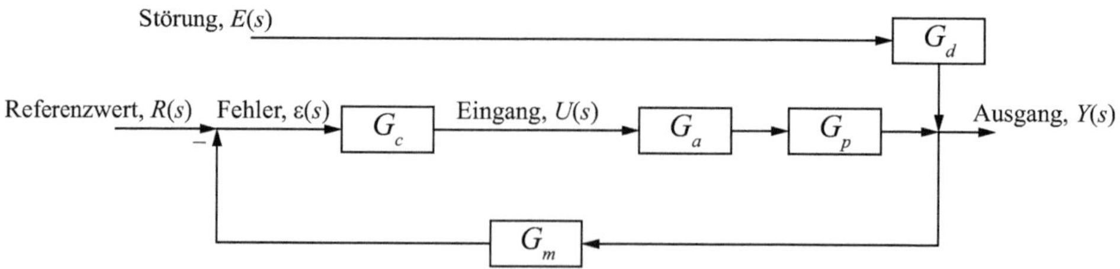

Abb. 5.3 Regelung

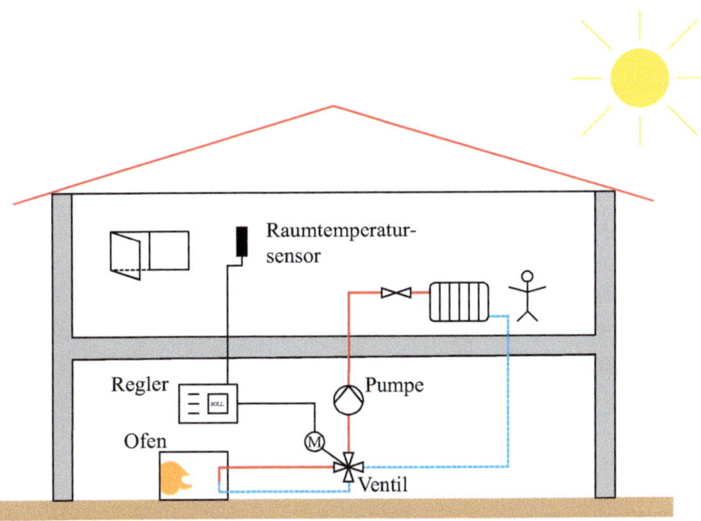

Abb. 5.4 Temperaturregelung in einem Haus

ler das Ventil öffnen und damit den Wärmefluss in den Raum bestimmen. Wird das Ventil weiter geöffnet, bedeutet dies einen erhöhten Wärmefluss in den Raum und damit eine Erhöhung der Temperatur. Andersherum bedeutet das Schließen des Ventils einen verringerten Wärmestrom in den Raum und damit ein Abnehmen der Temperatur.

Weiterhin können andere Störungen auftreten, die nicht einfach messbar sind. Ihr Einfluss kann jedoch durch den Regler verändert werden. Abb. 5.4 zeigt Personen im Raum, ein geöffnetes Fenster und direktes Sonnenlicht. Da diese Faktoren die Raumtemperatur beeinflussen, wird ihr Einfluss durch den Raumtemperatursensor wahrgenommen. Die Messwerte beeinflussen den Regler derart, dass angemessene Veränderungen an der Ventilstellung vorgenommen werden, um die Temperatur auf dem gewünschten Niveau zu halten.

In der Regelungstechnik sollten diese Schlüsselfaktoren und Ideen berücksichtigt werden (Seborg, Edgar, Mellichamp, & Doyle, 2011):

1) Der geschlossene Regelkreis muss **stabil** sein, da das System sonst schlechtere Eigenschaften aufweist als zuvor.
2) Der Einfluss der **Störung** muss minimiert werden.
3) Der Regler sollte schnell und effektiv auf die Änderung von Referenzwerten reagieren, d. h. das **Führungsverhalten des Regelkreises** muss gut sein.

4) Es sollte keine **bleibende Regelabweichung** entstehen, d. h. der Ausgang erreicht den angestrebten Wert.

5) Große **Aktorsignale** sollten vermieden werden.

6) Der Regler sollte **robust** ausgelegt werden, d. h. kleine Abweichungen innerhalb des Prozesses dürfen nicht das gesamte System destabilisieren.

Beim Entwurf der Regelungsstrategie gibt es zwei typische Ansätze:

1) **Zustandsrückführung:** Der Regler ist eine Konstante K und alle Zustände sind zugänglich sowie messbar, d. h. $y_t = x_t$. Das Regelgesetz ergibt sich dann zu $u_t = -Kx_t$.

2) **Proportional-Integral–Differential (PID)-Regler:** Das Regelgesetz für diesen Regler ergibt sich zu

$$U(s) = K_c \left(1 + \frac{1}{\tau_I s} + \tau_D s \right) \varepsilon(s) \tag{5.1}$$

wobei K_c, τ_I und τ_D Konstanten sind, die im Laufe der Auslegung bestimmt werden müssen. Es gibt verschiedene Formen von PID-Reglern, je nach Industriesektor, Ära oder Anwendungsgebiet. Oftmals wird jedoch der D-Anteil vernachlässigt, d. h. es gilt $\tau_D = 0$ und wir erhalten einen PI-Regler.

Neben diesen beiden Ansätzen gibt es noch einige nichtlineare Herangehensweisen, wie bspw. **Weitbereichsregelung** oder den **Ansatz des quadratischen Fehlers,** um die allgemeinen Eigenschaften der Regelung zu verbessern.

5.1.2.1 Zustandsrückführung

Eine Zustandsrückführung kann dann sinnvoll zur Anwendung gebracht werden, wenn es möglich ist, das Verhalten der Zustände zu bestimmen. Ein Regler mit Zustandsrückführung besteht aus zwei Teilen: dem **Beobachter** und dem eigentlichen **Regler.** Der Beobachter nutzt die Ausgänge des Prozesses zur Abschätzung der Zustände, wohingegen der Regler die (geschätzten) Zustände dazu verwendet, den Eingang zu bestimmen. Abb. 5.5 zeigt das Blockdiagramm für eine Zustandsrückführung mit Regler und Beobachter.

Es ist möglich, verschiedene Beobachter zu entwerfen, wobei der jeweilige Ansatz vom Ziel des Entwurfsproblems abhängig ist. Der meistgenutzte Beobachter ist der **Luenberger-Beobachter,** der versucht, den Fehler in den geschätzten und tatsächlichen Zuständen zu minimieren. Für den Luenberger-Beobachter kann geschrieben werden

$$\dot{\hat{\vec{x}}} = \mathcal{A}\hat{\vec{x}} + \mathcal{L}\left(\vec{y} - \hat{\vec{y}}\right) + \mathcal{B}\vec{u}$$
$$\hat{\vec{y}} = \mathcal{C}\hat{\vec{x}} + \mathcal{D}\vec{u} \tag{5.2}$$

wobei $\mathcal{L}$ die **Beobachterverstärkung** ist. $\mathcal{L}$ ist eine Matrix geeigneter Größe und $\hat{\circ}$ beschreibt den Schätzwert der jeweiligen Größe. Umschreiben von Gl. (5.2) ergibt

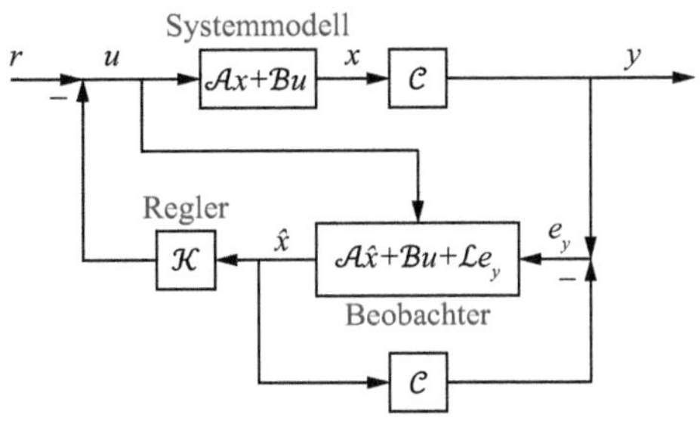

Abb. 5.5 Regler mit Zustandsrückführung

$$\dot{\hat{\vec{x}}} = (\mathcal{A} - \mathcal{L}\mathcal{C})\hat{\vec{x}} + \mathcal{L}\vec{y} + (\mathcal{B} - \mathcal{L}\mathcal{D})\vec{u}$$
$$\hat{\vec{y}} = \mathcal{C}\hat{\vec{x}} + \mathcal{D}\vec{u} \tag{5.3}$$

Definieren wir den Fehler zu

$$\vec{e} = \vec{x} - \hat{\vec{x}} \tag{5.4}$$

und nutzen die Ableitung (bzw. Differenz) dieser Gleichung, so ergibt sich

$$\dot{\vec{e}} = \dot{\vec{x}} - \dot{\hat{\vec{x}}} \tag{5.5}$$

Setzen wir nun die Gl. (3.30) und (5.3) in Gl. (5.5) ein, so erhält man den Ausdruck

$$\dot{\vec{e}} = \mathcal{A}\vec{x} + \mathcal{B}\vec{u} - (\mathcal{A} - \mathcal{L}\mathcal{C})\hat{\vec{x}} - \mathcal{L}(\mathcal{C}\vec{x} + \mathcal{D}\vec{u}) - (\mathcal{B} - \mathcal{L}\mathcal{D})\vec{u}$$
$$= (\mathcal{A} - \mathcal{L}\mathcal{C})\vec{e} \tag{5.6}$$

Aus Gl. (5.6), ist ersichtlich, dass der Term $\mathcal{A} - \mathcal{L}\mathcal{C}$ stabil sein muss, d. h. die Eigenwerte von $\mathcal{A} - \mathcal{L}\mathcal{C}$ stabil[1] sein müssen, damit der Fehler gegen Null geht.

Nun, da die Zustände geschätzt werden können, ist es an der Zeit, einen **Zustandsregler** zu entwerfen. Angenommen, das Regelgesetz kann geschrieben werden als[2]

$$\vec{u} = -\mathcal{K}\hat{\vec{x}} \tag{5.7}$$

Vor der Betrachtung des allgemeinen Falls soll der Fall mit perfekter Informationslage analysiert werden. Hierbei wird angenommen, dass die Beobachtung alle Informationen über die Zustände liefert und dass es deshalb nicht notwendig ist, einen Beobachter zu entwerfen, d. h. $\mathcal{C} = \mathcal{I}$ und $\vec{y} = \vec{x}$. Für diesen Fall kann das grundlegende Zustandsraum-

---

[1] Kontinuierlicher Bereich: Re(λ) < 0; diskreter Bereich: $\|\lambda\|$ < 1.

[2] Oftmals wird der Zustandsschätzer durch den tatsächlichen Wert der Zustandsgröße ersetzt. Das ist sinnvoll, da in vielen Fällen alle Informationen über die Zustände vorliegen, da sie messbar sind.

modell gemäß Gl. (3.30) verwendet werden. Einsetzen von Gl. (5.7) in Gl. (3.30) und Umstellen ergibt

$$\dot{\vec{x}} = \mathcal{A}\vec{x} - \mathcal{B}(\mathcal{K}\vec{x}) = (\mathcal{A} - \mathcal{B}\mathcal{K})\vec{x}$$
$$\vec{y} = \mathcal{C}\vec{x} + \mathcal{D}\vec{u} \tag{5.8}$$

Es ist ersichtlich, dass die Stabilität des geschlossenen Regelkreises von der Lage der Eigenwerte der Matrix $\mathcal{A} - \mathcal{B}\mathcal{K}$ abhängt.

Für den Fall, dass keine vollständigen Informationen über den Prozess vorliegen, müssen zwei Gleichungen berücksichtigt werden: zum einen die Beobachtergleichung und das tatsächliche/wahre Zustandsraummodell. Setzt man das Regelgesetz aus Gl. (5.7) in die Beobachtergleichung (5.3) ein, so erhält man

$$\dot{\hat{x}} = (\mathcal{A} - \mathcal{L}\mathcal{C} - \mathcal{B}\mathcal{K} + \mathcal{L}\mathcal{D}\mathcal{K})\hat{\vec{x}} + \mathcal{L}\vec{y}$$
$$\hat{\vec{y}} = \mathcal{C}\hat{\vec{x}} - \mathcal{D}\mathcal{K}\hat{\vec{x}} \tag{5.9}$$

Die Tatsache, dass sowohl die $\mathcal{L}$- als auch die $\mathcal{K}$ -Matrix in der Gleichung vorkommen, wirft die Frage auf, ob der Regler und der Beobachter gleichzeitig entworfen werden müssen oder ob ein getrennter Entwurf möglich ist.

Das hier vorliegende lineare Zustandsraummodell in Kopplung mit dem linearen Beobachter ist vollständig separierbar (Beobachter und Regler können getrennt entworfen werden) und gewährleistet Stabilität, wenn beide Komponenten stabil sind. Das lässt sich auch zeigen, indem das Regelgesetz umgeschrieben wird zu

$$\vec{u} = -\mathcal{K}(\vec{x} - \vec{e}) \tag{5.10}$$

Mit Gl. (5.8) kann das tatsächliche Zustandsraummodell umgeschrieben werden zu

$$\dot{\vec{x}} = \mathcal{A}\vec{x} - \mathcal{B}\mathcal{K}(\vec{x} - \vec{e}) = (\mathcal{A} - \mathcal{B}\mathcal{K})\vec{x} + \mathcal{B}\mathcal{K}\vec{e} \tag{5.11}$$

Kombinieren wir diese Gleichung mit der Fehlergleichung (5.6), in eine einzige Gleichung, so sehen wir, dass sich das kombinierte System aus Fehlern und Zuständen in Matrix-Vektorschreibweise darstellen lässt als

$$\begin{bmatrix} \dot{\vec{x}} \\ \dot{\vec{e}} \end{bmatrix} = \begin{bmatrix} \mathcal{A} - \mathcal{B}\mathcal{K} & \mathcal{B}\mathcal{K} \\ 0 & \mathcal{A} - \mathcal{L}\mathcal{K} \end{bmatrix} \begin{bmatrix} \vec{x} \\ \vec{e} \end{bmatrix} \tag{5.12}$$

Das kombinierte System hat Dreiecksgestalt, d. h. die Eigenwerte können als Eigenwerte der Hauptdiagonalblöcke, d. h. der Matrizen $\mathcal{A} - \mathcal{B}\mathcal{K}$ und $\mathcal{A} - \mathcal{L}\mathcal{K}$ abgelesen werden. Da die beiden Matrizen nicht miteinander in Verbindung stehen, ist ein getrennter Entwurf mit anschließender Kombination der Ergebnisse möglich. Solange jeder einzelne Entwurf stabil ist, ist auch das Gesamtsystem stabil. Das Vorgehen heißt **Separations-**

ansatz und ist ein wirkungsvolles Mittel für den Entwurf von Systemen mit Zustands-rückführung.

5.1.2.2 PID-Regelung

Eine weitere wichtige Klasse von Reglern ist der PID-Regler, wobei P für den Proportional-, I für den Integral- und D für Differentialanteil steht. Diese Regler können effizient für viele industrielle Prozesse eingesetzt und für die jeweiligen Situationen in einem weiten Feld konfiguriert werden. Die allgemeine Form des PID-Reglers lautet

$$G_c = K_c\left(1 + \frac{1}{\tau_I s} + \tau_D s\right) \tag{5.13}$$

wobei K_c der **Proportionalanteil** oder die **proportionale Reglerverstärkung**, τ_I der **Integralanteil** oder die **Nachstellzeit** und τ_D der **Differenzialanteil** oder die **Vorhaltzeit** ist. Eine weitere, typische Form des PID-Reglers ist gegeben durch

$$G_c = K_c + K_I \frac{1}{s} + K_D s \tag{5.14}$$

wobei K_I die **integrale Verstärkung** und K_D die **differenzierende Verstärkung** ist.

Im industriellen Umfeld sind verschiedene Kombinationen dieses Reglers verbreitet, wie zum Beispiel der häufig verwendete Proportional-Integral (PI)-Regler, wobei $\tau_D = K_D = 0$, d. h. der D-Anteil wird vernachlässigt. Im Folgenden sollen die drei wesentlichen Komponenten P, I und D untersucht, sowie der PID- und der PI-Regler genauer betrachtet werden.

5.1.2.2.1 Proportionalanteil

Der Proportionalanteil K_c hat den größten Einfluss auf das allgemeine Verhalten des Reglers. Er repräsentiert den Anteil des aktuellen Fehlers zur gesamten Aktion des Reglers und kontrolliert somit die zwei wichtigsten Aspekte in der Regelung: Stabilität und Antwortgeschwindigkeit. Je größer der Betrag von K_c ist, desto schneller ist der Regler, doch desto größer ist auch die Neigung zur Instabilität. Ein Regler, der nur einen Proportionalanteil enthält, weist außerdem bei Beaufschlagung des Systems mit einem Sprung eine bleibende Regelabweichung. Wenden wir den Endwertsatz auf die Übertragungsfunktion des geschlossenen Regelkreises für den Referenzwert aus Beispiel 21 an und ignorieren die Aktor- und Sensorübertragungsfunktion, erhalten wir

$$\lim_{s\to 0} \frac{sG_c G_p}{1 + G_c G_p} R_s = \lim_{s\to 0} \frac{sK_c G_p}{1 + K_c G_p} \frac{M_r}{s} = \frac{K_c K_p M_r}{1 + K_c K_p} \tag{5.15}$$

wobei R_s der Referenzwert ist, der einen Sprung der Höhe M_r vorgibt und K_p die Prozessverstärkung beschreibt. Es wird angenommen, dass die Gesamtübertragungsfunktion des geschlossenen Regelkreises stabil ist. Aus Gl. (5.15) ist leicht ersichtlich, dass der stationäre Endwert dieser Übertragungsfunktion nicht M_r ist. Der stationäre

Endwert entspricht also nicht dem Referenzwert, deshalb werden reine P-Regler nicht so häufig verwendet.

Beispiel 5.3: Untersuchung des Proportionalanteils auf Stabilität und dynamisches Verhalten

Betrachten Sie das folgende System erster Ordnung

$$G_p = \frac{1.5}{20s + 1} e^{-10s} \tag{5.16}$$

welches mithilfe eines P-Reglers der Form $G_c = K_c$ geregelt wird. Die Untersuchung soll für $K_c = -0{,}25;\ 0;\ 0{,}5;\ 1$ und 2 erfolgen. Zeigen Sie, wie sich die Sprungantwort des geschlossenen Regelkreises ändert, wenn ein Sprung mit Amplitude 2 als Referenzwert gegeben wird.

Lösung:

Abb. 5.6 zeigt die Ergebnisse bei Veränderung von K_c. Ersichtlich ist, dass für keinen der betrachteten Fälle der Referenzwert erreicht wird, d. h. in allen Fällen gibt es eine bleibende Regelabweichung. Für $K_c = 0$ bleibt der Prozess auf null, da keine Regelung implementiert wird. Für steigende Werte von K_c steigt der Betrag der Amplitude des Schwingens genauso wie die Zeit, bis der stationäre Endwert erreicht wird. Bei weiterer Erhöhung von K_c wird der Prozess instabil. Gleichermaßen ist der Prozess für $K_c < 0$ stabil, wobei auch hier eine Erhöhung des Werts schnell zu einem instabilen System führt.

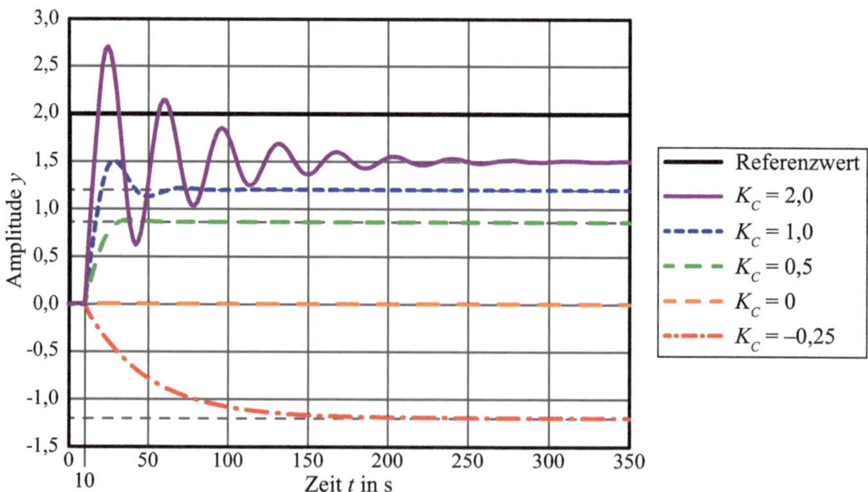

Abb. 5.6 Effekt bei Variation von K_c für einen P-Regler

5.1.2.2.2 Integralanteil

Der Integralanteil τ_I sorgt für zusätzliche Stabilität sowie die Entfernung von allen bleibenden Abweichungen im System. Er repräsentiert die Wirkung von Fehlern aus der Vergangenheit auf die aktuellen Maßnahmen des Reglers. Wird im Allgemeinen der Integralanteil mit einem Proportionalanteil kombiniert, ergibt sich ein PI-Regler. Ein Regler, der nur aus einem Integralanteil besteht, hat keine bleibende Regelabweichung, d. h. für die Sprungantwort gilt

$$\lim_{s \to 0} \frac{sG_cG_p}{1+G_cG_p}R_s = \lim_{s \to 0} \frac{s\frac{1}{\tau_I s}G_p}{1+\frac{1}{\tau_I s}G_p}\frac{M_r}{s} = \lim_{s \to 0} \frac{M_rG_p}{\tau_I s+G_p} = M_r \qquad (5.17)$$

wobei R_s der Referenzwert ist, der einen Sprung der Höhe M_r vorgibt. Nehmen wir an, dass die Gesamtübertragungsfunktion des geschlossenen Regelkreises stabil ist. Aus Gl. (5.17) sehen wir, dass die Verstärkung des geschlossenen Regelkreises gleich dem Sprung im Referenzwert ist. Das bedeutet, dass es keine bleibende Regelabweichung gibt.

Da der Integralanteil Effekte des Fehlers aus der Vergangenheit auf den aktuellen Regelzustand beschreibt, kann es in einer realen Implementierung zu sog. **Integratoraufwicklung** (oder Wind-Up) kommen. Dieser Effekt tritt dann auf, wenn der Ausgang des Reglers über der physikalischen Grenze des Aktors liegt. Da der Regler keine Informationen über die physikalischen Grenzen des Aktors hat, wird er das Stellsignal immer weiter erhöhen, da der rückgemeldete Fehler immer weiter steigt. Durch diese Maßnahme wird der Wert des Integralanteils sehr groß. Sollte der Fall eintreten, dass der Wert reduziert werden muss, so muss dies vom großen, physikalisch nicht möglichen Wert aus geschehen, was eine gewisse Zeit in Anspruch nimmt. Die Totzeit zwischen dem Zeitpunkt, ab dem der Aktor theoretisch reagieren soll und der tatsächlichen Reaktion heißt Integratoraufwicklung. Dieser Effekt wird in Abb. 5.7 gezeigt, wobei erkennbar ist, dass bei einer Veränderung des Referenzwerts bei 100 min der Prozess erst nach weiteren 20 min mit einer Veränderung reagiert, da der wahre Wert des Aktors an seiner oberen Grenze in Sättigung bleibt. Integratoraufwicklung kann vermieden werden, indem die physikalischen Grenzen des Aktors an den Regler übergeben werden. So werden Werte größer als die physikalisch möglichen auf die physikalischen Grenzen gesetzt.

Beispiel 5.4: Untersuchung des Integralanteils auf Stabilität und dynamisches Verhalten
Betrachten Sie das folgende System erster Ordnung

$$G_p = \frac{1,5}{20s+1}e^{-10s}, \qquad (5.18)$$

welches mit einem Integralregler $G_c = 1/\tau_I s$ geregelt wird. Zeigen Sie für eine Veränderung von τ_I im Bereich von 20 bis 100 mit einer Schrittweite von 10, wie

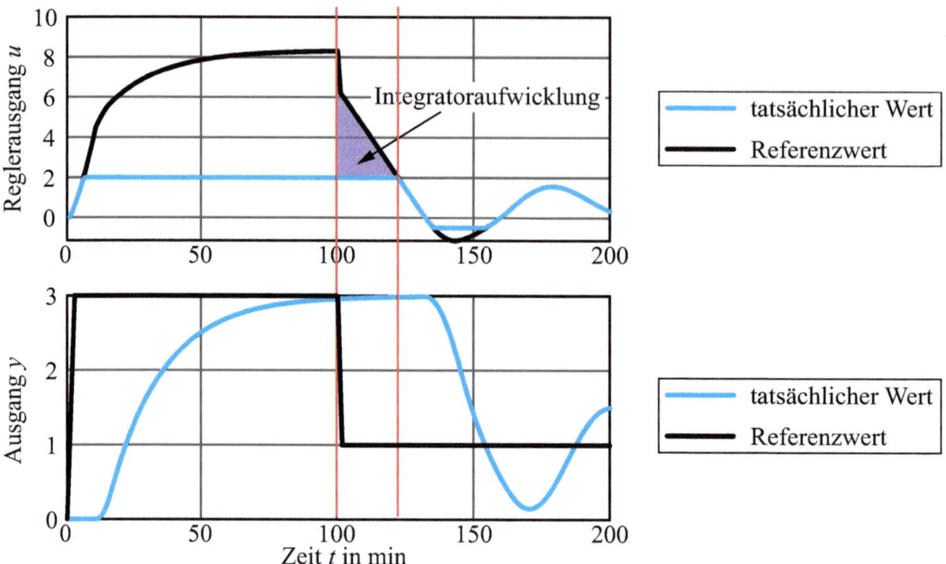

Abb. 5.7   Integratoraufwicklung

sich die Sprungantwort des geschlossenen Regelkreises auf einen Sprung der Amplitude 2 ändert.

Lösung:

Abb. 5.8 zeigt die Ergebnisse. Es ist ersichtlich, dass für größer werdende τ_I der Effekt auf das System abnimmt. Beachten Sie, dass das System ohne Regelung stabil ist, d. h. es erreicht den gewünschten Referenzwert. Weiterhin hat das der geschlossene Regelkreis, im Gegensatz zu einem rein mit P-Regler geregelten System, keine Abweichung vom Referenzwert.

5.1.2.2.3 Differenzialanteil

Der Differenzialanteil τ_D trägt auch zur Stabilisierung des Systems bei. Im Gegensatz zum Integralanteil stellt er jedoch den Einfluss zukünftiger (geschätzter) Fehlerwerte auf das Reglerverhalten dar. Der Differenzialanteil wird meist mit einem Proportional- und einem Integralanteil kombiniert, da ein reiner D-Regler bei einem Sprung am Eingang nicht in der Lage ist, einem Referenzwert zu folgen:

$$\lim_{s \to 0} \frac{sG_cG_p}{1 + G_cG_p}R_s = \lim_{s \to 0} \frac{s\tau_DsG_p}{1 + \tau_DsG_p}\frac{M_r}{s} = \lim_{s \to 0} \frac{sM_rG_p}{1 + \tau_DsG_p} = 0 \qquad (5.19)$$

wobei R_s der Referenzwert ist, der einen Sprung der Höhe M_r vorgibt. Nehmen wir an, dass die Gesamtübertragungsfunktion des geschlossenen Regelkreises stabil ist. Aus

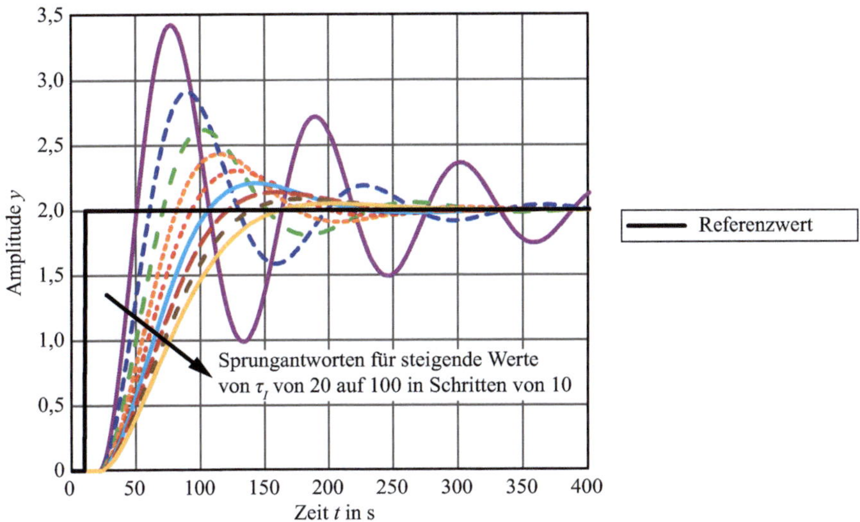

Abb. 5.8 Effekt der Änderung von τ_I für einen I-Regler

Gl. (5.19) sehen wir, das System unabhängig vom Referenzwert zu null zurückkehren wird, d. h. der Differenzialanteil kann dem Referenzwert nicht folgen. Deshalb ist die Hauptaufgabe des Differenzialanteils die Beeinflussung des Störverhaltens, um die Störung zu null auszuregeln.

Der Differenzialanteil, wie dargestellt, kann physikalisch nicht realisiert werden, da der Zähler größer ist als der Nenner. Um dieses Problem zu umgehen, wird der Differenzialanteil wie folgt umgeschrieben:

$$G_{c,real} = \tau_D \frac{N}{\left(1 + \frac{N}{s}\right)} \tag{5.20}$$

wobei N ein noch zu wählender Filterparameter ist. Für den Fall $N \to \infty$ ergibt sich die originäre Darstellung.

Die Nutzung eines Differenzialanteils fügt zwei potenzielle Probleme in die Regelungsstrategie ein: **Jitter** und **Ableitungssprünge**. Jitter bedeutet, dass das Fehlersignal stark um einen Mittelwert schwankt und somit bewirkt, dass der zukünftige (geschätzte) Fehler auch stark schwankt. Dies wiederum kann zu Schwankungen des Ausgangs des Reglers führen, die wiederum den Aktor negativ beeinflussen. Ein typisches Beispiel für Jitter zeigt Abb. 5.9. Zur Vermeidung des Jitters wird ein Tiefpassfilter auf das Fehlersignal angewendet, der die hochfrequenten Anteile des Rauschens unterdrückt, bevor es zur Berechnung des Differenzialanteils verwendet wird.

Ableitungssprünge treten immer dann auf, wenn sich das Referenzsignal plötzlich ändert, wie es z. B. beim Einheitssprung der Fall ist. Die Ableitung an der Sprungstelle geht gegen Unendlich. Abb. 5.10 zeigt das typische Verhalten bei einem Ableitungs-

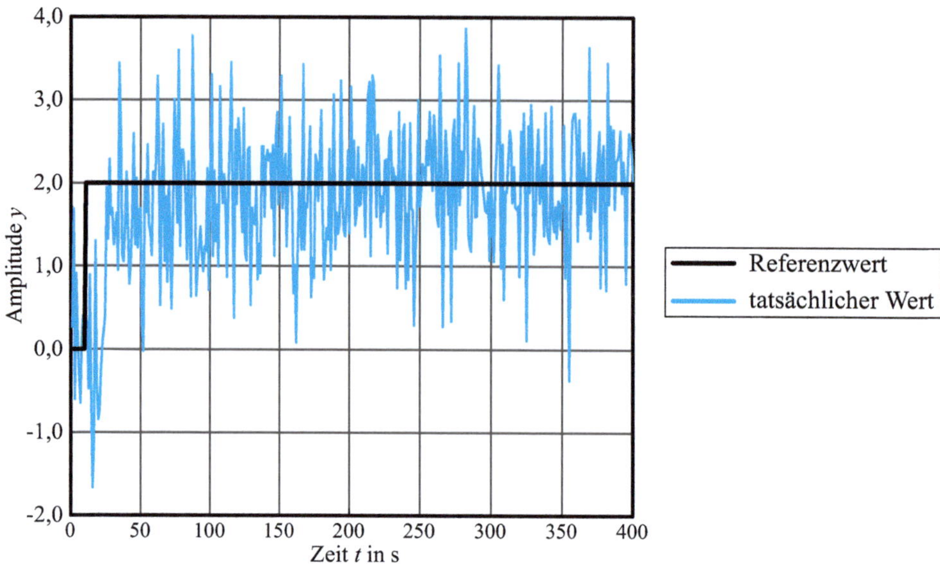

Abb. 5.9   Jitter bei Verwendung eines Differenzialanteils

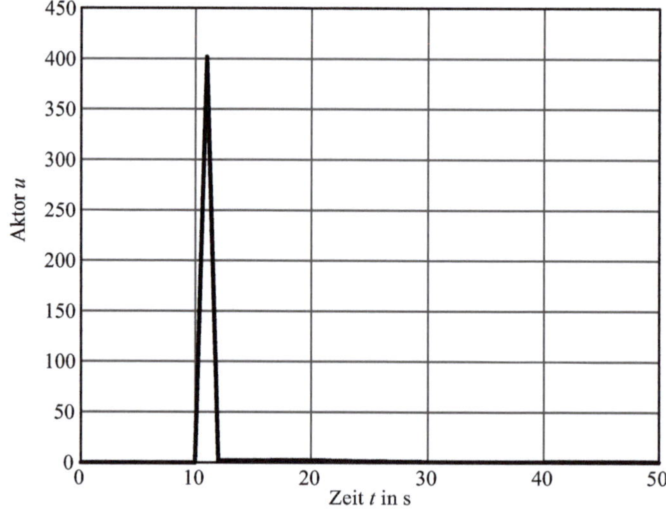

Abb. 5.10   Ableitungssprung

sprung. Ändert sich der Referenzwert beispielsweise bei 10 s, gibt es im zugehörigen Signal des Aktors einen entsprechenden Ausschlag. In praktischen Anwendungen ist der Einfluss der Unstetigkeit in der Abweichung, bedingt durch Sättigungseffekte im Aktor, geringer als hier gezeigt. Trotz allem ist er vorhanden. Unstetigkeiten in der Ableitung können vermieden werden, wenn anstelle der Änderung im Fehler nur die Änderungen des Ausgangssignals betrachtet werden, d. h.

$$u_t = -\tau_D s y_t \tag{5.21}$$

Da der Differenzialanteil hauptsächlich das Störverhalten beeinflusst, also $y_t \approx 0$ erzwingt, genutzt werden soll, ist dieser Ansatz valide.

> **Beispiel 5.5: Untersuchung des Differenzialanteils auf Stabilität und dynamisches Verhalten**
>
> Betrachten Sie das folgende System erster Ordnung
>
> $$G_P = \frac{1,5}{20s + 1} e^{-10s} \tag{5.22}$$
>
> welches mit einem Regler mit Differenzialanteil $G_c = \tau_D s$ geregelt wird. Zeigen Sie, wie sich die Antwort des geschlossenen Regelkreises bei Veränderung von τ_D im Bereich von 1 bis 11 mit einer Schrittweite von 2 bei einer Störung durch weißes Rauschen der Amplitude 0,05 ändert.
>
> **Lösung:**
>
> Abb. 5.11 zeigt das Ergebnis. Es ist ersichtlich, dass bei steigender Amplitude des Differenzialanteils auch die Amplitude der Antwort ansteigt. Dies impliziert, dass der Differenzialanteil nur die Amplitude der Antwort des geschlossenen Regelkreises beeinflusst.

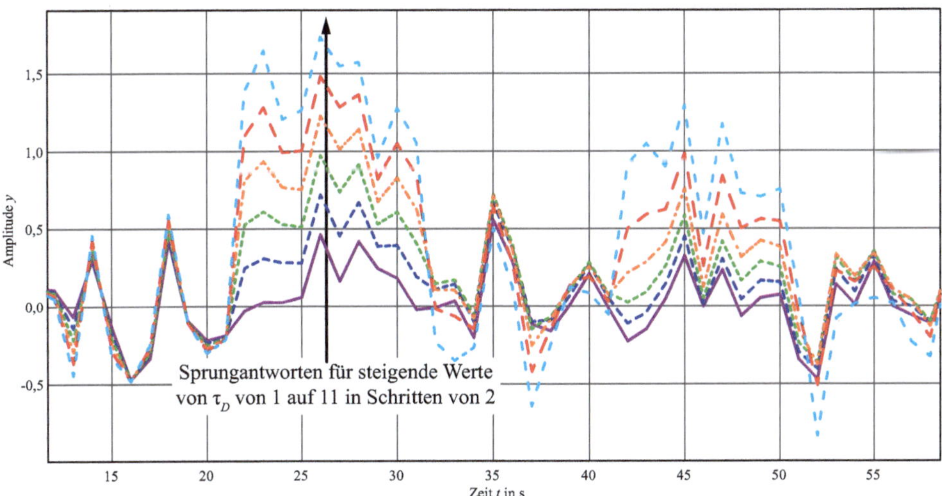

Abb. 5.11 Effekt bei Veränderung von τ_D für einen D-Regler

5.1.2.2.4 PI-Regler

Der PI-Regler ist einer der am häufigsten in der Industrie eingesetzten Regler. Er vereint den Proportionalanteil und den Integralanteil zu

$$G_c = K_c \left(1 + \frac{1}{\tau_I s} \right) \tag{5.23}$$

Das Verhalten des PI-Reglers ist identisch zu dem seiner Komponenten, d. h. der Proportionalanteil sorgt für die allgemeine Stabilität und Leistungsfähigkeit, wohingegen der Integralanteil die Ausregelung von bleibenden Regelabweichungen bewirkt. Dieser Regler bezieht sich nur auf die vergangenen und aktuellen Informationen im Prozess und wie diese die Regelung beeinflussen.

PI-Regelung wird sowohl aufgrund ihres Stör- und Führungsverhaltens häufig verwendet. Typische Anwendungsbereiche sind Regelungen von Temperaturen, Durchflüssen oder Füllständen. Große Totzeiten oder hochgradig nichtlineare Systeme können die Effizienz des PI-Reglers reduzieren.

5.1.2.2.5 PID-Regler

Ein PID-Regler kann nach den bereits beschriebenen Methoden für seine drei Anteile angepasst werden. Solch ein Regler bezieht alle Prozessparameter bei der Voraussage und Berechnung der zukünftigen Trajektorie mit ein. Er wird oft in großen, komplexen Systemen eingesetzt, bei denen der zusätzliche Freiheitsgrad für die Stabilisierung genutzt werden soll. Systeme, deren Ausgang oder Referenzwert starken Schwankungen bzw. Rauschen unterworfen ist, müssen vor Verwendung eines PID-Reglers gefiltert werden, um unerwünschte Effekte zu vermeiden.

5.1.2.2.6 Diskretisierung eines PID-Reglers

Da viele Regelalgorithmen in Computern implementiert werden, ist es oftmals hilfreich, den PID-Regler in seiner diskreten Form darzustellen. Zur Diskretisierung des PID-Reglers wird $s = 1 - z^{-1}$ in Gl. (5.13) eingesetzt:

$$u_k = K_c \left(1 + \frac{1}{\tau_I \left(1 - z^{-1} \right)} + \tau_D \left(1 - z^{-1} \right) \right) \varepsilon_k \tag{5.24}$$

Umsortieren von Gl. (5.24) ergibt

$$u_k = \frac{K_c}{\left(1 - z^{-1} \right)} \left(\left(1 - z^{-1} \right) + \frac{1}{\tau_I} + \tau_D \left(1 - z^{-1} \right)^2 \right) \varepsilon_k \tag{5.25}$$

Gl. (5.25) wird oft als **Positionsform** des PID-Reglers bezeichnet. Umsortieren von Gl. (5.25) in

$$\left(1 - z^{-1} \right) u_k = \Delta u_k = K_c \left(\left(1 - z^{-1} \right) + \frac{1}{\tau_I} + \tau_D \left(1 - z^{-1} \right)^2 \right) \varepsilon_k \tag{5.26}$$

Abb. 5.12 Arbeitsfluss
Reglerentwurf

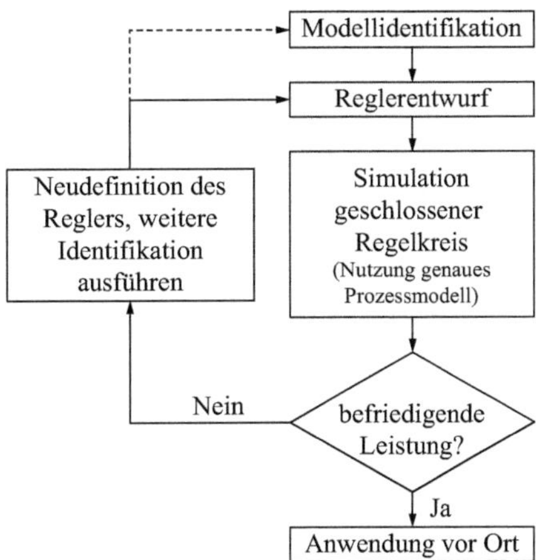

ergibt eine weitere oft genutzte PID-Gleichung, die sogenannte **Geschwindigkeitsform** des diskretisierten PID-Reglers. In industriellen Anwendungen ist es möglich, beide Formen anzutreffen. Obwohl die Formen keinen Einfluss auf den Reglerentwurf haben, werden sie Einfluss auf das Verständnis der erhaltenen Parameter haben.

5.1.2.3 Reglerentwurf

Wir kennen nun einige Reglertypen, die eingesetzt werden können und haben den Einfluss von einigen Parametern auf das gesamte Regelsystem eingeführt. Die verbleibende Frage ist, wie wir eine vorgegebene Menge an Leistungskriterien (z. B. die bereits genannten Regelziele) und die verschiedenen Reglerparameter korrelieren. Ein einfacher Ansatz ist die Nutzung von Simulationsprogrammen zur Bestimmung der Reglerparameter über ein Versuch-und-Irrtum-Verfahren. Wir können uns leicht vorstellen, dass dieses Verfahren sehr lange dauern kann und gleichzeitig nicht zwingend die optimalen Parameter liefert. Stattdessen wurden verschiedene Korrelationen und Ansätze definiert, die eine Spezifizierung der Leistung eines Reglers ermöglichen. In diesem Abschnitt beschäftigen wir uns mit dem Entwurf von Zustands- und PID Reglern. Unabhängig vom gewählten Ansatz müssen wir das resultierende Regelungssystem simulieren, um Probleme mit der Leistungsfähigkeit auszuschließen. Für bestimmte Anwendungen gibt es spezifische Entwurfsregeln, die für das konkrete Problem eine optimale Leistung aufweisen. So werden beispielsweise Pegelregler mithilfe von speziellen Regeln angepasst, die versuchen große Abweichungen vom Referenzwert zu minimieren.

Den allgemeinen Ansatz zum Reglerentwurf fasst Abb. 5.12 zusammen. Bevor wir mit dem Entwurf beginnen, ist es notwendig, den zu betrachtenden Prozess zu verstehen bzw. zu modellieren, die Leistungskriterien klar zu spezifizieren und die gewünschte Regelstrategie zu kennen. Der erste Schritt ist die Bestimmung der initialen Regelparameter, gefolgt von einer Simulation (oder direkten Implementierung, wenn das System wiederholten Störungen standhält). Basierend auf dem Test und einem Vergleich mit der gewünschten Leistung, können neue Reglerparameter abgeleitet und Tests durchgeführt werden. Diese Schritte werden so lange wiederholt, bis die gewünschten Kriterien erfüllt sind oder die verfügbare Zeit verstrichen ist. An diesem Punkt kann es vorkommen, dass das Prozessverständnis für unzureichend empfunden wird und weitere/neue Informationen gesucht werden müssen. Ist der Reglerentwurf während der ersten Tests nicht im realen System implementiert worden, ist es notwendig diesen Prozess noch einmal im tatsächlichen System zu wiederholen. Oftmals lässt sich feststellen, dass die Leistung nicht den Vorstellungen entspricht. Dies ist auf Abweichungen zwischen simuliertem und realem System zurückzuführen. Durch die Einhaltung der vorgeschlagenen Entwurfsschritte lässt sich das Risiko für eine solche Situation jedoch minimieren.

5.1.2.3.1 Entwurf eines Zustandsreglers

Ein Zustandsregler wird häufig mithilfe von Polvorgabe entworfen. Diese beinhaltet die Auswahl der gewünschten Polstellen der Übertragungsfunktion des Reglers und den Entwurf eines Reglers, der diese Polstellen aufweist.

Bei der Vorgabe der Polstellen oder Eigenwerte der Übertragungsfunktion des Reglers müssen beim Zustandsraum-Ansatz sowohl die Polstellen des Reglers als auch des Beobachters vorgegeben werden. Eine allgemeine Faustregel ist, dass die Polstellen des Beobachters etwa zehn- bis zwanzigmal schneller sein sollten als die des Reglers. Polvorgabe kann mithilfe von zwei verschiedenen Ansätzen erfolgen: über das **charakteristische Polynom** oder mithilfe der **Ackermann-Formel**. Die Ansätze sind dabei für kontinuierliche und diskrete Regler geeignet. Für Systeme mit mehreren Eingängen ist der berechnete Wert von $\mathcal{K}$ nicht notwendigerweise eindeutig.

Das allgemeine Problem kann wie folgt formuliert werden: bestimme die Verstärkung des Zustandsreglers $\mathcal{K}$ für die gewünschten Eigenwerte $\{\lambda_1, \lambda_2, \ldots, \lambda_n\}$ und das System $\mathcal{A}, \mathcal{B}, \mathcal{C}$. Für den Ansatz über das charakteristische Polynom sind dabei folgende Schritte durchzuführen:

1) Berechnen Sie $\bar{\Delta}(s) = \prod_{i=1}^{n} (s - \lambda_i) = s^n + \alpha'_1 s^{n-1} + \cdots + \alpha'_{n-1} s + \alpha'_n$!

2) Berechnen Sie $\Delta(s) = s^n + \alpha_1 s^{n-1} + \cdots + \alpha_{n-1} s + \alpha_n$, das charakteristische Polynom von $\mathcal{A}$!

3) Berechnen Sie $\bar{\mathcal{A}} = \begin{bmatrix} -\alpha'_1 & \cdots & -\alpha'_{n-1} & -\alpha'_n \\ 1 & & 0 & 0 \\ 0 & \ddots & 0 & 0 \\ 0 & 0 & 1 & 0 \end{bmatrix}$, $\bar{\mathcal{B}} = \begin{bmatrix} 1 \\ 0 \\ 0 \\ 0 \end{bmatrix}$!

4) Berechnen Sie $\bar{\mathcal{C}} = \begin{bmatrix} \mathcal{B} & \mathcal{A}\mathcal{B} & \cdots & \mathcal{A}^{n-1}\mathcal{B} \end{bmatrix}$ und $\bar{\mathcal{C}}' = \begin{bmatrix} \bar{\mathcal{B}} & \bar{\mathcal{A}}\bar{\mathcal{B}} & \cdots & \bar{\mathcal{A}}^{n-1}\bar{\mathcal{B}} \end{bmatrix}$!

5) $\mathcal{K} = \begin{bmatrix} \alpha'_1 - \alpha_1 & \cdots & \alpha'_n - \alpha_n \end{bmatrix} \bar{\mathcal{C}}' \bar{\mathcal{C}}^{-1}$.

Die Ackermann-Formel nutzt die folgenden Schritte zur Platzierung der Polstellen:

1) Berechnen Sie $\bar{\Delta}(s) = \prod_{i=1}^{n}(s - \lambda_i) = s^n + \alpha'_1 s^{n-1} + \cdots + \alpha'_{n-1}s + \alpha'_n$!

2) Berechnen Sie $\Delta(s) = s^n + \alpha_1 s^{n-1} + \cdots + \alpha_{n-1}s + \alpha_n$, das charakteristische Polynom von $\mathcal{A}$!

3) Berechnen Sie $\bar{\mathcal{A}} = \begin{bmatrix} -\alpha'_1 & \cdots & -\alpha'_{n-1} & -\alpha'_n \\ 1 & & 0 & 0 \\ 0 & \ddots & 0 & 0 \\ 0 & 0 & 1 & 0 \end{bmatrix}, \quad \bar{\mathcal{B}} = \begin{bmatrix} 1 \\ 0 \\ 0 \\ 0 \end{bmatrix}$!

4) Berechnen Sie $\bar{\mathcal{C}} = \begin{bmatrix} \mathcal{B} & \mathcal{AB} & \cdots & \mathcal{A}^{n-1}\mathcal{B} \end{bmatrix}$ und $\bar{\mathcal{C}}' = \begin{bmatrix} \bar{\mathcal{B}} & \bar{\mathcal{A}}\bar{\mathcal{B}} & \cdots & \bar{\mathcal{A}}^{n-1}\bar{\mathcal{B}} \end{bmatrix}$!

5) $\mathcal{K} = \begin{bmatrix} 0 \cdots 0 & 1 \end{bmatrix}_{1 \times n} \bar{\mathcal{C}}^{-1}\bar{\Delta}(\mathcal{A})$.

Es ist auch möglich, den Beobachter mithilfe der Ackermann-Formel zu entwerfen:

$$\mathcal{L} = \bar{\Delta}(\mathcal{A})\mathcal{O}^{-1}\begin{bmatrix} 0 & \cdots & 0 & 1 \end{bmatrix}^T_{1 \times n} \tag{5.27}$$

Beim Reglerentwurf mit Polvorgabe sind folgende Punkte zu beachten:

1) Der Betrag von $\mathcal{K}$ definiert den Aufwand, um den Prozess zu regeln. Je weiter die gewünschten Polstellen von den tatsächlichen Polstellen des Systems entfernt sind, desto größer ist die Reglerverstärkung $\mathcal{K}$.
2) Für Systeme mit mehreren Eingängen ist $\mathcal{K}$ nicht eindeutig.
3) $(\mathcal{A}, \mathcal{B})$ und $(\mathcal{A} - \mathcal{BK}, \mathcal{B})$ sind steuerbar. Durch Pol-Nullstellen-Kürzung kann das resultierende System nicht beobachtbar sein.
4) Diskrete Systeme können in sinngemäßer Anwendung auf dieselbe Weise geregelt werden.

5.1.2.3.2 Entwurf eines PID-Reglers

Beim Entwurf eines PID-Reglers gibt es viele verschiedene Ansätze zur Bestimmung der initialen Reglerparameter. In der praktischen Anwendung werden die Parameter zuerst grob gewählt und dann einer Feinabstimmung für den Betrieb unterzogen. Hierbei haben sich zwei wesentliche Ansätze im Bereich des Reglerentwurfs herausgestellt: **modellbasiert** und **strukturbasiert.**

Beim modellbasierten Reglerentwurf wird ein Modell des Systems vorausgesetzt und das Verhalten des geschlossenen Regelkreises spezifiziert. Mithilfe dieser Informationen kann die resultierende Form der Regler-Übertragungsfunktion bestimmt werden. Durch Vergleich der so ermittelten Übertragungsfunktion mit der Standarddarstellung des PID-Reglers können mathematische Zusammenhänge für die Konstanten ermittelt werden. Der bekannteste Ansatz auf Basis eines Modells ist der Rahmen zur Regelung mit einem internen Modell (IMC). Der Hauptvorteil dieses Ansatzes ist, dass er dem Entwickler erlaubt, das gewünschte Verhalten des geschlossenen Regelkreises zu spezifizieren, wohingegen der Nachteil ist, dass für diesen Ansatz ein ziemlich genaues Modell des Prozesses benötigt wird. Die Spezifikation der Übertragungsfunktion des geschlossenen Regelkreises erlaubt es, durch Verändern der Geschwindigkeit des Systems (Zeitkonstanten) die Robustheit zu steigern. Je schneller das System auf Änderungen reagiert, desto weniger robust ist der resultierende geschlossene Regelkreis. In vielen Fällen liefern die vereinfachten IMC-Regeln (SIMC) für Industrieprozesse bessere Reglerleistungen. Die SIMC-Regeln berücksichtigen zusätzliche Faktoren wie Störungen im Eingang oder schnellere Antworten für Systeme mit großen Zeitkonstanten. Die SIMC-Regeln benötigen PI-Regler für Systeme erster Ordnung und PID-Regler für Systeme zweiter Ordnung.

Beim strukturbasierten Reglerentwurf werden die Struktur (oder der Typ) des Reglers, die Ziele (z. B. Anpassung Stör- oder Führungsverhalten) sowie die Metrik für die Bewertung guter Regelung spezifiziert. Die Minimierung dieser Metrik erlaubt die Bestimmung der Parameter des Reglers. Für die meistgenutzte strukturbasierte Auslegung wird die integrierte zeitgemittelte Fehler-Metrik (ITAE-Metrik) verwendet. Die Verwendung dieser Metrik bestraft persistente Fehler (kleine Fehler, die über langen Zeitraum anliegen) und erlaubt einen eher konservativen Ansatz zur Regelung. Vorteilhaft an dieser Methode ist, dass kein Modell des Systems vorliegen muss, nachteilig ist, dass der Entwickler keinen Einfluss auf die Antwort des geschlossenen Regelkreises hat und dass das System nicht robust gegenüber Veränderungen im Prozess ist.

Tab. 5.1 und Tab. 5.2 zeigen Methoden zum Reglerentwurf für PT_1-Glieder. Tab. 5.3 zeigt die SIMC-Entwurfsmethode für eine Übertragungsfunktion zweiter Ordnung (PT_2-Glied). Der verwendete PID-Regler ist dabei in seiner reihenstrukturierten Form dargestellt:

$$G_c = \tilde{K}_c \left(1 + \frac{1}{\tilde{\tau}_I s} \right) (1 + \tilde{\tau}_D s) \tag{5.28}$$

Die Reglerparameter mit Tilde ($\tilde{\circ}$) haben dabei dieselbe Bedeutung wie die Parameter ohne Tilde.

Tab. 5.1 PI-Reglerparameter für PT_1-Glieder mit Totzeit

Methode zum Reglerentwurf		K_c	τ_I
Strukturbasiert	ITAE (Führungsverhalten)	$\frac{0{,}586}{K} \left(\frac{\theta}{\tau} \right)^{-0{,}916}$	$\frac{\tau}{1{,}03 - 0{,}165 \left(\frac{\theta}{\tau} \right)}$
	ITAE (Störverhalten)	$\frac{0{,}859}{K} \left(\frac{\theta}{\tau} \right)^{-0{,}977}$	$\frac{\tau}{0{,}674} \left(\frac{\theta}{\tau} \right)^{0{,}680}$
Modellbasiert	SIMC (τ_c so gewählt, dass $\tau_c > 0{,}8\theta$ und $\tau_c > 0.1\tau$)	$\frac{1}{K} \left(\frac{\tau}{\theta + \tau_c} \right)$	$\min(\tau, 4(\tau_c + \theta))$

Tab. 5.2 PID-Reglerparameter für PT_1-Glieder mit Totzeit

Methode zum Reglerentwurf		K_c	τ_I	τ_D
Strukturbasiert	ITAE (Führungsverhalten)	$\frac{0{,}965}{K}\left(\frac{\theta}{\tau}\right)^{-0{,}85}$	$\frac{\tau}{0{,}796-0{,}147\left(\frac{\theta}{\tau}\right)}$	$0{,}308\tau\left(\frac{\theta}{\tau}\right)^{0{,}929}$
	ITAE (Störverhalten)	$\frac{1{,}357}{K}\cdot\left(\frac{\theta}{\tau}\right)^{-0{,}947}$	$\frac{\tau}{0{,}842}\left(\frac{\theta}{\tau}\right)^{0{,}738}$	$0{,}381\tau\left(\frac{\theta}{\tau}\right)^{0{,}995}$
Modellbasiert	IMC (τ_c so gewählt, dass $\tau_c > 0{,}8\theta$ und $\tau_c > 0.1\tau$)	$\frac{1}{K}\left(\frac{2\frac{\tau}{\theta}+1}{2\frac{\tau_C}{\theta}+1}\right)$	$\frac{\theta}{2}+\tau$	$\frac{\tau}{2\left(\frac{\tau}{\theta}\right)+1}$

Tab. 5.3 PID-Reglerparameter für PT_2-Glieder mit Totzeit

Methode zum Reglerentwurf		$\tilde{K}_c$	$\tilde{\tau}_I$	$\tilde{\tau}_D$
Modellbasiert	$G_p = \dfrac{K}{(\tau_1 s + 1)(\tau_2 s + 1)}e^{-\theta s}$ mit $\tau_1 > \tau_2$	$\frac{1}{K}\left(\frac{\tau_1}{\theta+\tau_c}\right)$	$\min(\tau_1,\, 4(\theta + \tau_c))$	τ_2

Beispiel 5.6: Entwurf eines PI-Reglers

Betrachten Sie das folgende System erster Ordnung

$$G_p = \frac{1,5}{20s + 1}e^{-10s} \tag{5.29}$$

Bestimmen Sie die Reglerparameter für einen PI-Regler, mithilfe der SIMC-Methode.

Lösung:

$$\text{Verstärkung}: K = 1{,}5$$
$$\text{Zeitkonstante}: \tau = 20$$
$$\text{Totzeit}: \theta = 10$$

Für die SIMC Methode ist es notwendig auch τ_c, was die Zeitkonstante des geschlossenen Regelkreises darstellt, zu spezifizieren. Je kleiner ihr Wert, desto schneller ist die Antwort des Systems, doch desto weniger robust ist das Gesamtsystem. Die Beschränkungen, die bei dieser Methode gegeben sind, beinhalten, dass $\tau_c > 0{,}8\theta = 8$ und $\tau_c > 0{,}1\tau = 2$. Für dieses Beispiel wird der Wert von τ_c auf 10 gesetzt, womit er beide Beschränkungen erfüllt.

Somit können die Reglerparameter mithilfe von Tab. 5.1 bestimmt werden:

$$K_c = \frac{1}{K}\frac{\tau}{\theta + \tau_c} = \frac{1}{1,5}\left(\frac{20}{10 + 10}\right) = \frac{2}{3} \tag{5.30}$$

$$\tau_I = \min\left(\tau, 4(\tau_c + \theta)\right) = \min\left(20, 4(10 + 10)\right) = 20 \tag{5.31}$$

Das resultierende Verhalten des geschlossenen Regelkreises ist in Abb. 5.13 dargestellt. Es ist ersichtlich, dass der Prozess fast genau wie erwartet reagiert.

5.1.2.4 Regler-Leistungsfähigkeit

Nachdem ein Regler entworfen wurde, ist es oftmals nötig, die Leistungsfähigkeit des Reglers zu evaluieren und zu prüfen, ob er die vorgegebenen Ziele erfüllt. Wie bei allen Messungen wird auch die Leistungsfähigkeit gegen eine vorher festgelegte (technische) Spezifikation geprüft. Im Gegensatz zu den Spezifikationen von Geräten enthält die Spezifikation von Reglern den Faktor Zeit. Dies kann explizit durch Antwortzeiten oder implizit durch Statistiken wie über die Standardabweichung erfolgen. Die Leistungsfähigkeit eines Reglers kann auf zwei unterschiedliche Arten gemessen werden: zum einen kann untersucht werden, wie der Regler auf Änderungen im Referenzwert reagiert (Führungsverhalten) oder das Verhalten des Reglers in Bezug auf Störungen, also nach der sog. Regel-Antwort, wird untersucht.

Da das Ziel der Überprüfung des Führungsverhaltens ist, herauszufinden, wie gut der Regler auf Änderungen im Referenzwert reagiert, kann leicht eine angemessene Untersuchungsmethode gefunden werden. In einer ersten Näherung kann der geschlossene Regelkreis als PT_2-Glied mit Totzeit θ angenommen werden. Damit wäre also die Antwort des Systems auf einen Sprung die Sprungantwort eines PT_2-Glieds. Hier werden dann die Parameter einer Sprungantwort (Anstiegszeit, maximales Überschwingen und

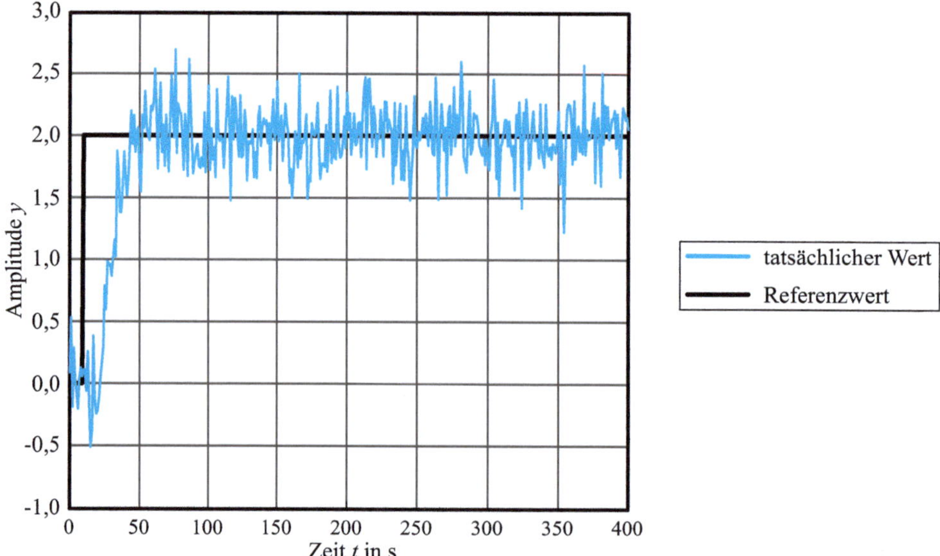

Abb. 5.13 Verhalten des geschlossenen Regelkreises mit PI-Regler

Einschwingzeit) untersucht (vgl. Abb. 5.14). Die **Anstiegszeit** τ_r ist definiert als die Zeit, bis der Prozess zum ersten Mal den Referenzwert erreicht. Das **Überschwingen** ist wiederum definiert als das Verhältnis, wie weit der Prozess über (unter) den Referenzwert schwingt, bezogen auf die Amplitude des Sprungs. Ist der zugrundeliegende Sprung negativ, so ist auch das Überschwingen negativ, d. h. es handelt sich um ein Unterschwingen. Das Verhältnis bleibt somit positiv. Die **Einschwingzeit** τ_s ist definiert als die Zeitspanne, bei der der Prozess zum letzten Mal außerhalb der 5 %-Grenze liegt. Auf jeder Seite des neuen stationären Zustands liegen also 2,5 % dieser Schranke. Die 2,5 % sind hierbei 2,5 % der Differenz $(y_{ss,\,2} - y_{ss,\,1})$, wobei y_{ss} der Wert des stationären Zustands ist und die numerischen Indizes den initialen und den finalen Zustand beschreiben. Im geschlossenen Regelkreis beträgt die Einschwingzeit ungefähr dreimal die Zeitkonstante des geschlossenen Regelkreises.

Bei der Methode für das Störungsverhalten ist das Ziel nicht klar definiert. Anstelle dessen werden einige quantitative Methoden definiert, um die Leistungsfähigkeit zu beschreiben. Hierzu gehören u. a.

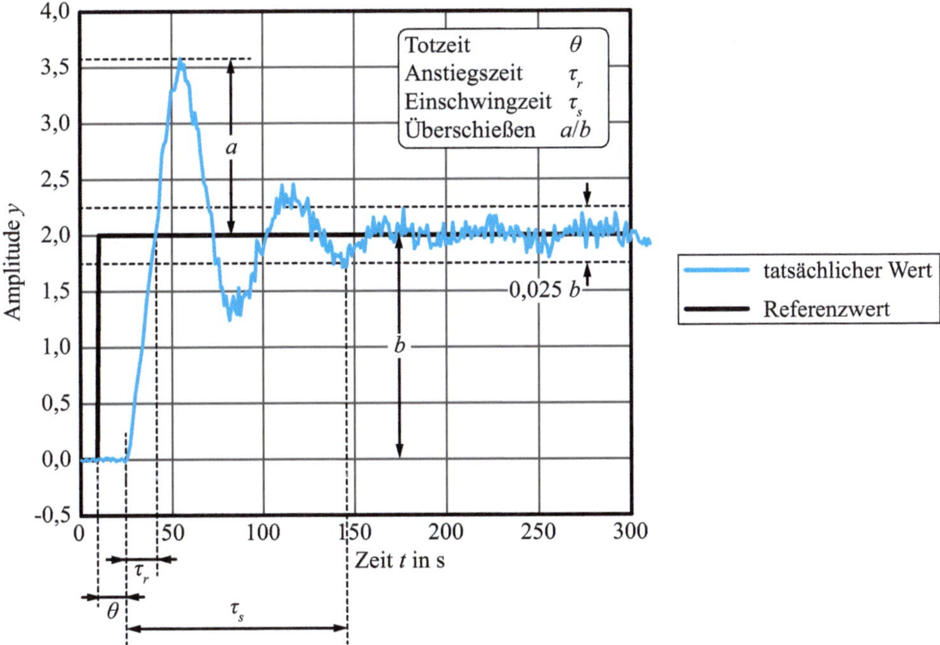

Abb. 5.14 Maße für Bestimmung der Leistungsfähigkeit des Führungsverhaltens eines Reglers

1) **Standardabweichung der manipulierten Variablen:** Dies ist der einfachste und gleichzeitig wichtigste Beitrag zur Quantifizierung der Regler-Leistung. Es ist jedoch schwierig, den gewünschten Weg im Voraus zu definieren, da er von der Art und Amplitude der Störungen abhängt, die den Prozess beeinflussen. Was schlussendlich spezifiziert bzw. qualitativ beschrieben werden kann, ist der Abtausch zwischen Regelfehler und Regelhandlung. Eine einfache Denkweise in Bezug auf einen Regler ist, dass er eine Variation von einer (meist der geregelten Variablen) auf eine andere (meist die manipulierte Variable) verschiebt. Da Störungen den Prozess beeinflussen, wird der Regler reagieren, und zwar, indem er die manipulierte Variable verändert. Die Antwort wird dann den Effekt der Störung mildern. Größere Störungen bedürfen eines größeren Regelaufwands als kleinere Störungen.

2) **Mittelwert der Ausgangsvariablen:** Diese Analyse kann genutzt werden, um zu evaluieren, wie gut der Regler den gegebenen Referenzwert unter der Wirkung von Störungen einhalten kann.

3) **Weiterführende Bewertung der Leistungsfähigkeit:** Es gibt weitere Methoden zur Bewertung der Leistungsfähigkeit des Reglers wie bspw. den Minimum-Varianz-Regler oder den Harris-Index (Shardt, et al., 2012), welcher angemessene Benchmarks für die Feststellung der Leistungsfähigkeit bietet.

5.2 Störgrößenaufschaltung

Bei der Störgrößenaufschaltung wird eine messbare Störung als Eingang eines Reglers gewählt, sodass korrektive Maßnahmen bereits ergriffen werden können, bevor die Störung in den Regelkreis eingreift. In der Praxis ist der Entwurf eines solchen Reglers fast nicht möglich, da immer eine Totzeit zwischen der Messung der Störung und dem tatsächlichen Einfluss auf den Prozess auftritt. Ist die Totzeit zwischen Störung und Prozess kleiner als die zwischen Eingang und Prozess, so ist es nicht möglich, der Störung entgegenzuwirken, bevor sie das System beeinflusst. Abb. 5.15 zeigt eine typische Regelkreis-Struktur mit Störgrößenaufschaltung.

Eine spezielle Form der Störgrößenaufschaltung stellt die **Entkopplung** dar. Sie versucht zwei oder mehr interagierende Systeme zu separieren, sodass diese unabhängig durch ihre eigenen SISO-Strukturen geregelt werden können. Ein Regler mit Entkopplung behandelt die Ausgänge der anderen Regler wie eine Störung, die behandelt werden muss. Eine Entkopplungsregelung ist dann sinnvoll, wenn es sich um Systeme mit mehreren Variablen handelt, deren Kopplung nicht zu komplex ist und die nicht stark nichtlinear sind.

Beim Entwurf einer Störgrößenaufschaltung ist das vornehmliche Ziel, einen Regler zu entwerfen, der eine Störung kompensiert, bevor sie ins System eingreifen kann. Mit dem Prozessmodell G_p und dem Modell der Störung G_d kann der Regler mit Störgrößenaufschaltung gemäß Abb. 5.15 folgendermaßen berechnet werden:

$$G_{ff} = -\frac{G_d}{G_p} \tag{5.32}$$

In einer idealen Umgebung wird der Effekt einer gemessenen Störung exakt ausgeregelt. In der Praxis kann so ein Regler jedoch aus zwei Gründen nicht implementiert werden:

1. **Totzeit:** Ist die Totzeit im Prozess größer als bei der Störung, so ist die gesamte Totzeit im Prozess negativ, d. h. es wäre Wissen über zukünftige Werte vonnöten. Da dies nicht möglich ist, kann diese nichtrealisierbare Totzeit im finalen Regler vernachlässigt werden.

2. **Instabile Nullstellen in G_p:** Enthält der Prozess instabile Nullstellen, so wird auch die entstehende Übertragungsfunktion instabil. Ein Entwurf eines Reglers ist so nicht möglich, weshalb im Ergebnis die instabilen Faktoren vernachlässigt werden.

Es gibt zwei typische Strukturen für Störgrößenaufschaltung, die entworfen werden können:

1) **Statische Regler:** Hierbei werden nur die Verstärkungen des Prozesses betrachtet, d. h.

$$G_{ff} = -\frac{K_d}{K_p} \tag{5.33}$$

wobei K_d die Verstärkung der Störung und K_p die Verstärkung des Prozesses ist.

2) **Dynamische Regler:** Hier werden die dynamischen Anteile von Prozess und Störung berücksichtigt. Oftmals hat der Regler eine Lead-Lag-Struktur, d. h.,

$$G_{ff} = -\frac{K_d\left(\tau_p s + 1\right)}{K_p(\tau_d s + 1)} e^{-\theta_{ff} s} \tag{5.34}$$

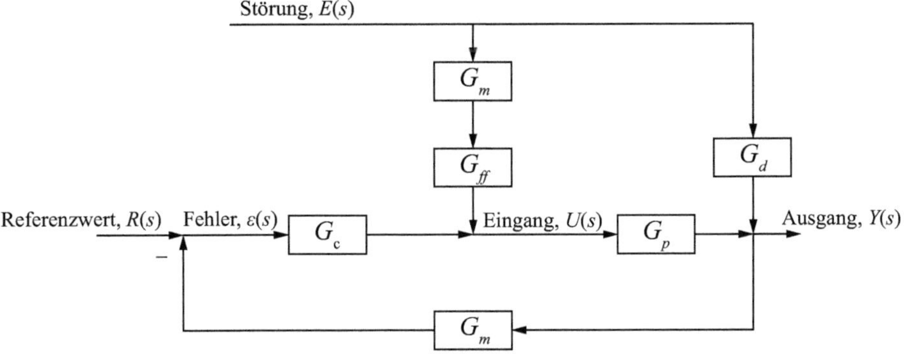

Abb. 5.15 Blockdiagramm für einen Regelkreis mit Störgrößenaufschaltung

wobei τ_p die Prozesszeitkonstante, τ_d die Zeitkonstante der Störung und $\theta_{ff} = \theta_d - \theta_p$ ist. Ist $\theta_{ff} < 0$, so wird der Term oft ignoriert. Idealerweise gilt $|\tau_p/\tau_d| < 1$, dies vermeidet große Spitzen bei der Benutzung des Reglers.

Beispiel 5.7: Entwurf eines Reglers mit Störgrößenaufschaltung

Entwerfen Sie für das folgende System sowohl einen dynamischen als auch einen statischen Regler mit Störgrößenaufschaltung. Vergleichen Sie die Leistungsfähigkeit beider Systeme. Die Parameter für das System sind:

$$G_p = \frac{-1{,}5(s-1)}{(s+1)(10s+1)}e^{-10s} \tag{5.35}$$

$$G_d = \frac{-0{,}5}{(5s+1)(7s+1)}e^{-5s} \tag{5.36}$$

$$G_c = \frac{2}{3}\left(1 + \frac{1}{20s}\right) \tag{5.37}$$

Nehmen Sie für die Simulation an, dass die gemessene Störung durch ein weißes, gaußsches Rauschen der Amplitude 0,5 bedingt ist und ein Sprung des Referenzwerts um zwei Einheiten nach 100 s auftritt.

Lösung:

Für den statischen Ansatz ergibt sich gemäß Gl. (5.33),

$$G_{ff,s} = -\frac{K_d}{K_p} = -\frac{-0{,}5}{1{,}5} = \frac{1}{3} \tag{5.38}$$

Die Verstärkung der gegebenen Übertragungsfunktionen ergibt sich für $s=0$ und Evaluierung der entsprechenden Parameter.

Für den Entwurf des dynamischen Reglers mit Störgrößenaufschaltung ist es wichtig, dass die Übertragungsfunktionen in ihrer Standardform geschrieben werden, d. h. alle Pol- und Nullstellen sind in der Form $\tau s + 1$ dargestellt. Für das vorliegende Beispiel muss die Nullstelle der Prozess-Übertragungsfunktion umgeschrieben werden, sodass sich

ergibt.
$$G_p = \frac{1{,}5(-s+1)}{(s+1)(10s+1)}e^{-10s} \tag{5.39}$$

Für den dynamischen Ansatz erhalten wir mit Gl. (5.32) den Regler zu

$$G_{ff,d} = -\frac{G_d}{G_p} = -\frac{\frac{-0{,}5}{(5s+1)(7s+1)}e^{-5s}}{\frac{1{,}5(-s+1)}{(s+1)(10s+1)}e^{-10s}} = \frac{1}{3}\frac{(s+1)(10s+1)}{(5s+1)(7s+1)(-s+1)}e^{5s} \tag{5.40}$$

Der so dargestellte Regler kann in dieser Form nicht realisiert werden, da er sowohl eine instabile Polstelle als auch eine Totzeit, die zukünftige Werte benötigt, enthält. Um einen realisierbaren dynamischen Regler mit Störgrößenaufschaltung zu erhalten, werden die instabile Polstelle und die Totzeit vernachlässigt. Damit ergibt sich die realisierbare Form des Reglers:

$$G_{ff,d} = \frac{1}{3} \frac{(s+1)(10s+1)}{(5s+1)(7s+1)} \tag{5.41}$$

Abb. 5.16 zeigt die Effekte beider Regler mit Störgrößenaufschaltung auf den Prozess. Es ist ersichtlich, dass der Prozess ohne Regler mit Störgrößenaufschaltung größeren Schwankungen unterworfen ist. Durch Hinzufügen des statischen Reglers mit Störgrößenaufschaltung scheint der Einfluss der Oszillation verringert zu werden. Dennoch zeigt das Verhalten weiterhin ein Zittern um den Referenzwert. Der dynamische Regler mit Störgrößenaufschaltung ist in der Lage, das zeitliche Taktzittern zu glätten und das Verhalten klarer zu machen.

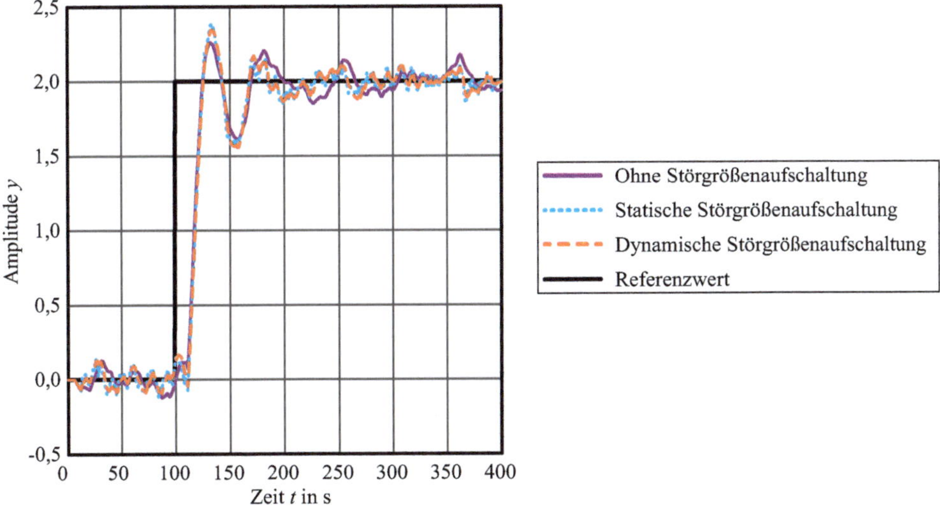

Abb. 5.16 Effekt von Reglern mit Störgrößenaufschaltung auf einen Prozess

5.3   Ereignisdiskrete Regelung

Bei der ereignisdiskreten Regelung wird eine Regelung durch ein Ereignis oder eine Folge von Ereignissen ausgelöst. Dieses Prinzip findet häufig bei sicherheitsrelevanten Regelkreisen Anwendung. Beispielsweise wird ein Ventil zur Verhinderung von Überdruck oberhalb eines Schwellwerts geöffnet, sinkt der Druck unter den Referenzwert, so wird das Ventil wieder geschlossen.

Eine weitere Möglichkeit der ereignisdiskreten Regelung ist **Verzahnung.** Hierfür müssen bestimmte Bedingungen erfüllt sein, bevor eine Handlung ausgeführt werden kann. Beispielsweise kann eine Mikrowelle erst eingeschaltet werden, wenn die Tür verschlossen und damit die Strahlungswirkung auf den Nutzer stark abgeschwächt ist. Verzahnung dient vor allem zum Schutz des Bedieners vor unerwünschten Handlungen/ Folgen seiner Handlung. Es ist jedoch sehr kompliziert, diesen Mechanismus in einer adäquaten Weise zu programmieren/einzustellen.

Eine weitere Besonderheit der ereignisdiskreten Regelung tritt auf, wenn binäre Signale zur Ansteuerung verwendet werden. So kann eine Motorregelung in einem Aufzug bspw. über einen Sensor realisiert werden, der bei Erreichen des gewählten Stockwerks den Signalpegel ändert und daraufhin den Motor anhält. Die genaue Höhe des Aufzugs muss dabei nichtkontinuierlich gemessen und überwacht werden, es genügt die Auswertung des Sensorsignals bei Erreichen des Stockwerks. Bei dieser Art der Regelung werden zwei Typen unterschieden: **logische** Regelung und **sequenzielle** Regelung.

Logikbasierte Regelungen (auch kombinatorische Regelungen) generieren ihre Stellgrößen durch logische Operationen, d. h. Kombination von Signalen. Solche Signale können u. a. Systemausgänge (Sensorwerte wie Tür offen/geschlossen) oder Eingaben durch den Nutzer (z. B. Notausschalter gedrückt) sein. Am Beispiel eines Holzspalters lässt sich diese Art der Regelung gut nachvollziehen: Der Spalter fährt in Richtung Holz, wenn er eingeschaltet ist *und* der Nutzer beide Sicherheitshebel betätigt. Er wird sofort ausgeschaltet, wenn die Energieversorgung abbricht *oder* der Nutzer einen der Schalter loslässt.

Bei der sequenziellen Regelung werden individuelle Regelungsschritte in einer bestimmten Reihenfolge ausgeführt. Der Übergang zum nächsten Schritt erfolgt entweder nachdem eine bestimmte Zeitspanne verstrichen ist (zeitbasierte sequenzielle Regelung), wie bei einer automatischen Verkehrsampel oder durch Auftreten eines besonderen Ereignisses (ereignisbasierte sequenzielle Regelung), wie bei einer Verkehrsampel, die ihr Signal ändert, wenn ein Fußgänger den Knopf gedrückt hat. Im Gegensatz zu logikbasierten Reglern ist es nicht möglich, die manipulierte Variable eindeutig zu bestimmen, auch wenn alle Signalwerte bekannt sind, denn es muss auch bekannt sein, in welchem Ausführungsschritt sich der Prozess gerade befindet.

5.4 Überwachungssteuerung

Ziel der Überwachungssteuerung ist der Entwurf von Reglern, die mit komplexen, interagierenden Systemen umgehen und gleichzeitig physikalische, prozesstechnische und ökonomische Beschränkungen sowie Änderungen der wirtschaftlichen Umgebungsbedingungen mit einbeziehen können. Diese Art der Steuerung gibt oftmals die Referenzwerte für unterlagerte Steuerungen (auch Slave) nach dem Master–Slave-System vor. Überwachungssteuerung wird eingesetzt, um große, oftmals sogar verteilte, Systeme mit vielen Variablen zu kontrollieren. Die Regelkreisstrukturen reichen von einfachen eingebetteten Regelkreisen bis hin zu modellprädiktiven Regelkreisarchitekturen. Es gibt zwei wesentliche Regelungssysteme: **Kaskadenregelung** und **modellprädiktive Regelung.**

5.4.1 Kaskadenregelung

Bei der Kaskadenregelung werden mindestens zwei Regelschleifen ineinander verschachtelt. Die in Abb. 5.17 gezeigte Architektur hat zum Ziel, die durch das Ventil gesteuerte Durchflussrate so genau wie möglich einzustellen, damit der Prozess in sehr engen Grenzen geregelt werden kann. Die **äußere Regelschleife (primäre Regelschleife** oder **Führungsregler)** ist außen gelegen und setzt den Referenzwert für die **innere Regelschleife (sekundäre Regelschleife** oder **Folgeregler).** Für das Abstimmen des Reglers ist es sinnvoll, die innerste Schleife zuerst zu betrachten und sich dann sukzessive nach außen vorzuarbeiten, wobei die bereits angepassten Regler als Teil des dann zu betrachtenden Prozesses angesehen werden. Die Zeitkonstante des inneren Regelkreises

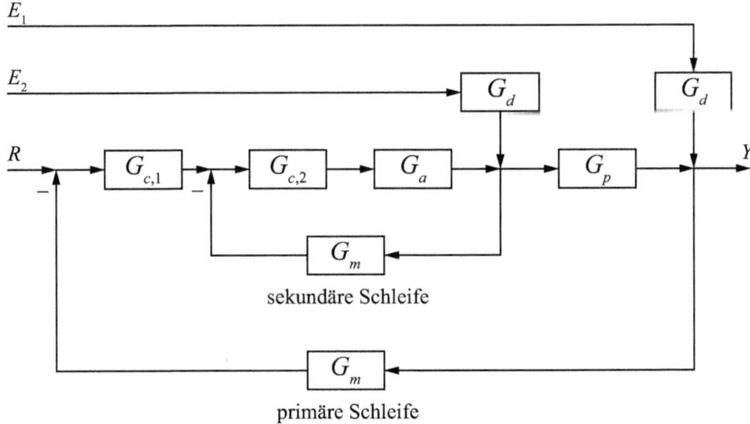

Abb. 5.17 Blockdiagramm für Kaskadenregelung

sollte kleiner (schnellere Antwort) sein als die des äußeren Regelkreises. Eine typische Faustregel ist, dass das Verhältnis der Zeitkonstante der äußeren $\tau_{c,p}$ und inneren $\tau_{c,s}$ Regelschleife zwischen 4 und 10 liegen sollte. Ein zu kleines Verhältnis bedeutet, dass die innere Regelschleife ihren stationären Zustand nicht erreicht und damit Interaktionen zwischen den beiden Schleifen auslöst, was zu einem Verlust der allgemeinen Leistung führt. Ein zu großes Verhältnis bedeutet, dass die Vorteile der Kaskadenregelung verloren gehen, da das gesamte System verlangsamt wird. Gleichzeitig wird es robuster gegenüber Änderungen im unterlagerten Prozessmodell.

5.4.2 Modellprädiktive Regelung

Modellprädiktive Regelung ist eine fortgeschrittene Regelungsstrategie, die es erlaubt, neben Abweichungen vom Referenzwert auch diverse ökonomische und physikalische Beschränkungen zu berücksichtigen. Beispielsweise kann konkret der Fall behandelt werden, bei dem der Füllstand eines Behälters nicht über einen vorher bestimmten, ökonomisch sinnvollen, aber veränderlichen, Wert steigen darf. Um diese Beschränkungen gut handhaben zu können, ist ein gutes Modell sowie ein geeigneter technischer Entwurf vonnöten. Wie in Abb. 5.18 dargestellt, arbeitet modellprädiktive Regelung nach dem Prinzip der Optimierung der Regleraktionen über der Zeit. Dieser Zeitbereich, in dessen Verlauf die aus dem Modell vorhergesagten Parameter verwendet werden, wird auch **Regelungshorizont** genannt. Der Vorhersagehorizont ist die Periode über die das Modell versucht, das Systemverhalten vorherzusagen. Nachdem der Vorhersagehorizont erreicht wurde, wird angenommen, dass sich das System in einem stationären Zustand befindet und seine Werte nicht mehr ändern wird. Sämtliche Beschränkungen werden dann als notwendige Parameter auf die vorhergesagten Ergebnisse aufgeschlagen. Der Regler startet anschließend die nächste Aktion und wiederholt die Optimierung. Dieses Vorgehen gewährleistet, dass der Einfluss von Störungen, Fehlern in der Prozessmodellierung und anderen Unsicherheiten im System keinen zu großen Einfluss auf die ganzheitlich betrachtete Leistungsfähigkeit des Systems hat.

Modellprädiktive Regelung kann ihre Vorteile dann ausspielen, wenn es um komplexe Prozesse geht, bei denen mehrere MIMO-Systeme stark miteinander verkoppelt sind. Die ursprüngliche Realisierung war für lineare Systeme konzipiert, es existieren aber auch Varianten für nichtlineare Systeme.

Der entscheidende Nachteil bei der modellprädiktiven Regelung ist die Tatsache, dass ein sehr gutes, ständig zu aktualisierendes Modell als Grundlage dient. Liegt ein schlechtes Modell vor, so kann es passieren, dass das System divergiert und somit die Eigenschaften des Ansatzes verlorengehen.

Es gibt viele unterschiedliche Umsetzungen der modellprädiktiven Regelung. Die beliebteste Umsetzung in der Industrie ist der Ansatz mittels Dynamikmatrix-Reglung (DMR), der hier im Detail erläutert wird. Die Zielfunktion für die modellprädiktive Regelung ist

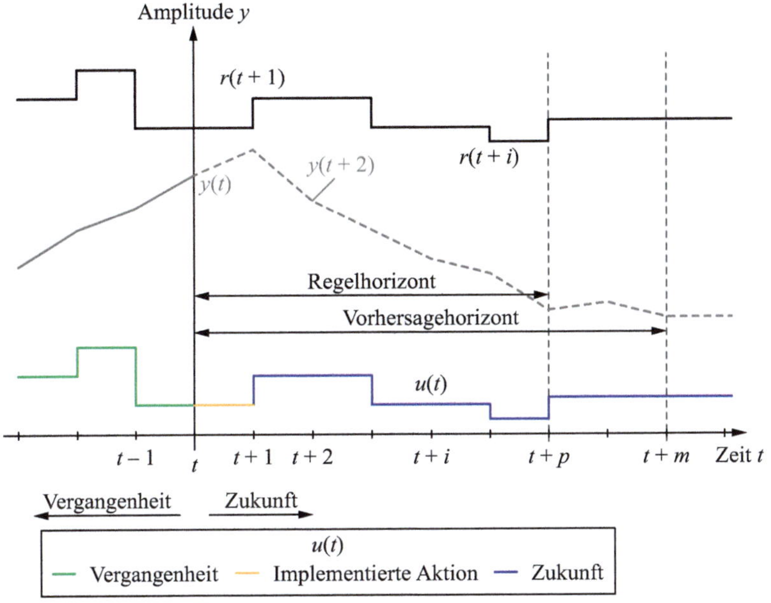

Abb. 5.18 Modellprädiktive Regelung

$$\min_{\Delta \vec{u}} \left[\left(\vec{r} - \hat{\vec{y}} \right)^T \mathcal{Q} \left(\vec{r} - \hat{\vec{y}} \right) + (\Delta \vec{u})^T \mathcal{R}(\Delta \vec{u}) \right]$$

vorbehaltlich

$$\hat{\vec{y}} = \vec{y}^* + \mathcal{A}\Delta\vec{u}$$

(5.42)

wobei $\vec{r}$ der Referenzwertvektor, $\hat{\vec{y}}$ der Vektor der Vorhersageprozesswerte mit Regelung, $\mathcal{Q}$ die Prozessskalierungsmatrix, $\Delta\vec{u}$ der Vektor der Änderung der Regelungsgröße, $\mathcal{R}$ die Eingangsskalierungsmatrix, $\vec{y}^*$ der Vektor der Prozesswerte ohne Regelung und $\mathcal{A}$ die Dynamikmatrix ist. Des Weiteren handelt es sich bei m um den Regelhorizont, bei p, um den Vorhersagehorizont, bei d um die Totzeit des Prozesses und bei n um die Einschwingzeit. Zu beachten ist, dass $1 \leq m \leq p - d$ und $p > d$.

Für die Lösung braucht man die Sprungantwort des Prozesses, das heißt,

$$y_t = \sum_{i=1}^{\infty} a_i z^{-i} \Delta u_t$$

(5.43)

wobei a_i der Sprungantwortkoeffizient ist. Der Sprungantwortkoeffizient kann entweder durch Polynomdivision des Übertragungsfunktionsmodells oder über die Koeffizienten der Impulsantwort berechnet werden. Dabei stehen die Koeffizienten a_i der Sprungantwort in folgender Beziehung zu den Koeffizienten der Impulsantwort, h_j

$$a_i = \sum_{j=1}^{i} h_j \tag{5.44}$$

Weiter gilt, dass die Einschwingzeit definiert ist als der Zeitpunkt, zu dem der erste Koeffizient a_n innerhalb eines Bereichs zwischen dem 0,975-fachen bis 1,025-fachen Wert von a_∞ liegt, wobei a_∞ der Wert des stationären Zustands ist. Alle Sprungantwortkoeffizienten nach der Einschwingzeit n können als a_{n+1} angenommen werden. Die $p \times m$-Dynamikmatrix A kann beschrieben werden als

$$\mathcal{A} = \begin{bmatrix} a_1 & 0 & \cdots & 0 \\ a_2 & a_1 & \ddots & \vdots \\ \vdots & \vdots & \ddots & 0 \\ \vdots & \vdots & & a_1 \\ a_p & a_{p-1} & \cdots & a_{p-m+1} \end{bmatrix} \tag{5.45}$$

Für ein Eingrößensystem mit nur einer Eingangsvariable und einer Ausgangsvariable ist die Lösung für Gl. (5.42)

$$\Delta \vec{u} = \vec{K}_C \vec{e} = \left(\mathcal{A}^T \mathcal{Q} \mathcal{A} + \mathcal{R} \right)^{-1} \mathcal{A}^T \mathcal{Q}^T \left(\vec{r} - \vec{y}^* \right) \tag{5.46}$$

wobei

$$y_{t+l}^* = y_t - \sum_{i=1}^{n} (a_i - a_{l+i}) \Delta u_{t-i} \tag{5.47}$$

Nach der Implementierung wird die erste Stellgröße Δu_1 vom Regler bestimmt. Beim nächsten Abtastzeitpunkt wird der obige Optimierungsprozess wiederholt, ein neuer optimaler Wert berechnet und die erste Regelungsaktion implementiert. Dadurch kann das System alle unerwarteten Prozessänderungen mitberücksichtigen.

Beispiel 5.8: Entwurf eines modellprädiktiven Reglers
Entwerfen Sie einen modellprädiktiven Regler für das folgende SISO-System:

$$G_p = \frac{2z^{-1}}{1 - 0{,}75z^{-1}} \tag{5.48}$$

Stellen Sie die erforderlichen Matrizen auf und führen Sie den ersten Schritt der Iteration aus. Nehmen Sie dafür an, dass $m = p = 3$. Sei $\mathcal{Q} = \mathcal{J}_p$ und $\mathcal{R} = \mathcal{J}_3$, wobei

$\mathcal{J}_n$ die $n \times n$ Einheitsmatrix ist. Weiterhin trete bei $t=0$ eine sprunghafte Änderung auf, wobei sich der Prozess vorher in einem stationären Zustand befunden habe.

Lösung:

Zur Bestimmung des geforderten modellprädiktiven Reglers müssen wir zuerst das Sprungantwortmodell bestimmen. Dieses kann mithilfe der Polynomdivision bestimmt werden, welche die Koeffizienten der Impulsantwort liefert, aus denen die Koeffizienten der Sprungantwort leicht berechnet werden können. Damit gilt:

$$
\begin{array}{r}
2z^{-1}+1{,}5z^{-2}+1{,}125z^{-3} \\
\hline
1-0{,}75z^{-1}\,\big)\;2z^{-1} \phantom{+1{,}5z^{-2}+1{,}125z^{-3}} \\
-2z^{-1}+1{,}5z^{-2} \\
\hline
1{,}5z^{-2} \\
-1{,}5z^{-2}+1{,}125z^{-3} \\
\hline
1{,}125z^{-3}\ldots
\end{array}
\tag{5.49}
$$

Es ist ersichtlich, dass $h_i = 2\,(0{,}75)^{i-1}$ für $i \geq 1$. Im Allgemeinen können die Koeffizienten der Impulsantwort für eine Übertragungsfunktion der Form

$$
G_p = \frac{\beta z^{-d}}{1 - \alpha z^{-1}}
\tag{5.50}
$$

geschrieben werden als

$$
h_i = \begin{cases} \beta \alpha^{i-d} & i \geq d \\ 0 & i < d \end{cases}
\tag{5.51}
$$

Die benötigten Koeffizienten für die Sprungantwort können nun mithilfe von Gl. (5.44) berechnet werden:

$$
a_i = \sum_{j=0}^{i} h_j = \sum_{j=1}^{i} 2\left(0{,}75^{j-1}\right)
\tag{5.52}
$$

Gl. (5.52) stellt eine geometrische Reihe dar, welche allgemein als

$$
a_i = \beta \left(\frac{1 - \alpha^{i-d+1}}{1 - \alpha} \right) = 2\frac{\left(1 - 0{,}75^i\right)}{1 - 0{,}75}
\tag{5.53}
$$

dargestellt werden kann. Es ergibt sich

$$
a_1 = 2\frac{\left(1 - 0{,}75\right)}{1 - 0{,}75} = 2
$$

$$
a_2 = 2\frac{\left(1 - 0{,}75^2\right)}{1 - 0{,}75} = 3{,}5
$$

$$
a_3 = 2\frac{\left(1 - 0{,}75^3\right)}{1 - 0{,}75} = 4{,}625
$$

$$\tag{5.54}$$

Da für dieses Beispiel $d=1$ gilt, haben die Sprungantwortkoeffizienten für ein kleineres d einen Wert von null und können damit bei der Summenbildung ignoriert werden.

Im nächsten Schritt wird die Einschwingzeit berechnet. Für eine konvergierende geometrische Reihe (impliziert, dass der interessierende Prozess stabil ist) ist der Wert, gegen den die Reihe konvergiert, gegeben als

$$K_p = a_\infty = \frac{\beta}{1-\alpha} = \frac{2}{1-0{,}75} = 8 \tag{5.55}$$

Somit ist die Einschwingzeit für den ersten Wert, ab dem der Prozess im Intervall $0{,}975{\cdot}8$ und $1{,}025{\cdot}8$ liegt, gegeben. Da der betrachtete Prozess keine Schwingungen aufweist, ist für uns nur die untere Schranke interessant. Da die Einschwingzeit mit dem Wert von i in Gl. (5.53) übereinstimmt, erhalten wir die Gleichung

$$\beta\left(\frac{1-\alpha^{n-d+1}}{1-\alpha}\right) = \frac{0{,}975\beta}{1-\alpha}, \tag{5.56}$$

welche nach n aufgelöst werden kann:

$$n = \frac{\ln 0{,}025}{\ln \alpha} + d - 1. \tag{5.57}$$

In unserem Fall ergibt dies

$$n = \frac{\ln 0{,}025}{\ln 0{,}75} + 1 - 1 = 12{,}8 = 13. \tag{5.58}$$

Beachten Sie, dass es sich bei n immer um eine ganze Zahl handelt, weshalb wir den erhaltenen Wert auf den dem Ergebnis nächsten ganzzahligen Wert aufrunden müssen.

Die 3×3 Dynamikmatrix $\mathcal{A}$ ist dann

$$\mathcal{A} = \begin{bmatrix} a_1 & 0 & \cdots & 0 \\ a_2 & a_1 & \ddots & \vdots \\ \vdots & \vdots & \ddots & 0 \\ \vdots & \vdots & & a_1 \\ a_p & a_{p-1} & \cdots & a_{p-m+1} \end{bmatrix} = \begin{bmatrix} 2 & 0 & 0 \\ 3{,}5 & 2 & 0 \\ 4{,}625 & 3{,}5 & 2 \end{bmatrix}. \tag{5.59}$$

Das ergibt

$$
\mathcal{A}^T \mathcal{Q} \mathcal{A} + \mathcal{R} =
\begin{bmatrix} 2 & 0 & 0 \\ 3{,}5 & 2 & 0 \\ 4{,}625 & 3{,}5 & 2 \end{bmatrix}^T
\begin{bmatrix} 1 & 0 & 0 \\ 0 & 1 & 0 \\ 0 & 0 & 1 \end{bmatrix}
\begin{bmatrix} 2 & 0 & 0 \\ 3{,}5 & 2 & 0 \\ 4{,}625 & 3{,}5 & 2 \end{bmatrix} +
\begin{bmatrix} 1 & 0 & 0 \\ 0 & 1 & 0 \\ 0 & 0 & 1 \end{bmatrix}
$$

$$
=
\begin{bmatrix}
38{,}640\,625 & 23{,}1875 & 9{,}25 \\
23{,}1875 & 17{,}25 & 7 \\
9{,}25 & 7 & 5
\end{bmatrix}.
$$

$$(5.60)$$

Die benötigte Inverse ergibt sich zu

$$
\left(\mathcal{A}^T \mathcal{Q} \mathcal{A} + \mathcal{R} \right)^{-1} =
\begin{bmatrix}
38{,}640\,625 & 23{,}1875 & 9{,}25 \\
23{,}1875 & 17{,}25 & 7 \\
9{,}25 & 7 & 5
\end{bmatrix}^{-1}
$$

$$
=
\begin{bmatrix}
0{,}134046 & -0{,}184\,200 & 0{,}009\,896 \\
-0{,}184200 & 0{,}387\,349 & -0{,}201518 \\
0{,}009\,896 & -0{,}201\,518 & 0{,}463\,818
\end{bmatrix}.
$$

Für die Reglerverstärkung erhalten wir den Ausdruck

$$(5.61)$$

$$
\vec{K}_C = \left(\mathcal{A}^T \mathcal{Q} \mathcal{A} + \mathcal{R} \right)^{-1} \mathcal{A}^T \mathcal{Q}^T
$$

$$
=
\begin{bmatrix}
0{,}134046 & -0{,}184\,200 & 0{,}009\,896 \\
-0{,}184200 & 0{,}387\,349 & -0{,}201518 \\
0{,}009\,896 & -0{,}201\,518 & 0{,}463\,818
\end{bmatrix}
\begin{bmatrix} 2 & 0 & 0 \\ 3{,}5 & 2 & 0 \\ 4{,}625 & 3{,}5 & 2 \end{bmatrix}^T
\begin{bmatrix} 1 & 0 & 0 \\ 0 & 1 & 0 \\ 0 & 0 & 1 \end{bmatrix}
$$

$$
=
\begin{bmatrix}
0{,}268\,091 & 0{,}100\,759 & -0{,}004\,948 \\
-0{,}368\,400 & 0{,}129\,997 & 0{,}100\,759 \\
0{,}019\,792 & -0{,}368\,400 & 0{,}268\,091
\end{bmatrix}.
$$

$$(5.62)$$

Das Referenzsignal für die nächsten drei Abtastzeitpunkte ist dann

$$
\vec{r} = \begin{bmatrix} 1 \\ 1 \\ 1 \end{bmatrix}.
$$

$$(5.63)$$

Die vorhergesagte ungeregelte Position wird gleich dem Wert im stationären Zustand sein, d. h. null, da bisher keine Regelungen vorgenommen wurden. Dies impliziert, dass

$$\vec{y}^* = \begin{bmatrix} 0 \\ 0 \\ 0 \end{bmatrix}. \tag{5.64}$$

Somit ist die Regleraktion

$$\Delta \vec{u} = \vec{K}_C \vec{e} = \vec{K}_C \left(\vec{r} - \vec{y}^* \right)$$

$$= \begin{bmatrix} 0{,}268\,091 & 0{,}100\,759 & -0{,}004\,948 \\ -0{,}368\,400 & 0{,}129\,997 & 0{,}007\,59 \\ 0{,}019\,792 & -0{,}368\,400 & 0{,}268\,091 \end{bmatrix} \begin{bmatrix} 1-0 \\ 1-0 \\ 1-0 \end{bmatrix}$$

$$= \begin{bmatrix} 0{,}363\,902 \\ -0{,}137\,644 \\ -0{,}080\,517 \end{bmatrix}. \tag{5.65}$$

Nur die erste Regleraktion $\Delta u_1 = 0{,}363\,902$ wird implementiert. Beim nächsten Abtastwert wird Gl. (5.65) erneut mit den neuen Werten für r und y^* ausgewertet.

Für ein Mehrgrößensystem werden die Vektoren und Matrizen „Supervektoren" und „Supermatrizen", das heißt, dass ein Vektor aus vielen Vektoren besteht, zum Beispiel

$$\Delta \vec{u} = \begin{bmatrix} \Delta \vec{u}_1 \\ \vdots \\ \Delta \vec{u}_h \end{bmatrix} \tag{5.66}$$

wobei $\Delta \vec{u}_i$ der Eingangsvektor für die i-te Eingangsgröße ist. Nehmen wir ein MIMO-System mit s Ausgangsgrößen und h Eingangsgrößen. Dann ergibt sich die Dynamikmatrix $\mathcal{A}$ zu

$$\mathcal{A} = \begin{bmatrix} \mathcal{A}_{11} & \cdots & \mathcal{A}_{1h} \\ \vdots & & \vdots \\ \mathcal{A}_{s1} & \cdots & \mathcal{A}_{sh} \end{bmatrix} \tag{5.67}$$

wobei $\mathcal{A}_{ij}$ die Dynamikmatrix zwischen der j-ten Eingangsgröße und der i-ten Ausgangsgröße ist. Aus Gl. (5.46) folgt, dass

$$y^*_{i,t+l} = y_{i,t} - \sum_{j=1}^{h} \sum_{k=1}^{n} \left(a_{ij,k} - a_{ij,l+k} \right) \Delta u_{j,t-k} \tag{5.68}$$

und

$$\Delta u_j = \sum_{i=1}^{ps} k_{ji}\left(r_i - y_i^*\right),\, j = km + 1,\ k = 0,1,...,h - 1 \qquad (5.69)$$

wobei $a_{ij,k}$ der k-te Koeffizient der Sprungantwort für den Prozess zwischen der j-ten Eingangsgröße und der i-ten Ausgangsgröße sowie $\Delta u_{j,t-k}$ die Regelungsgrößenänderung für die j-te Eingangsgröße und den Zeitpunkt $t - k$ ist.

5.5   Erweiterte Prozesskontrollstrategien

Zusätzlich zu den bereits genannten Prozesskontrollstrategien existieren verschiedene nützliche Strategien, die mit den vorausgehend genannten kombiniert werden können, um ein besseres Ergebnis zu erzielen. Diese Methoden umfassen u. a. den **Smith-Prädiktor, Weitbereichsregelung, quadratische Regelung, Verhältnisregelung, Eingangs-Positionsregelung** und die **Charakterisierung von Nichtlinearitäten.**

5.5.1   Smith-Prädiktor

Der Smith-Prädiktor ist ein Ansatz, der versucht, den Effekt der Totzeit auf die Regelungsstrategie zu minimieren. Er ist dann nützlich, wenn es im System eine große Totzeit gibt, die behandelt werden muss. Das Blockdiagramm für diesen Ansatz zeigt Abb. 5.19.

5.5.2   Weitbereichsregelung und arbeitspunktabhängige Verstärkungseinstellung

Weitbereichsregelung bezieht sich auf die Idee, dass keine zusätzliche Regelung durchgeführt werden muss, sofern sich der Regelfehler in einem Band/Bereich um

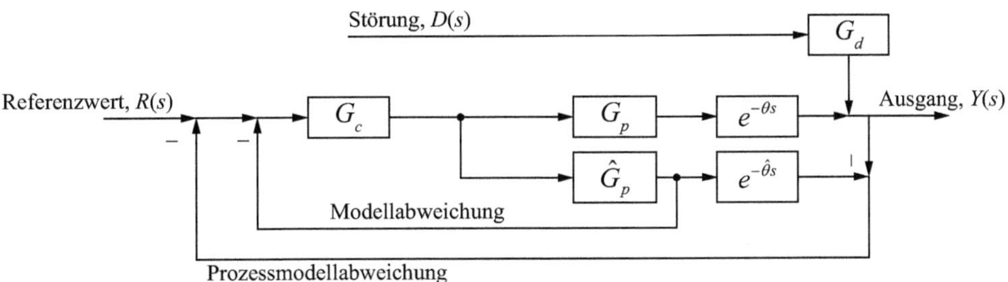

Abb. 5.19 Blockdiagramm für Smith-Prädiktor

den Referenzwert befindet. Umgekehrt bedeutet dies, dass bei einem Regelfehler, der betragsmäßig außerhalb des Bandes liegt, die Regelung greift. Mathematisch ausgedrückt bedeutet das

$$
u_t = \begin{cases} 0 & |\varepsilon_t| < K_{db} \\ G_c & \text{sonst} \end{cases}
\tag{5.70}
$$

wobei K_{db} die Weitbereichs-Konstante ist. Der Totbereich kann entweder durch einen fixen Referenzwert (z. B. 5 °C um den Referenzwert) oder prozentual (z. B. 5 % um den Referenzwert) definiert werden. Weitbereichsregelung ist dann sinnvoll, wenn keine feste bzw. starre Regelung vonnöten ist, d. h. kleine Abweichungen zulässig sind. Weitbereichsregelung wird oftmals zur Füllstandsregelung von Ausgleichsbehältern verwendet, da diese oftmals nur ein bestimmtes Niveau und keine exakten Werte halten müssen. Darüber hinaus kann der Regler außerhalb des Bandes sensitiver eingestellt werden, d. h. Abweichungen außerhalb des Bandes werden schneller korrigiert.

Ein allgemeinerer Ansatz bezüglich Weitbereichsregelung ist die **arbeitspunktabhängige Verstärkungseinstellung**, wobei die Reglerverstärkung abhängig vom Wert der **Scheduling-Variable** verändert wird. In den meisten Fällen wird der Bereich, in dem die Scheduling-Variable liegt, in verschiedene Regionen aufgeteilt. Jeder Region wird eine andere Reglerverstärkung zugeordnet. Mathematisch bedeutet das

$$
u_t = G_c \begin{cases} K_{c,1} & s_t < K_{gs,1} \\ K_{c,2} & K_{gs,1} \le s_t < K_{gs,2} \\ \vdots & \vdots \\ K_{c,n} & K_{gs,n} < s_t \end{cases}
\tag{5.71}
$$

wobei $K_{c,i}$ die Reglerverstärkung für die i-te Region, $K_{gs,i}$ die i-te Scheduling-Begrenzung und s_t die Scheduling-Variable ist. Dieser Ansatz erlaubt es, einen nichtlinearen Prozess mit einer Reihe linearer Regler zu regeln, was mit einem einzelnen Regler nicht möglich wäre.

5.5.3 Quadratische Regelung

Quadratische Regelung ist sinnvoll für Anwendungen, bei denen große Abweichungen vom Referenzwert stärker bestraft werden sollen als solche nahe dem Referenzwert. Das Regelgesetz kann geschrieben werden als

$$
u_t = K_c \mathrm{sgn}(e_t) e_t^2
\tag{5.72}
$$

wobei sgn die Signumfunktion ist, die für einen Fehler e_t kleiner null -1, für einen Fehler e_t größer null 1 und für einen Fehler e_t gleich null 0 zurückgibt.

5.5.4   Verhältnisregelung

In bestimmten Systemen kann es gewünscht sein, zwei Variablen in einem bestimmten Verhältnis zu halten. Um in einem Mischungsprozess die Zusammensetzung der Mischung konstant zu halten, muss das Verhältnis der Einströmung der beiden Zuläufe verstetigt werden. In diesem Fall bietet sich die Implementierung von **Verhältnisregelung** an, bei der wir ein Verhältnis R konstant halten wollen. Abb. 5.20 zeigt eine schematische Darstellung der Verhältnisregelung. Sie wird dabei implementiert durch den Multiplikationsblock, der den gemessenen Wert der Feststoffe ausliest und ihn mit dem vom VC-Regler gesetzten Wert multipliziert.

Bei der Implementierung von Verhältnisregelung sollte nicht das Verhältnis selbst geregelt werden, sondern der Verhältnisregler sollte vielmehr den Referenzwert für eine Variable, die das Verhältnis benutzt, setzen. Ist beispielsweise $R = u_1/u_2$, können wir $u_2 = R\,u_1$ setzen und dieses u_2 als Referenzwert für den u_2-Regler nutzen. In allen Fällen sollte eine Division vermieden werden, denn sobald eine der Variablen den Wert null annimmt, wird ein Fehler auftreten. Verhältnisregelung wird mithilfe der absoluten Werte der Variablen implementiert und nicht mit den Abweichungen, wie bei vielen anderen Regelungsstrategien üblich.

Verhältnisregelung ist nützlich, wenn intensive (betragsinvariante) Variablen, wie Zusammensetzung, Dichte, Viskosität oder Temperatur, mithilfe von extensiven (betragsveränderlichen) Variablen, wie Durchflussraten, geregelt werden müssen. Wenn wir Verhältnisregelung implementieren wollen, müssen wir alle extensiven Variablen um denselben Betrag ändern und alle intensiven Variablen konstant halten. Die Regelung eines Wärmetauschers mittels Verhältnisregelung ist deshalb nicht sinnvoll, denn es ist nicht möglich die Oberfläche während des Betriebs zu ändern. Eine Möglichkeit alle unabhängigen, intensiven Variablen konstant zu halten, ist die Implementierung von Rückkopplungen im Verhältnis selbst. Solch ein Ansatz wird oftmals **Trimmregelung**

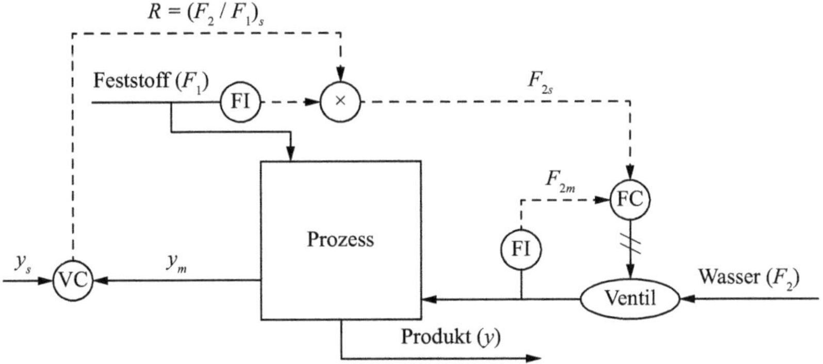

Abb. 5.20 Verhältnisregelung mit Trimm-Regelung

genannt. Abb. 5.20 zeigt diesen Ansatz durch die gestrichelte Linie von VC zum Multiplikationsblock, wobei ein geeignetes Verhältnis R basierend auf den gemessenen Werten von y und dem Referenzwert gesetzt wird. Ein weiterer Vorteil von Verhältnisregelung ist, dass kein Modell implementiert werden muss. Das heißt, wir erhalten eine Regelung ähnlich der Störgrößenaufschaltung, ohne ein Modell des Systems zu benötigen.

5.5.5 Eingangs-Positionsregelung

Eingangs-Positionsregelung, auch als Ventil-Positionsregelung bezeichnet, erlaubt die Regelung von Systemen mit mehreren Eingängen und einem Ausgang mittels fortgeschrittener Methoden. Bei dieser Regelungsstrategie werden normalerweise zwei Eingänge zugrunde gelegt: ein schnell agierender, jedoch teurer (oder anders beschränkter) Eingang u_1 und ein langsam agierender, jedoch günstiger (oder anders nachhaltiger) Eingang u_2. Ein Beispiel ist die Kühlung eines Reaktors mit exothermer Reaktion mithilfe von Kühlmitteln (schnell, aber teuer) und Kühlwasser (langsam, aber günstiger). Im Allgemeinen wird der günstige Eingang für die Regelung des Prozesses verwendet, während der teure Eingang zur Verbesserung der Leistung des Systems nutzbar ist. Für den stationären Zustand wird angenommen, dass der teure Eingang einen stationären Wert u_{1s} annimmt, sodass das gesamte Prozess durch u_2 geregelt wird. Eine schematische Darstellung dieser Regelungsstrategie zeigt Abb. 5.21.

Eingangs-Positionsregelung kann als Modifikation von Kaskadenregelung betrachtet werden. Die schnelle Regelschleife ist dabei gegeben durch u_1, während die langsame Schleife durch u_2 dargestellt wird. Das bedeutet, dass auch die Regel für das Verhältnis der Zeitkonstanten bei Kaskadenregelung gilt, d. h. τ_{c2}/τ_{c1} sollte zwischen 4 und 10 liegen. Allgemein sind beide Regler als einfache PI-Regler ohne Verfahren zu Verhinderung von Integratoraufwicklung ausgelegt.

5.5.6 Nichtlineare Charakterisierung

Nichtlineare Charakterisierung erlaubt die vom Regler unabhängige Behandlung von Nichtlinearitäten im Aktor. Der Block für die nichtlineare Charakterisierung wandelt die lineare Ausgabe des Reglers in die nichtlineare Ausgabe des Aktors um. Gibt der Regler beispielsweise eine Durchflussrate an, so kann dieser Block die Durchflussrate in den korrespondierenden Wert umwandeln. Der Block ist oftmals ein Nachschlagewerk mit Interpolationen zwischen den gegebenen Datenpunkten. Solch ein Ansatz erlaubt es, das System auf die Bereiche auszurichten, die stark nichtlinear sind.

Abb. 5.21 Eingangs-
Positionsregelung

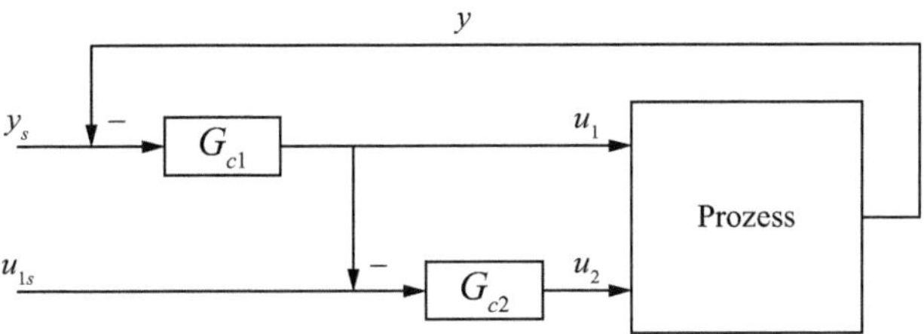

5.5.7   Stoßfreies Umschalten

Unter **stoßfreiem Umschalten** wird der weiche Übergang von einem Regelungsmodus oder -strategie zu einem anderen Modus verstanden, ohne dass sichtbare, ungewollte Änderungen (Stöße) in den Prozessvariablen auftreten. Die Stöße resultieren oftmals aus einer Nichtübereinstimmung zwischen den benötigten Eingangsvariablen der zwei Modi. Im Allgemeinen wird das stoßfreie Umschalten durch die Nutzung von angemessenen Methoden zur Verhinderung von Integratoraufwicklung gewährleistet. In einem besonderen Fall, dem Übergang von manuellem zu automatischem Betrieb, sind unter Umständen Sondermaßnahmen notwendig. In diesen Fällen ist der Eingangswert für den Automatikmodus nicht exakt gleich dem Wert für den manuellen Modus, was zu Stößen führen kann. Die Lösung liegt in der Verbindung des aktuellen manuellen Werts mit dem zu erwartenden automatischen Wert. Weiterhin kann es hilfreich sein, die Integration zurückzusetzen, sodass sie im Moment des Umschaltens gleich null ist.

5.6   Weiterführende Literatur

Nachfolgend wird Literatur angegeben, die zusätzliche Informationen zum jeweiligen Thema bereitstellt:

1) **Allgemeine Regelungstechnik:**
   a. H. Unbehauen. *Regelungstechnik I, II und III*, Wiesbaden, Deutschland: Springer.
   b. J. Lunze. *Regelungstechnik 1 und 2*, Berlin, Deutschland: Springer.
2) **PID-Regelung:**
   a. K. J. Åström und T. Hägglund (1995). *PID controllers: theory, design, and tuning* (2. Ausg.), Research Triangle Park, North Carolina, USA: Instrument Society of America.
   b. A. Visioli (2006). *Practical PID control*, London, UK: Springer-Verlag.
3) **Zustandsregelung:** E. D. Sontag (1998). *Mathematical Control Theory: Deterministic Finite Dimensional Systems*, New York, New York, USA: Springer.

4) **Regler-Leistungsfähigkeit:** Y. A. W. Shardt, Y. Zhao, F. Qi, K. H. Lee, X. Yu, B. Huang, and S. Shah (2012). "Determining the State of a Process Control System: Current Trends and Future Challenges" in *The Canadian Journal of Chemical Engineering*, SS. 217–245.

5) **Störgrößenaufschaltung:** L. Liu, S. Tian, D. Xue, T. Zhang, and Y. Chen (2019). "Industrial feedforward control technology: a review" in *Journal of Intelligent Manufacturing*, Band 30, pp. 2819–2833.

6) **Modellprädiktive Regelung:** J. B. Rawlings, D. Q. Mayne und M. M. Diehl (2017). *Model Predictive Control: Theory, Computation, and Design* (2. Ausg.), Madison, USA: Nob Hill Publishing.

7) **Erweiterte Prozesskontrollstrategien:** S. Skogestad (2023). "Advanced control using decomposition and simple elements" in *Annual Reviews in Control*, Band 56, Artikel 100903.

5.7   Aufgaben zum Kapitel

Die Aufgaben zum Kapitel bestehen aus drei verschiedenen Typen: (a) Grundlegende Konzepte (Wahr/Falsch), die das Verständnis des Lesers zu den wesentlichen Inhalten des Kapitels überprüfen; (b) Übungsaufgaben, die darauf ausgelegt sind, die Fähigkeit des Lesers zu überprüfen, die erforderlichen Größen für einen unkomplizierten Datensatz mit einfachen oder ohne technische Hilfsmittel zu berechnen; und (c) Übungen mit Rechnerunterstützung, die nicht nur ein gründliches Verständnis der Grundlagen erfordern, sondern auch die Verwendung.

5.7.1   Grundlagen

Stellen Sie fest, ob die folgenden Aussagen wahr oder falsch sind und begründen Sie Ihre Entscheidung!

1) Bei Steuerung wird im Regler das gemessene Ausgangssignal verwendet, um zu bestimmen, wie der Prozess geregelt werden muss.
2) Bei der Regelung ist es wichtig, den Ausgang messen zu können.
3) Eine fehlerhaft modellierte Strecke kann zu Abweichungen bei Steuerung führen.
4) Regelung sollte stabil, abweichungsfrei und robust sein.
5) Ein Zustandsraumregler bedingt die Messung von Zuständen.
6) Bei der Zustandsraumregelung impliziert das Separationsprinzip, dass der Entwurf von Beobachter und Regler getrennt stattfinden kann.
7) Ein P-Regler erlaubt Regelung ohne bleibende Abweichung.
8) Der Integralanteil berücksichtigt den Einfluss zukünftiger Werte auf das System.
9) Integratoraufwicklung tritt dann auf, wenn Änderungen des Störsignals die manipulierte Variable dazu bringen zu fluktuieren.

10) Ableitungssprünge treten bei PID-Reglern dann auf, wenn es eine sprungförmige Änderung des Referenzwerts gibt.

11) Eine Erhöhung des Absolutwerts von K bei einem PI-Regler führt dazu, dass das System stabiler wird.

12) Der Proportionalanteil eines PID-Reglers berücksichtigt die aktuellen Werte des Regelfehlers.

13) Ein PI-Regler kann mittels der IMC-Methode angepasst werden.

14) Die Anstiegszeit eines geschlossenen Regelkreises kann verwendet werden, um das Störverhalten zu bestimmen.

15) Die Einschwingzeit ist definiert als das Dreifache der Zeitkonstante des geschlossenen Regelkreises.

16) Für die reguläre Leistungsfähigkeit des Reglers ist es einfach die Werte zu spezifizieren.

17) Störgrößenaufschaltung versucht den Effekt nichtmessbarer Störungen auf das System zu minimieren.

18) Ein Entkoppler ist ein Typ von Störgrößenaufschaltung.

19) Bei der Störgrößenaufschaltung kann es notwendig sein, Terme wie Totzeit oder instabile Nullstellen zu entfernen.

20) Verzahnung tritt auf, wenn eine bestimmte Serie diskreter Ereignisse eingetreten sein muss, bevor eine Aktion ausgeführt werden kann.

21) Überwachungssteuerung erlaubt den Aufbau eines Netzwerks aus Reglern, von denen jeder wiederum einen anderen Regler regeln kann.

22) Bei der Kaskadenregelung sollte der Führungsregler immer schneller sein als der Folgeregler.

23) Modellprädiktive Regelung erlaubt die Berücksichtigung von Beschränkungen und ökonomischen Gesichtspunkten bei der Regelung des Prozesses.

24) Modellprädiktive Regelung setzt gute Modelle voraus.

5.7.2 Übungsaufgaben

Diese Aufgaben sollen mit einem einfachen, nicht programmierbaren und nicht grafikfähigen Taschenrechner mithilfe von Stift und Papier gelöst werden.

25) Beschreiben Sie in Worten, wie die folgenden Regelungen funktionieren. Welche Methoden werden benutzt? Wie lauten die Ziele und was sind potenzielle Störungen?

   a. Ein Aufzug erreicht das gewünschte Stockwerk.

   b. Temperaturregelung einer Heizung.

   c. Temperaturregelung in einem Kühl-/Gefrierschrank.

   d. Autofahrt auf der Autobahn.

   e. Autofahrt auf der Autobahn mit Tempomat.

26) Entwerfen Sie PI-Regler mithilfe der Gleichungen aus Tab. 5.1 für die folgenden
     Prozesse:

a. $G_p = \frac{2}{30s+1}e^{-15s}$
b. $G_p = \frac{-2}{30s+1}e^{-15s}$
c. $G_p = \frac{2}{3s+1}e^{-150s}$
d. $G_p = \frac{-5}{s-0,5}e^{-15s}$

Nutzen Sie das kleinstmögliche τ_c.

27) Entwerfen Sie PID-Regler mithilfe der Gleichungen aus Tab. 5.2 für die Prozesse
     aus Aufgabe 26). Nutzen Sie das kleinstmögliche τ.

5.7.3   Rechnergestützte Aufgaben

*Die folgenden Aufgaben sollten mithilfe eines Computers und angepassten Software-
Paketen/Programmen wie bspw. MATLAB® gelöst werden.*

28) Simulieren Sie die Regler aus Aufgabe 26) und 27) für eine Änderung des
     Referenzwerts von -2 und $+2$. Nehmen Sie dafür an, dass das System nicht durch
     Störungen beeinflusst wird. Erklären Sie Ihre Beobachtungen. Welchen Regler
     würden Sie für welchen Prozess einsetzen und warum?

29) Entwerfen Sie je einen dynamischen Regler mit Störgrößenaufschaltung für die fol-
     genden Prozesse.

a. $G_p = \frac{2}{30s+1}e^{-15s}$, $G_d = \frac{-2}{15s+1}e^{-5s}$
b. $G_p = \frac{-2(5s-1)}{(30s+1)(25s+1)}e^{-15s}$, $G_d = \frac{2}{5s+1}e^{-20s}$
c. $G_p = \frac{2}{(3s+1)(10s+1)}e^{-s}$, $G_d = \frac{-2}{15s+1}e^{-5s}$
d. $G_p = \frac{2,5(2s-1)}{(10s+1)(20s+1)}e^{-20s}$, $G_d = \frac{5}{(10s+1)(20s+1)}e^{-30s}$

30) Entwerfen Sie einen statischen Regler mit Störgrößenaufschaltung für die Prozesse
     in Aufgabe 29). Simulieren und vergleichen Sie die Leistungsfähigkeit der beiden
     Reglertypen für eine Referenzwertänderung von $+2$. Nehmen Sie an, dass es sich
     um eine Störung durch weißes, gaußsches Rauschen handelt.

31) Betrachten Sie folgende kaskadierte Schleife mit den Übertragungsfunktionen

$$G_{p,\ \text{innere}} = \frac{2}{3s+1}e^{-s}, \ G_{p,\ \text{äußere}} = \frac{-2}{30s+1}e^{-20s} \tag{5.73}$$

Entwerfen Sie angemessene PI-Regler für diese Kaskade. Welche Aspekte sollten
Sie im Entwurfsprozess besonders beachten? Simulieren Sie das System.

32) Betrachten Sie dieselbe Situation wie in Aufgabe 31), doch nun soll die innere Schleife zusätzlich keine Schwingungen aufweisen und den Referenzwert so schnell wie möglich erreichen. Bestimmen Sie für diese Forderungen mithilfe eines simulativen Entwurfs die geeigneten Regler.

33) Sie sollen einen Regler für einen Prozess entwerfen, dessen experimentell bestimmtes Modell beschrieben wird durch

$$\hat{G}_p = \frac{1}{15s+1} e^{-10s} \tag{5.74}$$

Ihnen ist jedoch nicht bekannt, wie gut das experimentell bestimmte Modell die tatsächliche Situation wiedergibt. Entwerfen Sie mithilfe der IMC-Methode einen PID-Regler unter der Annahme, dass das experimentelle Modell korrekt ist. Da Sie wissen, dass das Modell höchstwahrscheinlich nicht fehlerfrei ist, sollten Sie ihr τ_c nicht zu klein wählen. Simulieren Sie Ihr Modell unter der Annahme, dass Gl. (5.74) die Wirklichkeit korrekt wiedergibt. Ist ihr Regler zufriedenstellend, simulieren Sie den geschlossenen Regelkreis unter der Annahme, dass das wahre Prozessmodell gegeben ist durch

a. **Kleine Abweichung:** $G_p = \frac{1{,}1}{16s+1} e^{-11s}$
b. **Große Abweichung bei Verstärkung:** $G_p = \frac{2}{14s+1} e^{-9s}$
c. **Große Abweichung bei Zeitkonstante:** $G_p = \frac{1{,}05}{4s+1} e^{-10s}$
d. **Große Abweichung bei Totzeit:** $G_p = \frac{1}{14s+1} e^{-25s}$

Ist Ihr System instabil, entwerfen Sie einen neuen Regler, der Ihr System sowohl für das experimentelle als auch für das reale Modell stabilisiert. Welche Schlüsse können Sie aus dem Reglerentwurf ziehen?

34) Entwerfen Sie für das folgende System mit zwei Eingängen und zwei Ausgängen einen Entkoppler zwischen u_2 und y_1. Die PID-Kopplungen sind y_1 mit u_1 und y_2 mit u_2.

$$\begin{bmatrix} y_1 \\ y_2 \end{bmatrix} = \begin{bmatrix} \frac{10}{(10s+1)} e^{-15s} & \frac{-2}{(15s+1)(10s+1)} e^{-10s} \\ \frac{5(10s+1)}{(15s+1)(20s+1)} e^{-25s} & \frac{5}{(10s-1)} e^{-30s} \end{bmatrix} \begin{bmatrix} u_1 \\ u_2 \end{bmatrix} \tag{5.75}$$

35) Simulieren Sie das System aus Gl. (5.75) mit und ohne Entkoppler. Was ist der der Effekt des Entkopplers auf das System? Die PI-Regler sind gegeben mit

$$\varepsilon_1 = \frac{1}{10}\left(1 + \frac{1}{25s}\right)(r_1 - y_1)$$
$$\varepsilon_2 = \frac{1}{5}\left(1 + \frac{1}{40s}\right)(r_2 - y_2) \tag{5.76}$$

36) Nutzen Sie die DMC-Methode, um einen modellprädiktiven Regler für folgendes System zu entwerfen:

$$y_t = \frac{z^{-10}}{1 - 0,25z^{-1}} u_t \tag{5.77}$$

37) Nutzen Sie die DMC-Methode, um einen modellprädiktiven Regler für folgendes System zu entwerfen:

$$\begin{bmatrix} y_1 \\ y_2 \end{bmatrix} = \begin{bmatrix} \frac{2}{10s+1}e^{-5s} & \frac{-2}{5s+1}e^{-15s} \\ \frac{5}{15s+1}e^{-10s} & \frac{4}{10s+1}e^{-10s} \end{bmatrix} \begin{bmatrix} u_1 \\ u_2 \end{bmatrix} \tag{5.78}$$

Die Abtastzeitpunkte liegen 1 s auseinander.

Boolesche Algebra 6

Boolesche Algebra ist die Algebra der binären Werte, also solcher Variablen, die nur zwei Werte (z. B. WAHR und FALSCH oder 1 und 0) annehmen können. Diese Algebra ist sehr hilfreich bei der Lösung von Problemen im Bereich der Logik und Voraussetzung für gute Programmierung. Eingeführt wurde diese Form der Algebra durch George Boole (* 1815 † 1864).

Ein Boolescher Ausdruck ist eine Gruppe elementarer Terme, die durch Konnektoren (auch Operatoren) miteinander verknüpft sind. In der Mathematik wird der Raum der Booleschen Algebra mit einem doppelt gestrichenen $\mathbb{B}$ (U + 1D359) gekennzeichnet.

6.1 Boolesche Operatoren

In der booleschen Algebra existieren fünf Operatoren: **Konjunktion, Disjunktion, Negation, Implikation** und **Äquivalenz**. Eine Übersicht über diese Operatoren liefert Tab. 6.1. Zu beachten ist, dass die Negation ein **unärer** Operator ist, d. h. es wird nur eine Variable benötigt, wohingegen die verbleibenden vier Operatoren sog. **binäre** Operatoren sind, d. h. es werden zwei Variablen benötigt. Beim Aufschreiben von boolescher Logik wird die Konjunktion durch eine Multiplikation dargestellt, d. h. $a \wedge b = ab$ und die Disjunktion wird als Addition repräsentiert, d. h. $a \vee b = a + b$.

Alle booleschen Ausdrücke können mit den Operatoren $\wedge$, $\vee$, $\neg$, 0 und 1 geschrieben werden. Der Operator $\wedge$ hat Vorrang vor $\vee$, d. h. es gilt für folgende Gleichung $a \vee b \wedge c = a \vee (b \wedge c)$.

Tab. 6.1 Boolesche Operatoren, wobei $a, b \in \mathbb{B}$

Operator	Symbol	Ausdruck	Alternative Formulierung	Wort-Repräsentation
Konjunktion	$\wedge$ (U+2227)	$a \wedge b$	a·b, ab, a AND b, a & b	UND
Disjunktion	$\vee$ (U+2228)	$a \vee b$	a+b, a OR b, a || b	ODER
Negation	$\neg$ (U+00AC)	$\neg b$, b' b^-	NOT b, !b	NICHT
Implikation	$\rightarrow$ (U+2192)	$a \rightarrow b$	—	WENN-DANN
Äquivalenz	$\leftrightarrow$ (U+2194)	$a \leftrightarrow b$	—	GENAU DANN WENN

6.2 Boolesche Axiome und Sätze

Für den booleschen Raum $\mathbb{B} = \{0, 1\}$ mit den Variablen a, b, und c sowie den Operatoren $\wedge$ und $\vee$ sind die folgenden Axiome erfüllt:

1) **Abgeschlossenheit des Raums**
   a. $a \vee b \in \mathbb{B}$
   b. $a \wedge b \in \mathbb{B}$
2) **Vertauschbarkeit (Kommutativität)**
   a. $a \vee b = b \vee a$
   b. $a \wedge b = b \wedge a$
3) **Verteilbarkeit (Distributivität)**
   a. $a \wedge (b \vee c) = (a \wedge b) \vee (a \wedge c)$
   b. $a \vee (b \wedge c) = (a \vee b) \wedge (a \vee c)$
4) **Identität**
   a. $a \vee 0 = a$
   b. $a \wedge 1 = a$
5) **Komplementbildung**
   a. $a \wedge \neg a = 0$
   b. $a \vee \neg a = 1$
6) **Auslöschung**
   a. $a \vee 1 = 1$
   b. $a \wedge 0 = 0$
7) **Ausklammerung (Assoziativität)**
   a. $(a \wedge b) \wedge c = a \wedge (b \wedge c)$
   b. $(a \vee b) \vee c = a \vee (b \vee c)$
8) **Idempotenz**
   a. $a \vee a = a$
   b. $a \wedge a = a$

9) **Involution**

   a. $\neg\neg a = a$

10) **Absorption**

   a. $a \wedge (a \vee c) = a$

   b. $a \vee (a \wedge c) = a$

Mit diesen Axiomen ist es möglich, die gesamte Boolesche Algebra aufzubauen.

Ein weiteres wichtiges Gesetz ist das **de-morgansche Gesetz**:

$$\neg(a \vee b) = \neg a \wedge \neg b \tag{6.1}$$

$$\neg(a \wedge b) = \neg a \vee \neg b \tag{6.2}$$

Diese Gesetzmäßigkeit kann genutzt werden, um viele logische Ausdrücke zu vereinfachen oder zwei Darstellungen ineinander umzuwandeln.

6.3   Boolesche Funktionen

Eine boolesche Funktion ist eine Funktion, bei der alle Variablen boolesche Variablen sind. In diesen Funktionen, wie bspw.

$$F = f(X_1, X_2), \text{ mit } X_1, X_2 \in \mathbb{B} \tag{6.3}$$

werden boolesche Variablen durch Großbuchstaben gekennzeichnet.

Eine **Wahrheitstabelle** zeigt die Werte des Ausdrucks für alle möglichen Kombinationen der Eingangsvariablen. Das impliziert, dass eine Wahrheitstabelle Zeilen hat, wobei N die Zahl der Eingangsvariablen darstellt. Jede Variable kann dabei den Wert 0 oder 1 annehmen. Für zwei Variablen ergeben sich also $2^2 = 4$ Zeilen, wohingegen bei vier Variablen $2^4 = 16$ Zeilen notwendig sind.

Die Wahrheitstabelle für den booleschen UND-Operator zeigt Tab. 6.2 (links). Nachdem der UND-Operator nur dann mit WAHR ausgewertet wird, wenn beide Variablen gleich 1 sind, gibt es nur eine Zeile, die den Wert WAHR zurückgibt. Die Wahrheitstabelle für den booleschen ODER-Operator zeigt Tab. 6.2 (rechts). Nachdem der ODER-Operator nur dann mit WAHR ausgewertet wird, wenn mindestens eine Variable gleich

Tab. 6.2 Wahrheitstabellen für die booleschen Operatoren UND (links) und ODER (rechts)

UND			ODER		
A	B	AB	A	B	A+B
0	0	0	0	0	0
0	1	0	0	1	1
1	0	0	1	0	1
1	1	1	1	1	1

1 ist, weisen drei Zeilen den Wert WAHR auf und nur die Zeile, in der beide Eingänge
FALSCH sind, wird mit FALSCH ausgewertet.

Beispiel 6.1: Wahrheitstabelle

Wie lautet die Wahrheitstabelle für die boolesche Funktion F = AB'?

Lösung:

Da es zwei Variablen (A und B) gibt, $N=2$, wird eine Wahrheitstabelle mit $2^2=4$
Zeilen benötigt.

A	B	B'	F
0	0	1	0
0	1	0	0
1	0	1	1
1	1	0	0

Es existieren zwei gebräuchliche Repräsentationen für boolesche Funktionen: die **konjunktive Normalform (KNF)** und die **disjunktive Normalform (DNF)**.

6.3.1 Disjunktive Normalform (DNF) und Minterme

Die disjunktive Normalform (DNF) ist die Repräsentation einer booleschen Funktion,
bei der alle Faktoren (oder Terme) **Produkte** von einzelnen Variablen sind, wie beispielsweise bei F = ABC + B'CDE' + A'B' oder bei F = BCDE + AB'E + HI' + C. Mithilfe der
Axiome können alle Funktionen in die disjunktive Normalform überführt werden.

Beispiel 6.2: Disjunktive Normalform

Welche der folgenden booleschen Funktionen sind in disjunktiver Normalform?

A) F = ABC + B'CDE'
B) F = (A + B) C
C) F = ABC + B' (D + E)
D) F = BC + DE'?

Lösung:

Nur 1) und 4) sind in disjunktiver Normalform, da diese Repräsentationen eine
Summe von Produkten einzelner Terme sind. In 2) und 3) gibt es ein Produkt mehrerer Variablen, nämlich A und B in 2), sowie D und E in 3).

Beispiel 6.3: Umwandlung in die disjunktive Normalform

Wandeln Sie die folgende Funktion in die disjunktive Normalform um: $F = (A + B)\,C$.

Lösung:

Mithilfe der Verteilbarkeitseigenschaft erhalten wir die disjunktive Normalform:

$$F = (A + B)C = AC + BC$$

Ein **Minterm** beschreibt eine Zeile in der Wahrheitstabelle, deren Ergebniswert 1 ist. Das Symbol eines Minterms ist m_i, wobei i die Zeilennummer als Dezimalzahl angibt. Die **kompakte disjunktive Normalform** (KDNF) wird über den Ausdruck $\Sigma m(i,\ldots)$ beschrieben, wobei i die Zeilennummer enthält, in der der Minterm steht. Sollen die Minterme in eine funktionale Repräsentation umgewandelt werden, so wird jede Variable, deren Wert 1 ist, in ihrer originären Form geschrieben und alle Variablen mit dem Wert 0 werden negiert dargestellt. Beispielsweise ergibt sich für m_2, den Minterm mit dem binären Wert 010_2, die Repräsentation $A'BC'$.

Beispiel 6.4: Kompakte disjunktive Normalform

Wie lautet die kompakte disjunktive Normalform der Funktion $F = (A + B)\,C$?

Lösung:

Zuerst benötigen wir eine Wahrheitstabelle. Mit dieser können leicht die Zeilen gefunden werden, die den Wert 1 enthalten.

A	B	C	F
0	0	0	0
0	0	1	0
0	1	0	0
0	**1**	**1**	**1**
1	0	0	0
1	**0**	**1**	**1**
1	1	0	0
1	**1**	**1**	**1**

Die Zeilen mit den fetten Zahlen sind die Zeilen, in denen die Funktion den Wert 1 annimmt. Die dezimale Darstellung der Zeilennummer ist leicht zu finden, indem die binäre Darstellung in den korrespondierenden Dezimalwert umgewandelt wird. Für die erste fett markierte Zeile (011) ergibt sich beispielsweise

$$011_2 = 0 \cdot 2^2 + 1 \cdot 2^1 + 1 \cdot 2^0 = 2 + 1 = 3$$

und

$$101_2 = 2^2 + 1 = 5$$

$$111_2 = 2^2 + 2 + 1 = 7$$

Somit ergibt sich für die kompakte disjunktive Normalform

$$\Sigma m(3, 5, 7)$$

Bitte beachten Sie, dass die Reihenfolge der booleschen Variablen von Bedeutung ist. Wird die Reihenfolge verändert, so verändert sich auch die kompakte disjunktive Normalform.

6.3.2 Konjunktive Normalform (KNF) und Maxterme

Die konjunktive Normalform ist die Repräsentation einer booleschen Funktion, bei der alle Faktoren Summen aus einzelnen Variablen sind, wie beispielsweise bei $F = (A + B + C) (B' + C + D) E'$ oder bei $F = (A + B) C$. Mithilfe der Axiome ist es auch hier möglich, alle Funktionen auf die konjunktive Normalform zu bringen.

Beispiel 6.5: Konjunktive Normalform
Welche der folgenden booleschen Funktionen sind in konjunktiver Normalform?

1) $F = ABC + B'CDE'$
2) $F = (A + B) C$
3) $F = (A + B + C) B' (D + E)$
4) $F = BC + DE'$?

Lösung:
Nur 2) und 3) sind in konjunktiver Normalform, da diese Repräsentationen Produkte von Summen einzelner Variablen enthalten. In 1) und 4) liegt eine Summe aus Produkten mehrerer Variablen vor, d. h. (A, B und C) in 1) und (B, C, D und E) in 4).

Beispiel 6.6: Umwandlung in die konjunktive Normalform
Wandeln Sie die Funktion $F = AC + BC$ in ihre konjunktive Normalform um.
Lösung:
Mithilfe der Verteilbarkeitseigenschaft erhalten wir die konjunktive Normalform:

$$F = AC + BC = (A + B)C$$

Ein **Maxterm** beschreibt eine Zeile in der Wahrheitstabelle, deren Ergebniswert 0 ist. Das Symbol eines Maxterms ist M_i, wobei i den dezimalen Wert des Zeilenindex darstellt. Die **kompakte konjunktive Normalform** (KKNF) wird beschrieben durch den Ausdruck $\Pi M(i, \ldots)$, wobei i den Zeilenwert des Maxterms als Dezimalzahl angibt. Sollen Maxterme in eine funktionale Repräsentation umgewandelt werden, so werden alle Variablen mit dem Wert 1 negiert und alle Variablen mit dem Wert 0 in ihrer originären Form geschrieben. Beispielsweise ergibt sich für M_2, den Maxterm des binären Werts 010_2, die Darstellung $A + B' + C$.

Beispiel 6.7: Kompakte konjunktive Normalform

Wie lautet die kompakte konjunktive Normalform der Funktion $F = (A + B)\,C$?

Lösung:

Zuerst benötigen wir eine Wahrheitstabelle. Mit dieser können leicht die Zeilen gefunden werden, die den Wert 0 enthalten.

A	B	C	F
0	**0**	**0**	**0**
0	**0**	**1**	**0**
0	**1**	**0**	**0**
0	1	1	1
1	**0**	**0**	**0**
1	0	1	1
1	**1**	**0**	**0**
1	1	1	1

Die Zeilen mit den fetten Zahlen sind die Zeilen, in denen die Funktion den Wert 0 annimmt. Die dezimale Darstellung der Zeilennummer ist leicht zu finden, indem die binäre Darstellung in den korrespondierenden Dezimalwert umgewandelt wird. Für die erste fett markierte Zeile (000) ergibt sich beispielsweise

$$000_2 = 0 + 0 + 0 = 0$$

und

$$001_2 = 0 + 0 + 1 = 1$$

$$010_2 = 0 + 2 + 0 = 2$$

$$100_2 = 2^2 + 0 + 0 = 4$$

$$110_2 = 2^2 + 2 + 0 = 6$$

Damit ergibt sich die kompakte konjunktive Normalform zu

$$\Pi M(0, 1, 2, 4, 6).$$

Wie bereits bei der disjunktiven Normalform ist auch bei der konjunktiven Normalform die Reihenfolge der Variablen von großer Bedeutung. Eine Vertauschung bedeutet eine Veränderung der konjunktiven Normalform. Es ist auch zu erkennen, dass sämtliche Terme der disjunktiven Normalform nicht in der konjunktiven Normalform enthalten sind.

6.3.3 Don't-Care-Werte

Technisch gesehen kann es vorkommen, dass bestimmte logische Kombinationen nicht auftreten können. Diese werden dann durch einen * oder ein ✕ in der Wahrheitstabelle gekennzeichnet. Die Entscheidung, welcher Wert (0 oder 1) besser geeignet ist, bleibt dann dem Ingenieur überlassen. Solche Fälle werden als **Don't-Cares** bezeichnet.

Beispiel 6.8: Don't-Cares
Wie lautet die Wahrheitstabelle der Funktion $F = AB$, wenn der Fall $A = B = 0$ nicht möglich ist?
Lösung:
Die Wahrheitstabelle lautet

A	B	F
0	0	✕
0	1	0
1	0	0
1	1	1

6.3.4 Dualität

Dualität in der booleschen Algebra hat die folgende Definition:

- Ersetzung aller AND durch OR.
- Ersetzung aller OR durch AND.
- Ersetzung aller 0 durch 1.
- Ersetzung aller 1 durch 0.

Dualität ist eine wichtige Eigenschaft, die bei Vereinfachungen oder Minimierung von booleschen Ausdrücken zum Tragen kommt, denn oftmals ist es einfacher, mit dem Dualen des entsprechenden Ausdrucks zu arbeiten.

Beispiel 6.9: Duale Repräsentation einer Funktion
Wie lautet die duale Repräsentation der Funktion $F = (A + B)\,C$?
Lösung:

$$F = (A + B)C$$

$$F^D = [(A + B)C]^D$$

$$F^D = [(A + B)]^D + C^D$$

$$F^D = AB + C$$

Die duale Repräsentation einer Funktion wird oft durch ein hochgestelltes D gekennzeichnet.

6.4 Minimierung einer booleschen Funktion

Soll eine logische Funktion mittels Elektronik implementiert werden, so ist es wichtig, sie vorher zu minimieren, um nicht zu viele Gatter zu verbrauchen. Oftmals braucht jede boolesche Funktion nämlich ein eigenes Gatter. Für die Minimierung haben sich drei Ansätze etabliert:

1) **Händisch** unter Ausnutzung der Axiome und Sätze der booleschen Algebra;
2) Unter Ausnutzung sog. **Karnaugh-Veitch-Diagramme** und;
3) Über die Nutzung des **Quine-McCluskey-Algorithmus**, welcher für große boolesche Funktionen mit oftmals mehr als 10 Variablen verwendet wird.

Im Allgemeinen ist das Karnaugh-Veitch-Diagramm (KV-Diagramm) die beste Methode zur Minimierung von booleschen Funktionen. Ein Karnaugh-Veitch-Diagramm (auch Karnaugh-Plan) ist ein visueller Algorithmus zur Minimierung von booleschen Funktionen, mit dem die größten Gruppen von 1ern und 0ern gefunden werden können. Für die minimale konjunktive Normalform werden Gruppen von 0ern gebildet, für die minimale disjunktiver Normalform hingegen werden die 1er gruppiert. Die 1er und 0er können immer nur in Gruppen der Größe 2^n zusammengefasst werden wobei $n \in \mathbb{N}$ ist. Die Karnaugh-Veitch-Diagramme für 2, 3, 4 und 5 Variablen sind noch relativ einfach zu zeichnen.

Ein Karnaugh-Veitch-Diagramm für zwei Variablen ist in Abb. 6.1 dargestellt. Das Diagramm ist so aufgebaut, dass eine Achse, die eine Variable und die andere Achse die andere Variable enthält. Für die disjunktive Normalform wird die maximale Anzahl an 1ern in Gruppen der Größen 2^n zusammengefasst.

Ein Karnaugh-Veitch-Diagramm für drei Variablen ist in Abb. 6.2 dargestellt. Hier werden auf der einen Achse eine Variable und auf der anderen Achse die beiden verbleibenden Variablen abgelegt. Die Anordnung der Variablen erfolgt so, dass sich benachbarte Felder immer nur um eine Stelle unterscheiden, d. h. es darf sich nur eine 0 oder 1 zwischen zwei Feldern ändern. Ist die Zeile bspw. 01, dann muss die nächste Zeile 11 sein, da nur ein Eintrag verändert werden sollte.

Ein Karnaugh-Veitch-Diagramm für vier Variablen ist in Abb. 6.3 dargestellt. Jede Zeile und Spalte enthält nun zwei Variablen. Ein Karnaugh-Veitch-Diagramm für fünf Variablen ist in Abb. 6.4 dargestellt. Sollen die Einträge mit dem Wert 1 betrachtet werden, ist es üblich, die Einträge mit dem Wert 0 wegzulassen.

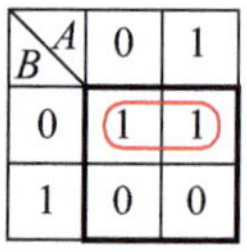

Abb. 6.1 Karnaugh-Veitch-Diagramm für die Funktion $F = B'$

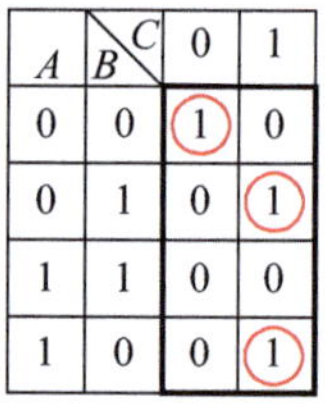

Abb. 6.2 Karnaugh-Veitch-Diagramm für die Funktion $F = \Sigma m(0, 3, 5)$

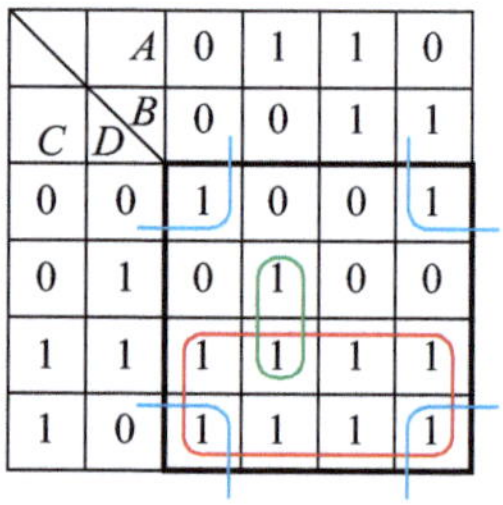

Abb. 6.3 Karnaugh-Veitch-Diagramm für die Funktion $F = A'BD + B'C'D' + C$

Abb. 6.4 Karnaugh-Veitch-
Diagramm für die Funktion
F=ΠM(1, 2, 5, 9, 11,
13, 15, 16, 17, 18,
20, 21, 23, 24, 26)

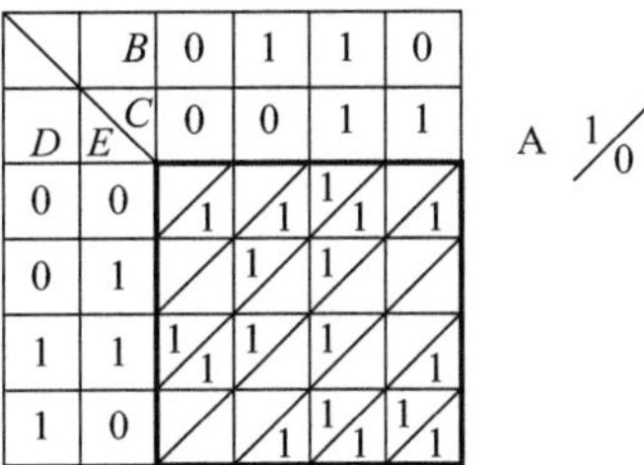

Der allgemeine Ablauf zum Auslesen der minimalen disjunktiven Normalform ist
nachfolgend beschrieben:

1. Aufstellen des Karnaugh-Veitch-Diagramms.
2. Gruppierung der 1er in die größtmöglichen Gruppen.
3. Aufschreiben der zugehörigen disjunktiven Normalform für die eingekreisten 1er.
   Für jede Gruppe werden nur die Variablen berücksichtigt, deren Wert sich nicht verändert. Variablen mit dem Wert 0 werden negiert. So variiert im in Abb. 6.3 im grün
   eingekreisten Bereich der Wert von C zwischen 0 und 1, was bedeutet, dass er ignoriert wird. Die anderen Variablen bleiben konstant. A und D haben einen Wert von 1,
   während B einen Wert von 0 hat. Wir müssen also B negieren und erhalten mit der
   nichtnegierten Form von A und D den Ausdruck AB'D.

Der allgemeine Ablauf zum Auslesen der minimalen konjunktiven Normalform ist:

1. Aufstellen des Karnaugh-Veitch-Diagramms.
2. Gruppierung der 0er in die größtmöglichen Gruppen.
3. Aufschreiben der zugehörigen disjunktiven Normalform für F' für die eingekreisten
   0er. Für jede Gruppe werden nur die Variablen berücksichtigt, deren Wert sich nicht
   verändert. Variablen mit einem Wert von 0 werden negiert. So variiert im in Abb. 6.3
   eingekreisten Bereich der Wert von A zwischen 0 und 1, was bedeutet, dass er ignoriert wird. Die anderen Variablen bleiben konstant mit einem Wert von 0. Somit
   schreiben wir die negierte Form dieser Variablen, d. h. B'C'D'.
4. Umwandeln von F' in F.

Die Auswahl der Gruppen kann nach dem Zufallsprinzip erfolgen. Dies ist jedoch nicht
zielführend, weil keine allgemeinen Aussagen über die Vollständigkeit der Minimierung
getroffen werden können. Es muss also eine Möglichkeit gefunden werden, wie der Prozess der Minimierung möglichst algorithmisch ablaufen kann.

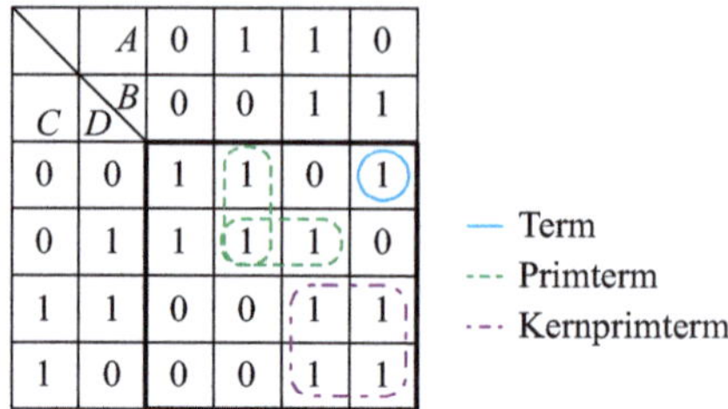

Abb. 6.5 Term, Primterm und Kernprimterm

Bevor dieser Algorithmus aufgebaut werden kann, müssen einige essenzielle Begriffe definiert werden. Ein **Term** ist eine einzelne 1 oder eine Gruppe von 1ern. Ein **Primterm** beschreibt einen Term, der nicht mit weiteren Variablen kombiniert werden kann, d. h. eine 1 bildet einen Primterm, wenn es keine benachbarten 1er gibt. Zwei benachbarte 1er bilden einen Primterm, wenn sie nicht in eine Gruppe aus vier 1ern zusammengestellt werden können, wohingegen vier benachbarte 1er einen Primterm bilden, wenn sie nicht in eine 8er-Gruppe zusammengefasst werden können. Abb. 6.5 zeigt den Unterschied zwischen Term und Primterm. Sicher ist, dass eine disjunktive Normalform, die auch Nichtprimterme enthält, nicht minimal ist, doch es werden nicht notwendigerweise alle Primterme für eine minimale disjunktive Normalform benötigt. Ein **Kernprimterm** ist ein Minterm, der nur durch einen einzigen Primterm abgebildet wird. Alle Kernprimterme sind somit in minimaler disjunktiver Normalform. Somit ist das Ziel einer Minimierung, alle Kernprimterme zu finden. Mit diesen Erkenntnissen kann der Algorithmus gemäß Abb. 6.7 angewendet werden.

> **Beispiel 6.10: Karnaugh-Veitch-Diagramm**
> Finden Sie für das Karnaugh-Veitch-Diagramm in Abb. 6.6, die minimale disjunktive Normalform.

Abb. 6.6 Karnaugh-Veitch-Diagramm für Beispiel 40

		A=0 B=0	A=1 B=0	A=1 B=1	A=0 B=1
C	D				
0	0	1	1	0	0
0	1	1	1	0	0
1	1	0	1	1	1
1	0	1	0	0	0

Lösung:

1) Wir starten mit der ersten 1 (Zelle: 0000). Die größte Gruppe, die wir finden können, umfasst vier 1er. Diese Gruppe ist ein Kernprimterm.

		A	0	1	1	0
C	D B		0	0	1	1
0	0	1	1	0	0
0	1	1	1	0	0
1	1	0	1	1	1
1	0	1	0	0	0

2) Die nächste, nicht eingekreiste 1 ist in Zelle 0010. Diese 1 kann nur mit der 1 in Zelle 0000 verbunden werden. Diese Gruppe ist also auch ein Kernprimterm.

		A	0	1	1	0
C	D B		0	0	1	1
0	0	1	1	0	0
0	1	1	1	0	0
1	1	0	1	1	1
1	0	1	0	0	0

3) Die nächste freie 1 ist in Zelle 0111. Hier haben wir zwei Möglichkeiten: Wir können die Schleife über Zelle 0101 oder über Zelle 1111 schließen. Das bedeutet, dass diese Gruppe einen Primterm darstellt.

		A	0	1	1	0
C	D	B	0	0	1	1
0	0		1	1	0	0
0	1		1	1	0	0
1	1		0	1	1	1
1	0		1	0	0	0

4) Die nächste freie 1 ist in Zelle 1011, die wir mit Zelle 1111 kombinieren können. Dies ist die einzige Möglichkeit zur Kombination der Zellen. Damit handelt es sich wieder um einen Kernprimterm.

		A	0	1	1	0
C	D	B	0	0	1	1
0	0		1	1	0	0
0	1		1	1	0	0
1	1		0	1	1	1
1	0		1	0	0	0

5) Der letzte Schritt besteht aus dem Aufschreiben der minimalen disjunktiven Normalform. Zuerst schreiben wir dafür alle Kernprimterme auf, d. h. $A'B'D'$, $B'C'$ und BCD. Dann wählen wir einen der verbleibenden Primterme ($AB'D$ oder ACD), wobei kein Unterschied bei der Auswahl eines der Primterme entsteht. Die minimale disjunktive Normalform lautet dann

$$F = A'B'D' + B'C' + BCD + \{AB'D \text{ oder } ACD\}$$

Abb. 6.7 Algorithmus zur Minimierung eines Karnaugh-Veitch-Diagramms

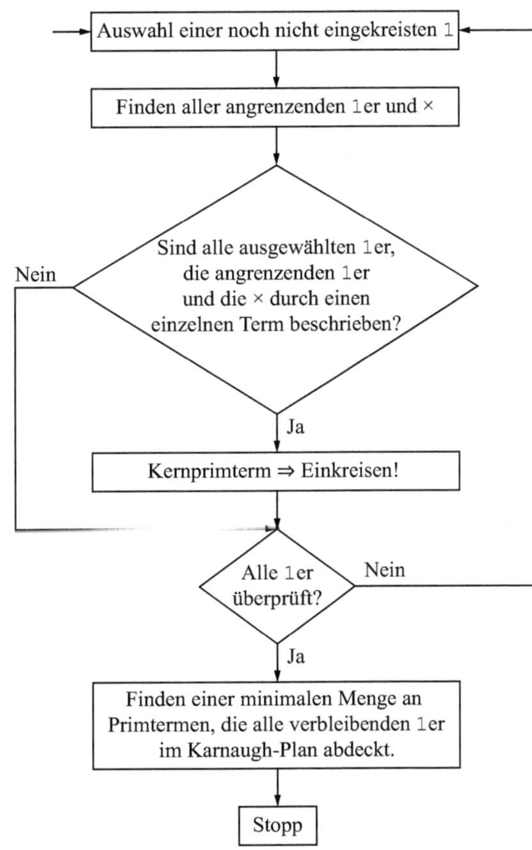

6.5   Weiterführende Literatur

Nachfolgend wird Literatur angegeben, die zusätzliche Informationen zum jeweiligen Thema bereitstellt:

1) P. Halmos and S. Givant (2008). *Introduction to Boolean Algebras,* New York, New York, USA: Springer.

6.6   Aufgaben zum Kapitel

Die Aufgaben zum Kapitel bestehen aus zwei verschiedenen Typen: (a) Grundlegende Konzepte (Wahr/Falsch), die das Verständnis des Lesers zu den wesentlichen Inhalten des Kapitels überprüfen; und (b) Übungsaufgaben, die darauf ausgelegt sind, die Fähigkeit

des Lesers zu überprüfen, die erforderlichen Größen für einen unkomplizierten Daten-
satz mit einfachen oder ohne technische Hilfsmittel zu berechnen.

6.6.1 Grundlagen

Stellen Sie fest, ob die folgenden Aussagen wahr oder falsch sind und begründen Sie Ihre
Entscheidung!

1) Variablen in der booleschen Algebra können die Werte -1, 0 und 1 annehmen.
2) In der booleschen Algebra wird die Konjunktion durch $\wedge$ dargestellt.
3) In der booleschen Algebra wird die Negation durch $\vee$ dargestellt.
4) Die booleschen Ausdrücke $\neg b$ und $b\,'$ haben dieselbe Bedeutung.
5) Der boolesche Operator $\wedge$ ist ein unitärer Operator.
6) Wenn $a=1$, $b=0$ und $c=1$, ergibt der Boolesche Ausdruck $a \vee b \wedge c$ „falsch".
7) In der booleschen Algebra gilt nicht das Ausklammerungsgesetz.
8) Boolesche Algebra befolgt das Verteilbarkeitsgesetz.
9) Das de-morgansche Gesetz lautet $(A+B)\,' = A'B'$.
10) Die Funktion $F = (A+B)\,C$ ist in disjunktiver Normalform.
11) Die Funktion $F = ABC + A'B'C'$ ist in disjunktiver Normalform.
12) Die Funktion $F = (A+B)\,C$ ist in konjunktiver Normalform.
13) Die Funktion $F = ABC + A'B'C'$ ist in konjunktiver Normalform.
14) Für die Funktion $F = \Sigma m(1, \ 3, \ 5)$ ist der Minterm m_2 gleich 1.
15) Für die Funktion $F = \Pi M(1, \ 3, \ 5)$ ist der Maxterm M_3 gleich 0.
16) Das Duale von $F = A+BC$ ist $FD = A(B+C)$.
17) Ein Don't-Care-Wert muss immer auf den Wert 1 gesetzt werden.
18) Alle Primterme sind in minimaler konjunktiver Normalform.
19) Alle Kernprimterme sind in minimaler konjunktiver Normalform.
20) Ein Karnaugh-Veitch-Diagramm kann für die Bestimmung der minimalen dis-junktiven Normalform genutzt werden.

6.6.2 Übungsaufgaben

Diese Aufgaben sollen mit einem einfachen, nicht programmierbaren und nicht grafik-
fähigen Taschenrechner mithilfe von Stift und Papier gelöst werden.

21) Vereinfachen Sie die Funktion $Z = (A+B)(A+BC)(B+BC)$. Zeigen Sie mithilfe einer Wahrheitstabelle, dass die originäre und die vereinfachte Funktion identisch sind.
22) Überführen Sie die folgenden Funktionen in ihre disjunktive Normalform:
    a. $Z = (A+B)(A+C)(A+D)(BDC+E)$
    b. $Z = (A+B+C)(B+C+D)(A+C)$

Abb. 6.8 Karnaugh-Veitch-Diagramm für Aufgabe 27

		A	0	1	1	0
C	D	B	0	0	1	1
0	0		1	0	0	0
0	1		1	1	0	0
1	1		0	1	0	0
1	0		0	1	1	0

23) Überführen Sie die folgenden Funktionen in ihre konjunktive Normalform:

    a. `Z = W + XYZ`

    b. `Z = ABC + ADE + ABF`

24) Finden Sie die kompakte konjunktive Normalform der folgenden Funktionen:

    a. `F(A, B, C) = A'`.

    b. `F(A, B, C, D) = A'B' + A'B'(CD + CD')`.

25) Finden Sie die kompakte disjunktive Normalform der folgenden Funktionen:

    a. `F(A, B, C) = (A' + B + C)(A + C)`.

    b. `F(A, B, C, D) = A'B' + A'B(CD + CD')`.

26) Ermitteln Sie mithilfe eines Karnaugh-Veitch-Diagramms die minimale disjunktive Normalform der folgenden Funktionen:

    a. `F(A, B, C, D) = A'B' + A'B(CD + CD')`.

    b. `F(A, B, C, D) = Σm(0, 1, 2, 3, 6, 7)`.

    c. `F(A, B, C, D) = Σm(0, 4, 5, 6, 8, 9, 10, 11)`.

    d. `F(A, B, C, D) = Σm(10, 12, 14)`.

27) Finden Sie für das Karnaugh-Veitch-Diagramm in Abb. 6.8, alle Primterme sowie die Kernprimterme.

SPS-Programmierung

Die Nutzung einer SPS setzt voraus, dass die benötigten Informationen auf die SPS übertragen werden können. Hierfür gibt es zwei mögliche Ansätze. Zum einen kann *ad-hoc* gearbeitet werden, wobei dieser Ansatz von der SPS bzw. der Situation abhängt, oder man verfolgt einen standardisierten Ansatz. Der Standardansatz sollte hier den Vorzug erhalten, denn mit ihm ist es möglich, Informationen, z. B. Code, wiederzuverwenden, ohne dass es Probleme mit der Kompatibilität gibt. Die Norm für die SPS-Programmierung ist die IEC/EC 61131. Sie soll nachfolgend ausführlicher beschrieben werden. Die Norm enthält fünf unterschiedliche Programmiersprachen und einen gemeinsamen Satz an Regeln, der auf alle Programmiersprachen anwendbar ist.

7.1 Die gemeinsame IEC-Hierarchie

Das grundlegende Element der IEC 61131-3-Norm ist die **Programmorganisationseinheit,** kurz POE. Die POE stellt das kleinste alleinstehende Teil in einem SPS-Programm dar. Es gibt drei Typen von POEs, die zu unterscheiden sind:

1. **Funktion (FUN):** Eine Funktion ist eine parametrisierbare POE ohne statische Variablen oder statische Informationen, sodass dieselben Eingänge immer dieselben Ausgänge erzeugen.
2. **Funktionsbaustein (FB):** Ein Funktionsbaustein ist eine parametrisierbare POE mit statischen Variablen, d. h. *Speichern*. Bei Übergabe derselben Eingangsparameter kann es zu verschiedenen Ausgängen kommen, abhängig von den internen Variablen der Funktionsbausteine sowie externen Werten.

Y. A. W. Shardt und C. Gatermann, *Automatisierungstechnik*,
https://doi.org/10.1007/978-3-662-72649-5_7

3. **Programm (PROG):** Ein Programm steht für das Hauptprogramm. Alle Variablen für das Programm sowie deren physische Adressen müssen spezifiziert werden. Ansonsten funktioniert ein Programm wie ein Funktionsbaustein.

Programme und Funktionsbausteine können Eingangs- und Ausgangsparameter haben, wohingegen Funktionen nur Eingangsparameter haben und der Ausgang durch den Funktionswert bestimmt ist. Im Allgemeinen besteht eine POE aus drei Teilen:

1. Deklaration des POE-Typs mit POE-Name (und Datentyp bei Funktionen); die Möglichkeiten sind:
   a) **Funktion:** `FUNCTION Name DataType ... END_FUNCTION`
   b) **Funktionsbaustein:** `FUNCTION_BLOCK Name ... END_FUNCTION_BLOCK`
   c) **Programm:** `PROGRAM Name ... END_PROGRAM`
2. Deklaration der Variablen
3. Rest der POE mit Anweisungen.

Bevor eine POE eingesetzt werden kann, muss jedem Programm eine Aufgabe zugeordnet werden. Vor dem Einladen einer Aufgabe in die SPS müssen zuerst noch folgende Punkte definiert werden:

1. Welche **Ressourcen** werden benötigt? In der Norm sind Ressourcen als Zentrale Verarbeitungseinheit (ZVE) oder besondere Prozessoren angegeben.
2. Wie und mit welcher Priorität wird das Programm ausgeführt?
3. Müssen Variablen physischen SPS-Adressen zugewiesen werden?
4. Müssen Referenzen zu anderen Programmen durch globale oder externe Variablen angelegt werden?

Die Priorität einer Aufgabe gibt an, wie diese ausgeführt werden muss. Es sind zwei wichtige Teile zur Definition der Priorisierung zu unterscheiden: **Aufgabenplanung** und **Prioritätstyp.** Aufgabenplanung beschäftigt sich vorrangig damit, wie das Programm ausgeführt wird. Die zwei Möglichkeiten sind **zyklisch** (kontinuierliche Ausführung des Programms) oder auf **Abruf** (Programm wird nur bei Benutzung ausgeführt). Der Prioritätstyp bezeichnet, ob das Programm unterbrochen werden darf oder nicht. Auch hier gibt es zwei Möglichkeiten: **unterbrechbar** und **nichtunterbrechbar.** Eine nichtunterbrechbare Aufgabe muss zuerst fertiggestellt werden, bevor eine andere Aufgabe ausgeführt werden kann. Eine unterbrechbare Aufgabe kann angehalten werden, wenn eine Aufgabe mit höherer Priorität ansteht. Dies wird in Abb. 7.1 verdeutlicht. Zur Wichtung der Unterbrechung wird eine Prioritätsstufe definiert, welche von 0 (höchste Priorität) bis 3 (niedrigste Priorität) reicht.

Die Definition der oben genannten Komponenten erzeugt eine sog. **Konfiguration.** Abb. 7.2 zeigt eine Darstellung der Komponenten einer Konfiguration und wie sie kombiniert werden.

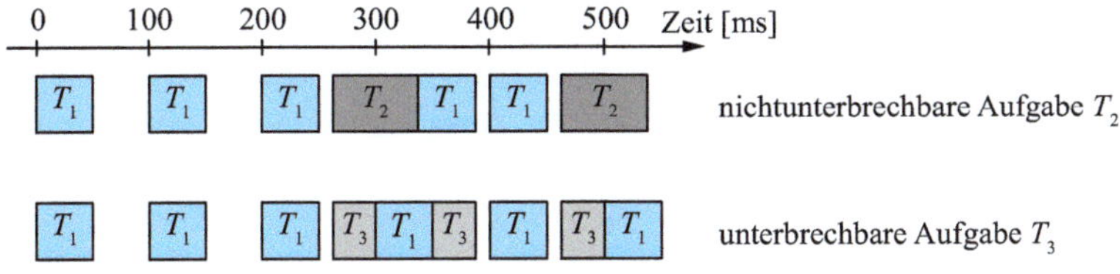

Abb. 7.1 Unterbrechbare und nichtunterbrechbare Aufgabe

Abb. 7.2 Grafische Darstellung einer Konfiguration

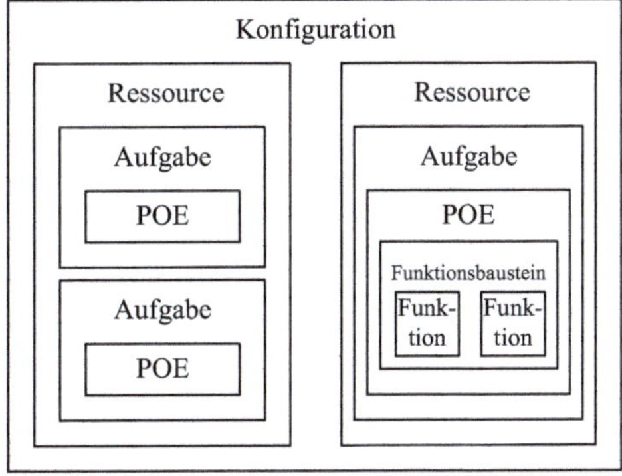

Die Hierarchie der Aufrufe sieht wie folgt aus: Ein Programm kann Funktionsbausteine und Funktionen aufrufen; ein Funktionsbaustein kann andere Funktionsbausteine und Funktionen aufrufen und eine Funktion kann lediglich andere Funktionen aufrufen. Rekursive Aufrufe können mit dieser Norm nicht implementiert werden. POEs können sich nicht selbst aufrufen, genauso wenig können sie als Ergebnis einer Kette von POEs aufgerufen werden.

7.2 Variablentypen

Die im IEC-Norm festgelegten Variablentypen sind:

1. **Variablen** (VAR): Diese allgemeinen Variablen können durch alle POEs verwendet werden.
2. **Eingangsvariablen** (VAR_INPUT): Der Aktualparameter wird nur mit seinem Wert an die POE übergeben, d. h. die Variable wird der POE nur als Kopie übergeben.

Diese Art der Übergabe stellt sicher, dass die Variable außerhalb der POE nicht verändert werden kann. Das grundlegende Prinzip wird auch **Aufruf nach Wert** genannt.

3. **Ausgangsvariablen** (`VAR_OUTPUT`): Die Ausgangsvariable wird der aufrufenden POE als Wert zurückgegeben. Dieses Konzept heißt **Rückgabe nach Wert** und kann von allen POEs verwendet werden.

4. **Ein-/Ausgangsvariable** (`VAR_IN_OUT`): Der Aktualparameter wird der aufrufenden POE als **Zeiger** übergeben, d. h. der Speicherplatz der Variable wird so übergeben, dass alle Änderungen an der Variablen direkt gespeichert werden. Dieses Konzept heißt **Aufruf nach Referenz** und eignet sich gut für die effiziente Programmierung bei Variablen mit komplexen Datenstrukturen. Problematisch ist jedoch, dass der Speicherort der Variablen übergeben wird, d. h. (unbeabsichtigte) Änderungen beeinflussen die Variable auch außerhalb der aufrufenden Funktion. Diese Art Variable kann auch von allen POEs verwendet werden.

5. **externe Variable** (`VAR_EXTERNAL`): Dieser Variablentyp kann außerhalb der POE durch andere Variablen geändert werden. Eine externe Variable muss Lese- und Schreibrechte für globale Variablen anderer POEs in der eigenen POE definiert haben. Sie ist nur sichtbar für POEs, die die Variable unter `VAR_EXTERNAL` aufführen, alle anderen POEs haben keinen Zugriff. Der Bezeichner und der Variablentyp in `VAR_EXTERNAL` müssen mit der korrespondierenden Deklaration in `VAR_GLOBAL` im Programm übereinstimmen. Dieser Variablentyp kann nur von Programmen und Funktionsbausteinen verwendet werden.

6. **globale Variable** (`VAR_GLOBAL`): Eine global definierte Variable kann von mehreren POEs beschrieben und gelesen werden. Um dies zu gewährleisten, muss die Variable in den anderen POEs unter `VAR_EXTERNAL` exakt so spezifiziert sein wie in `VAR_GLOBAL` (Name und Typ).

7. **Zugriffvariable** (`VAR_ACCESS`): Zugriffvariablen sind globale Variablen der Konfiguration, die als Kommunikationsmedium/-kanal zwischen Komponenten (Ressourcen) der Konfigurationen arbeiten. Sie kann, wie eine globale Variable, innerhalb der POEs verwendet werden.

7.3 Variablen, Datentypen und andere gebräuchliche Elemente

Die IEC-Norm definiert gebräuchliche Elemente, die für alle Programme gültig sind. Hierbei handelt es sich nicht nur um Komponenten, sondern auch um Regeln, wie das Element verwendet werden kann.

7.3.1 Einfache Elemente

Jedes SPS-Programm besteht aus grundlegenden Elementen, die als kleinste Einheit zusammengenommen die Deklarationen und Instruktionen aufbauen und somit ein komplettes Programm realisieren. Diese Basiselemente können in **Begrenzungszeichen, Schlüsselwörter, Literale** und **Bezeichner** unterteilt werden.

7.3.1.1 Begrenzungszeichen

Begrenzungszeichen sind Symbole, die die einzelnen Komponenten voneinander trennen. Typische Begrenzungszeichen sind das Leerzeichen, das Plus +, das Komma und der Stern *. Tab. 7.1 zeigt die im IEC-Norm definierten Begrenzungszeichen.

7.3.1.2 Schlüsselwörter

Laut IEC 61131-3 sind Schlüsselwörter die elementaren Wörter. Normalerweise werden sie durch **fette** Schrift hervorgehoben. Als Standard-Bezeichner sind sie in der Norm nach Schreibweise und Bedeutung festgelegt. Sie können nicht als nutzerspezifische Variablen oder Namen verwendet werden. Groß- und Kleinschreibung spielt für die Deklaration der Schlüsselwörter keine Rolle. Zur besseren Übersicht sollen Schlüsselwörter im Folgenden nur mit Großbuchstaben dargestellt werden. Schlüsselwörter enthalten folgende Möglichkeiten:

1. Namen von elementaren Datentypen
2. Namen von Standardstrukturen
3. Namen von Standard-Funktionsbausteinen
4. Namen für Eingangsvariablen von Standardfunktionen
5. Namen von Eingangs- und Ausgangsvariablen für Standard-Funktionsbausteine
6. Die Variablen EN und ENO in grafischen Programmiersprachen
7. Die Operatoren in der Anweisungsliste
8. Die Elemente von strukturiertem Text
9. Die Elemente der Ablaufsprache

Tab. 7.2 zeigt alle Schlüsselwörter der IEC-Norm.

7.3.1.3 Literale

Literale werden verwendet, um den Wert einer Variablen (Konstante) darzustellen, wobei sie von den Datentypen der Variablen abhängig sind. Es wird zwischen den folgenden drei Basistypen unterschieden:

1. **Numerische Literale** geben den numerischen Wert einer Zahl als Bitfolge aus, genauso wie als Integer und Gleitkommazahlen.

Tab. 7.1 Begrenzungszeichen nach IEC 61131-3

Begrenzungszeichen	Bedeutung und Erläuterung
Leerzeichen	Es kann an beliebigen Stellen eingefügt werden, ausgenommen sind Schlüsselwörter, Literale, Bezeichner, direkt dargestellte Variablen oder Kombinationen von Begrenzungszeichen wie (* oder *). Im IEC 61131-3 gibt es keine gesonderte Spezifizierung von Tabulatoren, also werden diese wie Leerzeichen behandelt
Zeilenende	Benötigt am Ende einer Anweisungszeile in der Anweisungsliste, genauso im strukturierten Text innerhalb einer Anweisung; verboten innerhalb von Kommentaren in der Anweisungsliste
Anfang desKommentars (*	Beginnt einen Kommentar (nicht schachtelbar)
Ende des Kommentars *)	Beendet einen Kommentar
Plus +	1. Führendes Zeichen dezimaler Literale 2. Im Exponenten von Gleitkommazahl-Literalen 3. Additionsoperator in Ausdrücken
Minus –	1. Führendes Zeichen dezimaler Literale 2. Im Exponenten von Gleitkommazahl-Literalen 3. Negationsoperator 4. Jahr-Monat-Tag Trennzeichen bei Zeitliteralen
Raute #	1. Basiszahlen-Trennzeichen in Literalen 2. Trennzeichen bei Zeitliteralen
Punkt .	1. Integer/Bruch-Trennzeichen[1] 2. Trennzeichen in hierarchischen Adressstrukturen von direkt dargestellten oder symbolischen Variablen 3. Trennzeichen zwischen Komponenten einer Datenstruktur (bei Zugriff auf die Struktur) 4. Trennzeichen für Komponenten einer FB-Instanz (bei Zugriff auf die Instanz)
e, E	Führendes Zeichen für Exponenten in Gleitkommazahlen
Anführungszeichen '	Anfang und Ende einer Zeichenkette
Dollar-Zeichen $	Anfang von speziellen Symbolen in einer Zeichenkette
Präfix Zeitliterale t#, T#; d#, D#; d, D; h, H; m, M; s, S; ms, MS; date#, DATE#; time#, TIME#; time_of_day#; TIME_OF_DAY#; tod#, TOD#; date_and_time#; DATE_AND_TIME#; dt#, DT#	Einführende Zeichen für Zeitliterale, Kombinationen von Klein- und Großbuchstaben werden vorausgesetzt

(Fortsetzung)

---

[1] Anders als im Deutschen wird das Komma niemals als Dezimalzeichen verwendet.

Tab. 7.1   (Fortsetzung)

Begrenzungszeichen	Bedeutung und Erläuterung
Doppelpunkt:	Trennzeichen für 1. Zeit innerhalb von Zeitliteralen 2. Definition von Datentypen in Variablendeklarationen 3. Definition von Datentypennamen 4. Schrittnamen 5. `PROGRAM ... WITH ...` 6. Funktionsname/Datentyp 7. Zugriffspfad: Daten/Typ 8. Sprungmarke vor der nächsten Anweisung 9. Netzwerkname vor der nächsten Anweisung
Zuweisungsoperator: =	1. Operator für initiale Variablenzuweisung 2. Verbinder für Eingänge (Zuweisung des Aktualparameters an Formalparameter beim Aufruf der POE) 3. Zuweisungsoperator
Runde Klammern (...)	Anfang und Ende von 1. Liste von Initialwerten, auch mehrere Initialwerte (mit Wiederholungsnummer) 2. Bereichsspezifizierung 3. Feldindex 4. Länge einer Folge 5. Operator in Anweisungsliste (Berechnungen) 6. Parameterliste beim Aufruf der POE 7. Hierarchie untergelagerter Ausdrücke
Eckige Klammern [...]	Anfang und Ende von 1. Feldindizes bei Aufruf des Feldes 2. Länge einer Zeichenkette (bei Deklaration)
Komma,	Trennzeichen für 1. Listen 2. Listen mit Initialwerten 3. Feldindizes 4. Variablennamen (mehrere Variablen desselben Typs vorhanden) 5. Parameterliste beim Aufruf der POE 6. Operatoren in Anweisungsliste 7. `CASE`-Liste
Semikolon;	Ende von 1. Definition eines (Daten)Typs 2. Deklaration (einer Variablen) 3. Anweisung in strukturiertem Text
Punkt-Punkt..	Trennzeichen für 1. Bereichsspezifikation 2. `CASE`-Zweige
Prozent %	Einführendes Zeichen für hierarchische Adressen für direkt dargestellte oder symbolische Variablen

(Fortsetzung)

Tab. 7.1 (Fortsetzung)

Begrenzungszeichen	Bedeutung und Erläuterung
Zuweisungsoperator =>	Festlegung des Ausgangs (Zuweisung eines Formalparameters zu einem Aktualparameter beim Aufruf eines PROGRAM oder FUNKTIONSBAUSTEIN)
Vergleich >, <; >=, <= ; = , <>	Vergleichsoperator in Ausdrücken
Exponent **	Potenzierung in Ausdrücken
Multiplikation *	Multiplikation in Ausdrücken
Division /	Division in Ausdrücken
Kaufmännisches Und-Zeichen &	UND-Operator in Ausdrücken

2. **Zeichenketten-Literale** erzeugen den Wert einer Zeichenkette in Einzel- oder Doppelbyte-Repräsentation. Ein Zeichenketten-Literal ist bestimmt durch einfache Anführungszeichen (U+0027), bspw. beschreibt '' die leere Zeichenkette und 'Automatisierung!'. Soll ein reserviertes Symbol in einem Zeichenketten-Literal verwendet werden, so ist ein Dollarzeichen vor das reservierte Symbol zu setzen. Beispielsweise bedeutet '$$45' „$45". Weiterhin können einige nicht druckbare Zeichen durch das Dollarzeichen dargestellt werden. Die wichtigsten Sonderzeichenketten sind in Tab. 7.3 aufgeführt.
3. **Zeit-Literale,** geben die Werte für Zeitpunkte, Dauern oder Daten vor.

Die Raute wird genutzt, um weiterführende Informationen über das verwendete Literal zu liefern. Beispielsweise impliziert 2# eine Repräsentation als binäre Zahl. Zu beachten ist, dass die Raute nach der Zusatzinformation steht. Weitverbreitete Verwendungen der Raute sind:

1. **Binäre Repräsentation:** 2#
2. **Hexadezimale Repräsentation:** 16#
3. **Repräsentation einer Dauer:** T# oder TIME#
4. **Repräsentation eines Datums:** D# oder DATE#
5. **Repräsentation der aktuellen Tageszeit:** TOD# oder TIME_OF_DAY#
6. **Repräsentation von Datum und Zeit:** DT# oder DATE_AND_TIME#

Es ist möglich, jede definierte Datenstruktur mit der Raute zu verwenden. Numerische und Zeit-Literale können auch Unterstriche enthalten, um die Darstellung etwas übersichtlicher zu gestalten. Groß- und Kleinschreibung spielt auch hier keine Rolle.

Zeitliterale haben einige besondere Eigenschaften. Es gibt verschiedene Arten von Zeitliteralen, und zwar Dauern, Daten, aktuelle Tageszeiten und Datum und Zeit. Für jeden Fall gibt es eine eigene Darstellung mit spezifischen Regeln.

Tab. 7.2 Alle Schlüsselwörter der IEC-Norm

A		
ABS	ANY	ANY_MAGNITUDE
ACOS	ANY_BIT	ANY_NUM
ACTION	ANY_DATE	ANY_REAL ARRAY
ADD	ANY_DERIVED	ASIN
AND	ANY_ELEMENTARY	AT
ANDN	ANY_INT	ATAN

B		
BOOL	BY	BYTE

C		
CAL	CLK	CTU
CALC	CONCAT	CTUD
CALCN	CONFIGURATION	CU
CASE	CONSTANT	CV
CD	COS	
CDT	CTD	

D		
D	DINT	DT
DATE	DIV	DWORD
DATE_AND_TIME	DO	
DELETE	DS	

E		
ELSE	ESIF	END_ACTION
END_CASE	END_RESOURCE	ENO
END_CONFIGURATION	END_STEP	EQ
END_FOR	END_STRUCT	ET
END_FUNCTION	END_TRANSITION	EXIT
END_FUNCTION_BLOCK	END_TYPE	EXP
END_IF	END_VAR	EXPT
END_PROGRAM	END_WHILE	
END_REPEAT	EN	

F		
FALSE	FIND	FUNCTION
F_EDGE	FOR	FUNCTION_BLOCK
F_TRIG	FROM	

G		
GE	GT	

I		
IF	INITIAL_STEP	INT

(Fortsetzung)

Tab. 7.2 (Fortsetzung)

IN	INSERT	INTERVAL
J		
JMP	JMPC	JMPCN
L		
L	LEN	LREAL
LD	LIMIT	LT
LDN	LINT	LWORD
LE	LN	
LEFT	LOG	
M		
MAX	MOD	MUX
MID	MOVE	
MIN	MUL	
N		
N	NE	NEG
NON_RETAIN	NOT	
O		
OF	OR	
ON	ORN	
P		
P	PROGRAM	PV
PRIORITY	PT	
Q		
Q	QU	
Q1	QD	
R		
R	RELEASE	RETCN
R1	REPEAT	RETURN
R_EDGE	REPLACE	RIGHT
R_TRIG	RESOURCE	ROL
READ_ONLY	RET	ROR
READ_WRITE	RETAIN	RS
REAL	RETC	
S		
S	SIN	STEP
S1	SINGLE	STN
SD	SINT	STRING
SEL	SL	STRUCT
SEMA	SQRT	SUB
SHL	SR	

(Fortsetzung)

Tab. 7.2 (Fortsetzung)

SHR	ST	
T		
T	TIME	TOF
TAN	TIME_OF_DAY	TON
TASK	TO	TP
THEN	TOD	TRANSITION
TRUE	TYPE	
U		
UDINT	ULINT	USINT
UINT	UNTIL	
V		
VAR	VAR_EXTERNAL	VAR_IN_OUT
VAR_ACCESS	VAR_GLOBAL	VAR_OUTPUT
VAR_CONFIG	VAR_INPUT	VAR_TEMP
W		
WHILE	WORD	
WITH	WSTRING	
X		
XOR	XORN	

Tab. 7.3 Spezielle Zeichenketten

Repräsentation mit Dollar-Zeichen	Repräsentation auf Bildschirm oder Drucker
$nn	Zeigt „nn" in Hexadezimal in ASCII
$$	$
$', $"	', "
$L, $l	Zeilenumbruch ($0A)
$N, $n	Neue Zeile
$P, $p	Neue Seite
$R, $r	Wagenrücklauf[2] ($0D)
$T, $t	Tabulator

---

[2] Dieser Begriff kommt aus der Zeit der Schreibmaschinen, wo der Schreibkopf mit dem Farbband auf einem Wagen befestigt war, der am Ende jeder Zeile an den Anfang der neuen Zeile geschoben werden musste.

Zeitdauern werden durch `T#` dargestellt. Nach der Raute werden die Dauern mit folgenden Einheiten dargestellt:

1. `d`: Tag
2. `h`: Stunden
3. `m`: Minuten
4. `s`: Sekunden
5. `ms`: Millisekunden

Jede Einheit wird durch einen Unterstrich getrennt, wobei er programmiertechnisch nicht nötig ist, die Lesbarkeit jedoch erhöht. Die Einheiten werden von links nach rechts immer kleiner, wobei die kleinste Einheit mit Dezimalzahlen dargestellt werden kann, bspw.: `T#1m_10s_100.7ms`. Anstelle eines Kommas wird für die Zahlendarstellung ein Dezimalpunkt genutzt. Der größte Wert kann überlaufen, d. h. die Darstellung `T#127m_19s` wird automatisch in eine angemessene Darstellungsform umgerechnet, d. h. `T#2h_7m_19s`. Negative Werte für Zeitdauern sind auch zulässig, z. B. `T#-22s_150ms`.

Daten werden durch `D#.` dargestellt. Nach der Raute kommt das Datum in wissenschaftlicher Notation (JJJJ-MM-TT), bspw. `D#2017-02-28`.

Die aktuelle Zeit wird durch `TOD#` dargestellt. Nach der Raute kommt die Zeit in der Notation `hh:mm:ss.Dezimalstelle`, also bspw. `TOD#12:45:25.21`.

Das Datum und die Zeit werden mit `DT#` dargestellt. Nach der Raute wird das Datum in wissenschaftlicher Notation und nach einem Bindestrich die aktuelle Uhrzeit angegeben, also bspw. `DT#2017-05-30-2:30:12`.

7.3.1.4 Bezeichner

Bezeichner sind alphanumerische Zeichenketten, die es dem Programmierer der SPS erlauben, individuelle Namen für Variablen, Programme und verwandte Elemente zu vergeben. Diese beinhalten Sprungadressen und Netzwerknamen, Konfigurationen, Ressourcen, Aufgaben, Laufzeitprogramme, Funktionen, Funktionsbausteine, Zugriffspfade, Variablen, abgeleitete Datentypen, Strukturen, Übergänge, Sprünge und Aktionsblöcke. Bezeichner müssen die nachfolgenden Regeln erfüllen:

1. Das erste Element darf keine Zahl sein (✗ `1Prog`).
2. Nicht mehr als ein Unterstrich nacheinander (✗ `A__B` [zwei Unterstriche verwendet]).
3. Keine Begrenzer verwenden (✗ `w34$23`).

Nur die ersten sechs Zeichen werden beim Vergleich berücksichtigt. So kommt es, dass die Zeichenketten `TUI_123` and `TUI_125` identisch sind. Die Groß- und Kleinschreibung spielt keine Rolle, weshalb `TUI`, `tui` und `TuI` identisch sind.

7.3.2 Variablen

Eine Variable ist die Repräsentation eines physischen Speicherorts auf der SPS, dem eine bestimmte Bedeutung zugeordnet wurde. Der Deklarationsblock einer Variablen wird durch VAR_*type* und VAR_END begrenzt. Es ist also möglich, den Typ einer Variablen festzulegen, wobei zu beachten ist, dass jede Variable in ihrer eigenen Zeile deklariert wird. Die zugrundeliegende Struktur enthält die folgenden Schlüsselkomponenten:

```
Variable_name : Data_type := Initial_value;
```

Die fettgedruckten Bestandteile müssen immer angegeben werden, während die Werte der kursiv geschriebenen Komponenten durch den Programmierer spezifiziert werden. Der Initialwert muss nicht angegeben werden, doch es ist immer besser, dies zu tun.

7.3.3 Datentypen

Es ist zwischen elementaren und abgeleiteten Datentypen zu unterscheiden.

7.3.3.1 Elementare Datentypen

Ein elementarer Datentyp ist ein „einfacher Datentyp", der bereits in der IEC-Norm vordefiniert ist. Die elementaren Datentypen sind durch ihre Datengröße (Anzahl an Bits) und den Wertebereich gekennzeichnet. Beide Werte werden durch die Norm definiert, dies geschieht jedoch nicht für Datum, Uhrzeit und Zeichenketten, hier kommt es auf die Implementierung an. Tab. 7.4 zeigt die elementaren Datentypen mit ihren Initialwerten und dem Wertebereich. In der IEC 61131-3-Norm sind fünf Gruppen von elementaren Datentypen definiert, die durch die in Klammern angegebenen allgemeinen Datentypen referenziert werden können:

1. **Bitfolge und boolescher Ausdruck** (ANY_BIT)
2. **(nicht) vorzeichenbehaftete Integer-Werte** (ANY_INT)
3. **Gleitkommazahlen** (ANY_REAL)
4. **Daten und Zeiten** (ANY_DATE)
5. **Zeichenketten und Dauern** (ANYSTRING, TIME)

Die generellen Datentypen ANY_INT und ANY_REAL können durch die gemeinsame Gruppe ANY_NUM repräsentiert werden.

Bei elementaren Datentypen können der Initialwert und der Wertebereich definiert werden. Als Initialwert bezeichnet man den Wert, den die Variable als erstes annimmt, wohingegen der Wertebereich Aussagen über die möglichen Werte, die die Variablen annehmen können, zulässt.

Tab. 7.4 Elementare Datentypen gemäß IEC 61131-3: Die führenden Buchstaben in den Datentypen haben folgende Bedeutung: D = Gleitkommazahl, L = Lange Gleitkommazahl, S = Kurze Gleitkommazahl und U = nicht vorzeichenbehaftet

Schlüsselwort	Datentyp	Bits	Bereich	Initialwert
BOOL	Boolesch	1	{0, 1}	0
BYTE	Bitfolge 8	8	[0, 16#FF]	0
WORD	Bitfolge 16	16	[0, 16#FFFF]	0
DWORD	Bitfolge 32	32	[0, 16#FFFF FFFF]	0
LWORD	Bitfolge 64	64	[0, 16#FFFF FFFF FFFF FFFF]	0
SINT	Kurzer Integer	8	$[-128, +127]$	0
INT	Integer	16	$[-32\,768, +32\,767]$	0
DINT	Doppelinteger	32	$[-2^{31}, +2^{31} - 1]$	0
LINT	Langer Integer	64	$[-2^{63}, +2^{63} - 1]$	0
USINT	Kurzer Integer	8	$[0, +255]$	0
UINT	Integer	16	$[0, +65\,535]$	0
UDINT	Doppelinteger	32	$[0, +2^{32} - 1]$	0
ULINT	Langer Integer	64	$[0, +2^{64} - 1]$	0
REAL	Gleitkomma	8	Vgl. IEC 60559	0
LREAL	Langes Gleitkomma	16	Vgl. IEC 60559	0
DATE	Datum	–	–	d#0001-01-01
TOD	Tageszeit	–	–	tod#00:00:00
DT	Datum mit Tageszeit			dt#0001-01-01-00:00:00
TIME	Dauer	–	–	t#0 s
STRING	Zeichen	–	–	' '
WSTRING	Zeichenkette	–	–	" "

7.3.3.2 Felder

Felder sind Datenelemente identischen Typs, die sequenziell im Speicher abgelegt werden. Der Zugriff auf ein Element des Feldes erfolgt über einen Index, der in den Grenzen des Feldes lokalisiert ist. Hierbei wird das zu erreichende Feld durch den Wert des Index repräsentiert. Bei den heute üblichen SPS-Systemen ist bereits die Vorkehrung getroffen, dass der Aufruf mit einem Index außerhalb des Feldes zu einer Fehlermeldung führt. Die Definition des Feldes erfolgt mittels eckiger Klammern ([ ]), wobei die Dimensionen des Feldes durch Kommata getrennt sind. So ist bspw.

```
ARRAY [1...45] OF INT
```

ein eindimensionales Feld mit 45 Elementen vom Typ INT, wohingegen

```
ARRAY [1...50,1...200] OF INT
```

ein zweidimensionales Feld mit 50 Elementen vom Typ INT in der einen und 200 Elementen gleichen Typs in der anderen Richtung ist.

Die Elemente innerhalb eines Feldes werden durch eckige Klammern adressiert. So ruft bspw. TEST[3] das dritte Element aus dem Feld TEST auf. Unterschiedliche Dimensionen werden auch hier durch Kommata getrennt.

Initialwerte können Feldern durch eckige Klammern übergeben werden. Soll ein Wert wiederholt werden, kann abkürzend die Struktur Wiederhole(Wert) verwendet werden. So bedeutet z. B. 2(4), dass der Wert 4 zweimal geschrieben wird. Somit sind die beiden folgenden Definitionen von Feldern zueinander äquivalent:

```
TEST1 : ARRAY [1...5] OF INT:= [1, 1, 1, 3, 3];
TEST1 : ARRAY[1...5] OF INT:= [3(1), 2(3)];
```

7.3.3.3 Datenstrukturen

Mit den Schlüsselwörtern STRUCT und END_STRUCT ist es möglich, neue hierarchische Datenstrukturen zu definieren. Diese können zufällige oder bereits abgeleitete, elementare Datentypen als Subelemente enthalten. Ist ein Subelement wiederum eine Struktur, so wird eine Hierarchie aus Strukturen aufgebaut, bei der das niedrigste Strukturlevel durch elementare oder abgeleitete Datentypen gebildet wird.

Wie in vielen anderen Programmiersprachen auch, wird auf die Komponenten einer Datenstruktur durch einen Punkt und den Namen der jeweiligen Struktur zugegriffen. Für den Fall des oben definierten Feldes TEST als Komponente sieht der Zugriff auf das dritte Element wie folgt aus: VAR.TEST[3].

7.3.3.4 Abgeleitete Datentypen

Ein **abgeleiteter Datentyp** ist ein vom Nutzer definierter Datentyp, der elementare Datentypen, Felder und Datenstrukturen enthalten kann. Diese Prozedur wird auch als **Ableitung** oder **Typdefinition** bezeichnet. Mit dieser Methode kann ein Programmierer das beste Datenmodell für das ihm vorliegende Problem finden. Ein abgeleiteter Datentyp wird mit TYPE und END_TYPE. definiert. Initialwerte werden durch :=zugewiesen, also bspw.

```
TYPE
    FARBE : (rot, gelb, gruen);
    SENSOR : INT;
    MOTOR :
        STRUCT
            DREHZAHL : INT := 0;
            LEVEL : REAL := 0;
            MAX : BOOL := FALSE;
```

```
        FEHLER : BOOL := FALSE;
        BREMSE : BYTE := 16#FF;
     END_STRUCT;
END_TYPE;
```

Hierbei ist das Element `FARBE` eine Aufzählung, die nur die Werte `rot`, `gelb` und `gruen` annehmen kann. `SENSOR` wird mit einem Integer (`INT`) definiert, wohingegen `MOTOR` eine Datenstruktur mit den folgenden Elementen beschreibt: `DREHZAHL` mit dem Initialwert 0, `LEVEL` ebenfalls mit Initialwert 0, `MAX` und `FEHLER` jeweils mit dem Initialwert `FALSE` und `BREMSE` mit dem hexadezimalen Anfangswert `FF`.

7.4 Kontaktplan (KP)

Die Programmiersprache **Kontaktplan (KP)** ist aus der Anwendung von elektromechanischen Relais entstanden. Ein Kontaktplan beschreibt den elektrischen Stromfluss durch ein einzelnes Netzwerk, welches die POE beschreibt. Diese Programmiersprache wird vor allem in Zusammenhang mit booleschen Signalen genutzt.

Der Kontaktplan besteht aus zwei vertikalen Schienen und horizontalen Sprossen, die die vertikalen Schienen verbinden. Es wird davon ausgegangen, dass der „Strom" von der linken Schiene zur rechten Schiene fließt, indem er den Sprossen folgt. Der Kontaktplan wird also immer Sprosse für Sprosse von oben nach unten und in einer bestimmten Reihe von links nach rechts gelesen, sofern keine andere Reihenfolge vorgegeben ist. Es ist üblich, alle linken Sprossen mit einer Nummer zu versehen. Normalerweise sind die Nummern nicht fortlaufend, sondern steigen in 5er- oder 10er-Einheiten an, sodass weitere Sprossen leicht hinzugefügt werden können. Schließlich wird der Kontaktplan häufig visuell in zwei Teile geteilt: einen linken Teil, der die Berechnungen zeigt, und einen rechten Teil, der der Speicherung oder Verwendung der Variablen dient. Diese Konvention erleichtert das Lesen des Kontaktplans.

7.4.1 Komponenten eines Kontaktplans

Tab. 7.5 zeigt die Komponenten in einem Kontaktplan.

Abb. 7.3 zeigt, wie die typischen booleschen Operatoren im Kontaktplan implementiert werden können. Bei der `UND`-Verknüpfung werden die beiden Kontakte in Reihe geschaltet, während bei der `ODER`-Verknüpfung die beiden Kontakte parallelgeschaltet werden. Dies ergibt sich aus der Beobachtung, dass der Strom von links nach rechts fließt. Bei einer `UND`-Verknüpfung müssen beide Kontakte `WAHR` ergeben, damit der Strom fließt. Das bedeutet, dass beide in Reihe geschaltet sein müssen. Bei der `ODER`-Verknüpfung hingegen kann der Strom durch jeweils einen der beiden Pfade fließen. Daher sollten die Kontakte parallelgeschaltet werden.

Tab. 7.5 Komponenten eines Kontaktplans

Name	Symbol	Kommentar
Sprosse	├────────┤	Leserichtung von links nach rechts
Offener Kontakt	VarName ─┤ ├─	Er kopiert den Wert von links nach rechts, wenn der Wert der Variable VarName WAHR ist, ansonsten wird FALSCH kopiert
Geschlossener Kontakt	VarName ─┤/├─	Er kopiert den Wert von links nach rechts, wenn der Wert der Variable VarName FALSCH ist, sonst wird WAHR kopiert
Kontakt mit positiver Flankenerkennung	VarName ─┤P├─	Er kopiert den Wert von links nach rechts genau dann, wenn ein Übergang von FALSCH nach WAHR in der Variable VarName stattgefunden hat. Ansonsten wird FALSCH kopiert
Kontakt mit negativer Flankenerkennung	VarName ─┤N├─	Er kopiert den Wert von links nach rechts genau dann, wenn ein Übergang von WAHR nach FALSCH in der Variable VarName stattgefunden hat. Ansonsten wird FALSCH kopiert
Spule[3]	VarName ─( )─	Sie kopiert den Wert der linken Seite in die Variable VarName
Negierte Spule[3]	VarName ─(/)─	Sie kopiert den negierten Wert der linken Seite in VarName
Setzspule[3]	VarName ─(S)─	Sie kopiert WAHR in VarName, wenn die linke Seite WAHR ist. Ansonsten erfolgt keine Aktion
Rücksetzspule[3]	VarName ─(R)─	Sie kopiert FALSCH in VarName, wenn die linke Seite WAHR ist. Ansonsten erfolgt keine Aktion
Spule mit positiver Flankenerkennung[3]	VarName ─(P)─	Sie speichert WAHR in VarName genau dann, wenn auf der linken Seite der Übergang von FALSCH nach WAHR detektiert wurde. Ansonsten gibt es keine Aktion
Spule mit negativer Flankenerkennung[3]	VarName ─(N)─	Sie speichert WAHR in VarName genau dann, wenn auf der linken Seite der Übergang von WAHR nach FALSCH detektiert wurde. Ansonsten gibt es keine Aktion
Setz-Rücksetz-Block	SR S Q1 R	Dieser Block kombiniert die Funktionen der Setz- und Rücksetzspule

(Fortsetzung)

---

[3] Der Wert von links wird immer nach rechts übergeben.

Tab. 7.5 (Fortsetzung)

Name	Symbol	Kommentar
Rücksprung	⊢⟨RETURN⟩	Er verlässt die POE und kehrt zurück zur ausführenden POE
Bedingter Rücksprung	⊢[tnw]⟨RETURN⟩	Ist der Zweig tnw^4 wahr wird die POE verlassen und zur aufrufenden POE zurückgekehrt, ansonsten ohne Bedeutung
Sprung	⊢≫ NAME	Er bewirkt einen direkten Übergang zum Netzwerk mit dem Bezeichner NAME
Bedingter Sprung	⊢[tnw]≫ NAME	Für den bedingten Sprung wird die Bedingung tnw^4 ausgewertet und falls diese WAHR ergibt, springt das Programm zum Baustein NAME
Etikett	LABEL	Es zeigt den Namen für einen Teil des Netzwerks an

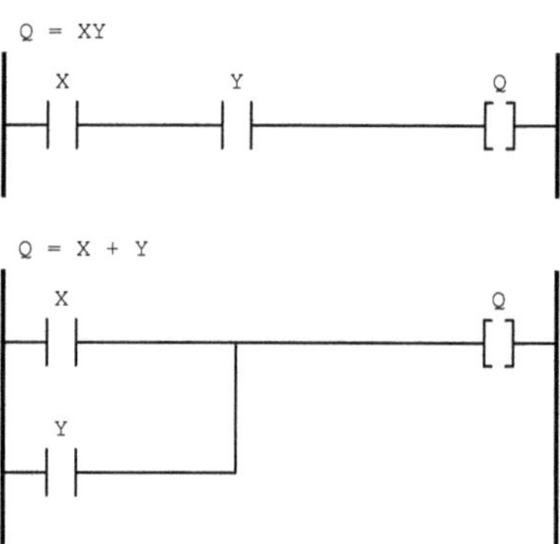

Abb. 7.3 UND (oben) und ODER (unten) im Kontaktplan

7.4.2 Funktionen und Kontaktplan

Da der Kontaktplan ursprünglich für logische (oder boolesche) Systeme entworfen wurde, kann die Implementierung und Ausführung von komplexen Funktionen mit den einfachen Bausteinen des Kontaktplans schwierig sein. Um dieses Problem zu lösen, wurde die Möglichkeit geschaffen, Funktionsbausteine aus anderen Programmiersprachen einzufügen. Diese enthalten immer zwei boolesche Variablen (EN und ENO), sowie alle weiteren benötigten Parameter. Die boolesche Variable EN (engl. *enable in*) bestimmt, ob die Funktion aufgerufen wird. Ist EN WAHR, so wird die Funktion aufgerufen. Die boolesche Ausgangsvariable ENO (engl. *enable out*) wiederum bestimmt, ob

---

[4] tnw beschreibt eine Boolesche Variable, die angibt, ob der gegebene Zweig ausgeführt werden soll.

Abb. 7.4 Aufruf einer
Funktion im Kontaktplan

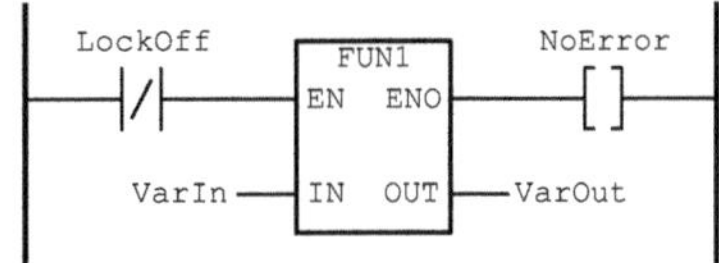

das Programm erfolgreich ausgeführt wurde. Sie nimmt den Wert WAHR an, wenn kein
Fehler detektiert wurde. Abb. 7.4 zeigt die Implementierung einer Funktion als Kontaktplan.

7.4.3 Beispiele für die Nutzung des Kontaktplans

Beispiel 7.1: Kontaktplan
Bitte entwerfen Sie den zugehörigen Kontaktplan für die folgende boolesche Funktion:

$$Q = XY + XZ + YZ$$

Lösung
Soll die boolesche Funktion als Kontaktplan implementiert werden, so muss diese
zuerst in eine Minimalform gebracht werden. Die vorliegende Funktion Q kann
leicht in

$$Q = XY + (X + Y)Z$$

überführt werden. Im Kontaktplan wird für jeden Term, der eine Disjunktion (+)
darstellt, mindestens eine zusätzliche Zeile benötigt, da innerhalb einer Zeile
multipliziert (UND-Verknüpfung) wird. Somit werden für die obige Funktion 3 Zeilen benötigt. Alle Werte gehen nicht negiert ein, d. h. der offene Kontakt kann für
alle Kombinationen verwendet werden. Zur Speicherung des Ausgabewerts Q wird
eine Spule benutzt. Abb. 7.5 zeigt das Ergebnis.

Beispiel 7.2: Kontaktplan für einen Ablauf
Betrachten Sie einen Tank, der mit zwei Komponenten gefüllt werden soll, die vor
ihrer Weiterverarbeitung vermischt werden müssen. Der Ablauf lautet:

1. Sobald der Startknopf gedrückt wurde und bei Füllstandsensoren (L1 und L2)
   den Wert FALSCH ausgegeben haben, schalte Ventile 1 und 2 (V1 und V2) ein
   und gehe zu Schritt 2.

Abb. 7.5 Kontaktplan für
Beispiel 1

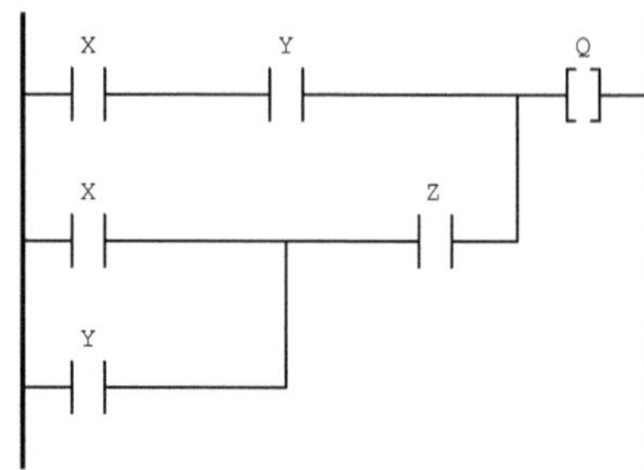

2. Sobald das Fluid Füllstandsensor 2 (L2) erreicht, d. h. dessen Wert auf WAHR umspringt, schließe beide Ventile und schalte den Mixer (M1) für fünf Minuten ein. Gehe zu Schritt 3.
3. Schalte den Mixer aus und warte eine Minute. Gehe zu Schritt 4.
4. Öffne das Bodenventil (V3) und lasse das Fluid ab. Gehe zu Schritt 5.
5. Sobald der untere Füllstandsensor 1 (L1) FALSCH meldet, d. h. der Tank leer ist, schließe das Bodenventil. Gehe zu Schritt 1.

Implementieren Sie den beschriebenen Ablauf mithilfe eines Kontaktplans.

Lösung

Um einen Ablauf als Kontaktplan zu implementieren, müssen wir boolesche Variablen definieren, die den Überblick darüber behalten, in welchem Schritt wir uns befinden. Da wir in diesem Beispiel fünf Schritte haben, ist es sinnvoll, die booleschen Schrittvariablen als S1, S2, S3, S4 und S5 zu definieren. S1 wird mit WAHR initialisiert, während alle anderen Variablen mit FALSCH initialisiert werden. Am Ende eines jeden Schrittes wird die aktuelle Schrittvariable zurückgesetzt (auf Null) und die nächste Schrittvariable gesetzt (auf Eins). Das Ein- und Ausschalten von Ventilen wird mit Hilfe der Setz- und Rücksetzspulen implementiert, während die Verzögerung und der Timer mit Hilfe der eingebauten Zeitfunktion (TON) implementiert werden. Die Sprossennummern wurden in Vielfachen von 5 hinzugefügt. Schließlich ist zu bemerken, dass in diesem speziellen Ablauf jedes Setzen ein entsprechendes Rücksetzen hat. Dies ist ein Merkmal vieler Abläufe, das in den Ablaufplänen der SPS-Programmiersprache verdeutlicht wird. Das endgültige Programm in Kontaktplan ist in Abb. 7.6 dargestellt.

7.4.4 Bemerkungen

Der Kontaktplan eignet sich gut für große boolesche Netzwerke. Er ist hingegen nicht geeignet für sequenzielle oder Ablaufprogrammierung. Obwohl Sprünge definiert sind, ist es sinnvoll, diese nicht anzuwenden, da sie zu Inkonsistenz beim Ablauf des Programms führen können.

Abb. 7.6 Kontaktplan für
Beispiel 2

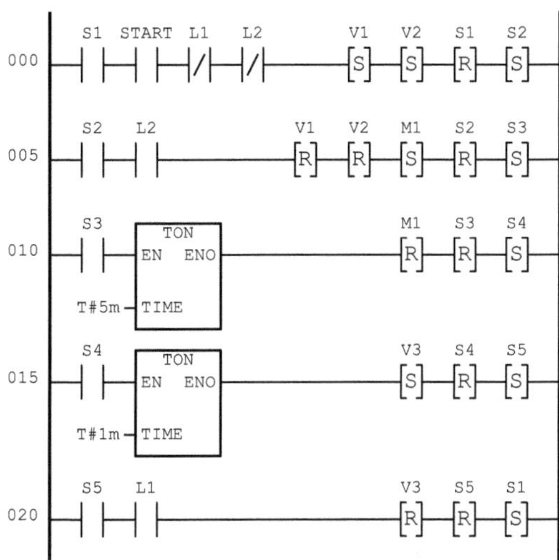

7.5 Anweisungsliste (AL)

Die Programmierung mit einer **Anweisungsliste (AL)** ist der Assemblersprache sehr ähnlich. Sie enthält eine Liste von Anweisungen, von denen jede in einer eigenen Zeile steht. Die Anweisungen haben stets die Form:

```
Label: Operator/Function Operand(list) Comments
```

Die Sprungmarke `Label` gibt der Anweisung einen Namen, wobei der Doppelpunkt weggelassen werden kann. `Operator` bzw. `Function` stellen die Operatoren/Funktionen in der Anweisungsliste dar. Der `Operand` ist null, eins oder er enthält mehrere Konstanten bzw. Variablen für den Operator oder Eingangsparameter für die Funktion, die voneinander durch ein Komma getrennt sind. Das `Comments`-Feld ist optional und bietet Platz für die Beschreibung der Zeile in der Anweisungsliste. Optionale Teile sind *kursiv* dargestellt.

7.5.1 Universeller Akkumulator

Die meisten Assembler-basierten Sprachen enthalten einen physikalischen Akkumulator im Prozessor. D. h. ein Wert wird in diesen Akkumulator geladen, zusätzliche Werte addiert oder subtrahiert und dann gespeichert. In der Anweisungsliste gibt es auch solch einen Akkumulator, dieser wird **aktuelles Ergebnis** (AE) genannt. Dieser ist jedoch kein Speicher mit permanent definierten Registerlängen, sondern vielmehr stellt der Compiler der Ausdrucksliste sicher, dass ein abstrakter Akkumulator mit der Speicherbreite des

Tab. 7.6 Veränderungen im aktuellen Ergebnis durch verschiedene Operatorgruppen

Einfluss der Operatorgruppe auf das aktuelle Ergebnis	Abkürzung	Beispiel
Erzeugen	C	LD
Weiterverarbeiten	P	GT
Unverändert lassen	U	ST; JMPC
Undefiniert setzen	–	Unbedingter CAL-Block-Aufruf, da die nachfolgende Anweisung das aktuelle Ergebnis neu laden muss. Die Variable hat keinen eindeutig definierten Wert, nachdem sie durch den Funktionsblock zurückgegeben wurde

jeweiligen Datentyps verfügbar ist. Im Gegensatz zu anderen Assemblersprachen gibt es kein gesondertes Prozessorstatusbit, sondern das Ergebnis des Vergleichs wird als boolesche 0 oder 1 in den Akkumulator geschrieben. Bedingte Sprünge und Aufrufe nutzen den aktuell gespeicherten Wert, um die Sprunganforderungen zu evaluieren. Dabei kann das aktuelle Ergebnis von beliebigem oder abgeleitetem Datentyp bzw. Funktionsbaustein sein. Die Datenbreite, also die Anzahl der Bits, des aktuellen Ergebnisses spielt dabei keine Rolle. Für die Anweisungsliste wird vorausgesetzt, dass zwei aufeinanderfolgende Operationen typkompatibel sind, d. h. der Datentyp des aktuellen Ergebnisses muss kompatibel sein zu dem der folgenden Anweisung.

In Tab. 7.6 werden die Veränderungen am aktuellen Ergebnis durch verschiedene Operatoren dargestellt. *Unverändert* bedeutet hierbei, dass die Anweisung das Ergebnis der vorherigen Anweisung, ohne Veränderung an Wert und Datentyp gemacht zu haben, an die nachfolgende Anweisung weitergibt. *Undefiniert* hingegen sagt aus, dass die nachfolgende Operation das aktuelle Ergebnis nicht verarbeiten kann. Die erste Anweisung eines Funktionsbausteins, der mittels CAL aufgerufen wird, kann nur Laden LD, Sprung JMP oder Rücksprung RET sein, da diese Anweisungen keines aktuellen Ergebnisses bedürfen.

Die IEC 61131-3-Norm selbst definiert keine Operatorgruppen. Zusätzlich ist das Verhalten und die Auswertung von aktuellen Ergebnissen nur teilweise in der Norm beschrieben. Für Operationen wie die UND-Verknüpfung ist das aktuelle Ergebnis vor und nach der Ausführung intuitiv einsichtig. Jedoch wird in der Norm beispielsweise offengelassen, wie das aktuelle Ergebnis nach einem unbedingten Sprung definiert ist.

7.5.2 Operatoren

Tab. 7.7 zeigt die für die Anweisungsliste definierten Operatoren. Die zugehörigen Modifikatoren können wie folgt definiert werden:

- N: Negation,
- (: Verschachtelung von Ebenen durch Klammerung,
- C: bedingte Ausführung eines Operators, wenn das aktuelle Ergebnis WAHR ist.

Tab. 7.7 Operatoren für Anweisungsliste

Operator	Akzeptierbare Modifikatoren	Operand	Bedeutung
LD	N	ANY	Laden
ST	N	ANY	Speichern
S		BOOL	Setzen
R		BOOL	Rücksetzen
AND/&	N, (	ANY	Boolesches UND
OR	N, (	ANY	Boolesches ODER
XOR	N, (	ANY	Boolesches exklusives ODER
ADD	(	ANY	Addition
SUB	(	ANY	Subtraktion
MUL	(	ANY	Multiplikation
DIV	(	ANY	Division
GT	(	ANY	> (Größer als)
GE	(	ANY	$\geq$ (Größer gleich)
EQ	(	ANY	= (Ist gleich)
NE	(	ANY	$\neq$ (Ist ungleich)
LT	(	ANY	< (Kleiner als)
LE	(	ANY	$\leq$ (Größer gleich)
JMP	C, (	LABEL	Sprung auf LABEL
CAL	C, (	NAME	Aufruf von Funktion mit NAME
RET	C, (		Rücksprung aus Funktionsaufruf
)			Nutze die letzte verschobene Anweisung

Diese Modifikatoren müssen zusammen mit einem Operator geschrieben werden, d. h.
ANDN ist ein negiertes AND.

Das aktuelle Ergebnis kann durch Nutzung der Klammeroperation mit dem Ergebnis
einer Anweisungsfolge verknüpft werden. Mit dem Modifikator (werden der assoziierte
Operator, der Wert des aktuellen Ergebnisses und der Datentyp des aktuellen Ergebnisses
zwischengespeichert. Der Datentyp und der Wert der folgenden Zeile werden in das aktuelle Ergebnis geladen. Erscheint der) Operator, so werden die zwischengespeicherten
Werte und der Datentyp basierend auf dem Operator und den Modifikatoren mit dem
aktuellen Ergebnis verknüpft. Das Ergebnis ist dann im aktuellen Ergebnis gespeichert.
Vorteilhaft ist, dass Ausdrücke in Klammern ineinander verschachtelt werden können.

7.5.3 Funktionen in Anweisungsliste

Bei der Programmierung mit der Anweisungsliste werden Funktionen anhand ihres Namens aufgerufen. Die Übergabe der Parameter kann auf zwei Arten erfolgen: über **Aktualparameter** oder über **Formalparameter.** Bei den Aktualparametern ist der erste Parameter einer Funktion das aktuelle Ergebnis, das vorher geladen wurde. Daher ist der erste Operand nach dem Funktionsnamen tatsächlich der zweite Parameter der Funktion. Beim Ansatz über Formalparameter werden alle Parameter formal definiert. Tab. 7.8 zeigt die zwei Möglichkeiten.

Eine Funktion hat mindestens einen Ausgangsparameter – auch Funktionswert, der unter Nutzung des aktuellen Ergebnisses ausgegeben wird. Sollte die Funktion noch zusätzliche Parameter haben, können diese ausgegeben werden, indem Parameter-Zuweisungen verwendet werden. Ein Funktionsaufruf ohne Formalparameter findet in einer Zeile statt, wobei die originale Reihenfolge der Ausgangsdeklaration berücksichtigt werden muss. Formalparameterzuweisung wird zeilenweise vorgenommen und mit einer Klammerzeile abgeschlossen. Bei der Formalparameterzuweisung werden die Ausgangsparameter durch => gekennzeichnet, also bspw. `ENO => AusgangsFehler`, was bedeutet, dass `ENO` ein Ausgangswert ist, der in `AusgangsFehler` gespeichert wird. Das Programmsystem weist den Funktionswert einer Variablen mit dem Namen der Funktion zu. Dieser Name wird automatisch deklariert, muss also nicht extra vom Nutzer im Deklarationsteil des aufrufenden Blocks angelegt werden.

7.5.4 Aufruf von Funktionsbausteinen in Anweisungsliste

Funktionsbausteine werden mit dem `CAL`-Operator aufgerufen. In IEC 61131-3 sind drei Methoden zum Aufruf von Funktionsbausteinen definiert:

1. Aufruf eines Funktionsbausteins mit geklammerter Liste an Eingangs- und Ausgangsparametern
2. Aufruf eines Funktionsbausteins mit vorher geladenen und gespeicherten Eingangsparametern
3. impliziter Aufruf eines Funktionsbausteins durch Nutzung der Eingänge als Operatoren

Tab. 7.8 Zwei Möglichkeiten zum Aufruf der Funktion `LIMIT(MN, IN, MX)`

Möglichkeit 1: Aktualparameter	Möglichkeit 2: Formalparameter

`LD 1`
`LIMIT 2, 3`
	`LIMIT(`
	`    MN:=1,`
	`    IN:=2,`
	`    MX:=3`
	`)`

Tab. 7.9 Drei Methoden zum Aufruf des Funktionsbausteins `ZEIT1(IN, PT)` mit Ausgangs-variablen `Q` und `ET`

Methode 1	Methode 2	Methode 3

```CAL ZEIT1(```
   `IN:=Frei,`
    `PT:=t#500_ms,`
    `Q=> Aus,`
     `ET=> WERT`
     `)`
	`LD t#500_ms`
	`ST ZEIT1.PT`
	`LD Frei`
	`ST ZEIT1.IN`
	`CAL ZEIT1`
	`LD ZEIT1.Q`
	`ST Aus`
	`LD ZEIT1.ET`
	`ST WERT`
		`LD t#500_ms`
		`ST ZEIT1.PT`
		`LD Frei`
		`IN ZEIT1`
		`LD ZEIT1.Q`
		`ST Aus`
		`LD ZEIT1.ET`
		`ST WERT`

Die dritte Methode kann nur für standardisierte Funktionsbausteine verwendet werden, da das Programm den Namen der Eingänge des Funktionsbausteins als Operator nutzen muss. Für die Ausgangsparameter ist diese Methode nicht geeignet. In Tab. 7.9 sind die drei Methoden für den Funktionsbaustein `ZEIT1(IN, PT)` mit den Ausgangsvariablen `Q` und `ET` exemplarisch dargestellt.

7.5.5 Beispiele

Beispiel 7.3: Berechnung des aktuellen Ergebnisses
Für die gegebenen Anweisungen soll nachvollzogen werden, wie Anweisungsliste die verschiedenen Register nutzt und aktualisiert. Werte in Grau sind die vorein-gestellten Initialwerte.

Anweisung	(* Kommentar *)	AE	X1	X2	W1	FB1.i1	FB1.o1
	Initialwerte	"STR"	0	1	10	1	103
LDN X1	Negierten Wert von X1 laden	1	0	1	10	1	103
AND X2	AE UND X2 → AE	1	0	1	10	1	103
S X1	Wenn AE=1 dann: 1 → X1	1	1	1	10	1	103
R X2	Wenn AE=1 dann: 0 → X2	1	1	0	10	1	103
JMPCN Lab1	Sprung zu Lab1 wenn AE=0	1	1	0	10	1	103
LD W1	Lade Wert in W1 → AE	10	1	0	10	1	103
MUL W1	AE * W1 → AE	100	1	0	10	1	103

Anweisung	(* Kommentar *)	AE	X1	X2	W1	FB1.i1	FB1.o1
SQRT	Funktion: sqrt(AE) → AE	**10**	1	0	10	1	103
ST FB1.i1	Speichere AE → FB1.i1	**10**	1	0	10	**10**	103
CAL FB1	FB1: interne Berechnung	10	1	0	10	10	**112**
LD FB1.o1	Lade den Ausgang o1 aus FB1 → AE	**112**	1	0	10	10	112
ST W1	Speichere AE → W1	**112**	1	0	**112**	10	112
GT 90	(AE > 90)? → AE	**1**	1	0	112	10	112

Beispiel 7.4: Schreiben eines Anweisungsliste-Programms

Für die bereits verwendete Funktion

$$Q = XY + XZ + YZ$$

soll das Programm als Anweisungsliste geschrieben werden.

Lösung

Der einfachste Ansatz zum Schreiben eines Anweisungsliste-Programms ist, von links nach rechts zu gehen und die zugehörigen Anweisungen aufzuschreiben. Das Programm lautet dann

```
LD  X
AND Y
OR( X
AND Z
)
OR( Y
AND Z
)
ST  Q
```

7.5.6 Bemerkungen

Die Programmierung mit der Anweisungsliste ist sehr gut geeignet für große boolesche Netzwerke. Genau wie der Kontaktplan ist sie jedoch ungeeignet für die sequenzielle Programmierung oder Ablaufprogrammierung. Mit der Anweisungsliste-Programmierung können keine komplexen Programmflusskonzepte wie bspw. Schleifen implementiert werden. Schließlich sollten, obwohl definiert, Sprünge auch in der Anweisungsliste vermieden werden, da diese während des Programmablaufs zu Inkonsistenzen führen können.

7.6   Funktionsbausteinsprache (FB)

Die Programmierung mit Funktionsbausteinen ist eine grafische Modellierung mit boole-schen Operatoren und komplexer Funktionalität dargestellt durch Bausteine (Blöcke). Motiviert durch elektronische Schaltkreise fließen die Signale zwischen den Bausteinen und werden von booleschen Eingängen in boolesche Ausgänge transformiert. Obwohl diese Sprache auf elektrischen Schaltkreisen basiert, wurden abweichende Darstellungen für die UND- und ODER-Bausteinen in die aktuellen Normen übernommen. In ältern Versionen deutscher Normen ist die Anlehnung an die elektrischen Schaltkreise deutlich erkennbar.

7.6.1   Bausteine für die Funktionsbausteinsprache

Tab. 7.10 stellt die wichtigsten Bausteine für die Funktionsbausteinsprache dar.

Eingänge und Ausgänge werden bei der ersten Benutzung definiert. Abb. 7.7 zeigt ein typisches Beispiel für ein Funktionsbausteindiagramm mit den üblichen Komponenten. Die Norm gibt im Allgemeinen keine genaue Methodik zur Benennung der Variablen vor, somit kann jede für sinnvoll erachtete Methodik genutzt werden.

7.6.2   Rückkopplungen in Funktionsbausteinsprache

Funktionsbausteinsprache erlaubt es, einen Ausgang als neuen Eingang eines Netzwerks zu nutzen. Solch eine Variable heißt **Rückkopplungsvariable.** Wenn die Rückkopplung zu ersten Mal aktiv wird, wird der Initialwert verwendet, danach kann immer auf den letzten Wert zurückgegriffen werden. Abb. 7.8 zeigt ein Beispiel mit Rückkopplung.

7.6.3   Beispiel

Beispiel 7.5: Erstellung des Funktionsbausteinsprache-Diagramms
Bitte erstellen Sie das Funktionsbausteinsprache-Diagramm für die folgende boolesche Funktion:

```
Q = XY + XZ + YZ
```

Lösung
Abb. 7.9 zeigt die Lösung.

Tab. 7.10 Bausteine für Funktionsbausteinsprache

Name	Symbol	Kommentar
UND	AND	In älterer deutscher Norm auch mit dem Symbol & zu finden
ODER	OR	In älterer deutscher Norm auch mit dem Symbol ≥ 1 zu finden
Negation	o	Sie wird immer dort platziert, wo das Signal, das negiert werden soll, in den Baustein eintritt oder diesen verlässt
Konnektor	●	Der Konnektor wird dort genutzt, wo ein Signal gespalten werden soll
Allgemeiner Baustein	NAME	In den allgemeinen Baustein können so viele Eingänge und Ausgänge hinein-/hinausgehen, wie durch den Block verlangt wird
Steigende Flanke	>	Der Operator der steigenden Flanke wird innerhalb des Funktionsbausteins neben die korrespondierende Variable gesetzt und zeigt an, dass es sich um einen Übergang mit steigender Flanke handelt
Fallende Flanke	<	Der Operator der fallenden Flanke wird innerhalb des Funktionsbausteins neben die korrespondierende Variable gesetzt und zeigt an, dass es sich um einen Übergang mit fallender Flanke handelt
Rücksprung	<RETURN>	Beim Rücksprung wird die POE verlassen und zur aufrufenden POE zurückgekehrt
Bedingter Rücksprung	snw[5] <RETURN>	Ist die linke Verbindung mit snw[5] WAHR, so wird die POE verlassen und zur aufrufenden POE zurückgekehrt. Für den Wert FALSCH gibt es keine Aktion
Sprung	≫ NAME	Der Sprung geht direkt zum Netzwerk mit dem Bezeichner NAME
Bedingter Sprung	snw[5] ≫ NAME	Ist die linke Verbindung snw[5] WAHR, so wird zum Netzwerk mit dem Bezeichner NAME gesprungen. Für den Wert FALSCH gibt es keine Aktion

---

[5] snw beschreibt ein Teilnetzwerk, welches einen booleschen Wert zurückgibt.

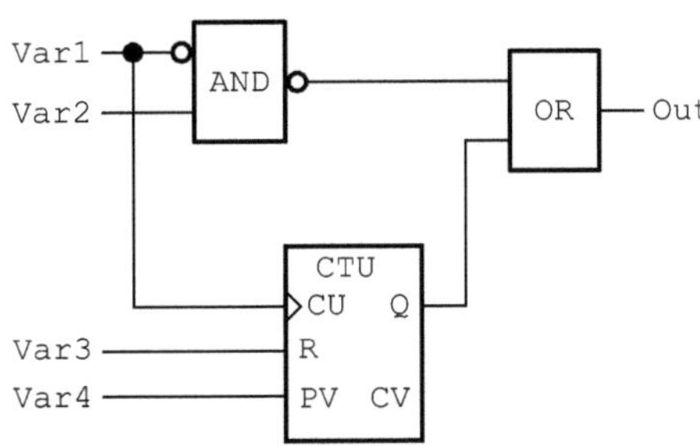

Abb. 7.7 Beispieldiagramm für Funktionsbausteinsprache

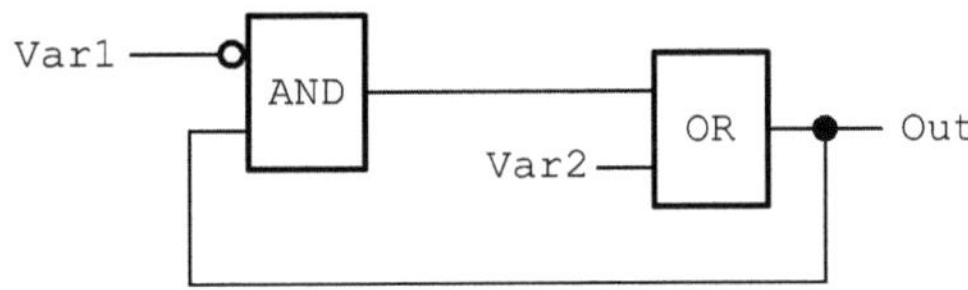

Abb. 7.8 Allgemeine Rückkopplung in Funktionsbausteinsprache

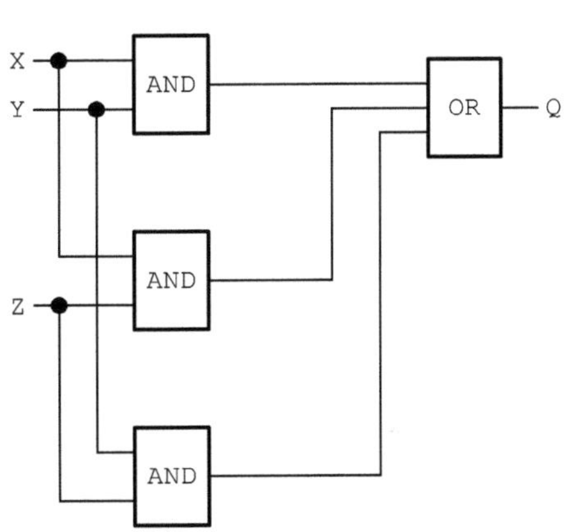

Abb. 7.9 Die Funktion $Q = XY + XZ + YZ$ in Funktionsbausteinsprache

7.6.4 Bemerkungen

Funktionsbausteinsprache sollte immer dann angewendet werden, wenn es einen Signalfluss zwischen verschiedenen Komponenten gibt, bspw. bei der Regelung von Systemen. Diese Sprache enthält auch keine komplexen Programmierungskonzepte wie Schleifen.

7.7 Strukturierter Text (ST)

Strukturierter Text (ST) ist eine textbasierte Programmiersprache der IEC 61131-3-Norm. Sie wird als Hochsprache bezeichnet, da anstelle von Assembler-Kodierung wirkungsvolle Konstrukte mit abstrakteren Anweisungen verwendet werden. Im Strukturierten Text wird die Lösung einer bestimmten Programmieraufgabe in einzelne Schritte, sog. Anweisungen, unterteilt. Anweisungen werden verwendet, um Werte zu berechnen und zuzuweisen, den Befehlsfluss zu überwachen oder um POE aufzurufen bzw. zu verlassen.

7.7.1 Übliche Befehle in Strukturiertem Text

In Tab. 7.11 sind die wichtigsten Anweisungen für Strukturierten Text aufgeführt. Jeder Befehl wird dabei mit einem Semikolon (;) getrennt. Die Befehle können jedoch, im Gegensatz zu den bereits vorgestellten textbasierten Sprachen, in einer Zeile hintereinandergeschrieben werden.

Die `IF`-Anweisung hat verschiedene Formen. Immer vorhanden sein müssen die Komponenten `IF`, `THEN` und `END_IF`, wobei `IF` den Block beginnt und `END_IF` diesen schließt. Weiterhin können `ELSE` und `ELSEIF` verwendet werden. Dabei wird der `ELSE`-Teil nur ausgeführt, wenn alle vorherigen Bedingungen mit `FALSCH` ausgewertet wurden. Der `ELSEIF`-Block wird nur dann ausgeführt, wenn alle vorherigen Bedingungen mit `FALSCH` und der zugehörige boolesche Ausdruck mit `WAHR` ausgewertet wurden. Diese Anweisung kann so oft wie gewünscht wiederholt werden. Somit ergeben sich folgende mögliche Ausdrücke:

1. `IF` Ausdruck `THEN` Codeblock; `END_IF`;
2. `IF` Ausdruck `THEN` Codeblock; `ELSE` Codeblock; `END_IF`;
3. `IF` Ausdruck `THEN` Codeblock; `ELSIF` Ausdruck `THEN` Codeblock; `ELSIF` Ausdruck `THEN` Codeblock; `ELSE` Codeblock; `END_IF`;

Auch für die `FOR`-Anweisung gibt es verschiedene Möglichkeiten. Die obligatorischen Komponenten sind hier das `FOR`, `TO`, `DO` und `END_FOR`. Die `FOR`-Anweisung öffnet den Block, der durch `END_FOR` beendet wird. Mit `TO` wird der Endwert festgelegt und `DO` beendet den Deklarationsteil der `FOR`-Schleife. Der optionale Teil ist das `BY`, welches die Schrittweite der `FOR`-Schleife vorgibt. Ist keine Schrittweite durch `BY` vorgegeben, so wird standardmäßig die Schrittweite eins angenommen. Die zwei möglichen Ausprägungen der `FOR`-Schleife sind

1. `FOR Zähler:=` Ausdruck`TO` Ausdruck`BY` Ausdruck`DO` Codeblock;`END_FOR;`
2. `FOR Zähler:=` Ausdruck`TO` Ausdruck`DO` Codeblock;`END_FOR;`

7.7.2 Operatoren in Strukturiertem Text

In Tab. 7.12 sind die Operatoren für Strukturierten Text nach Ihrer Priorität aufgelistet.

Tab. 7.11 Befehle in Strukturiertem Text

Schlüsselwort	Beschreibung	Beispiel	Kommentare
`:=`	Zuweisung	`d:=10;`	Zuweisen des Werts auf der rechten Seite an die Variable auf der linken Seite

`:=,=>`	Aufruf und Nutzung von Funktionsbausteinen	`FBNAME (`
		`Part1:=10,`
		`Part3 => AUS);`
			Aufrufen einer anderen POE vom Typ Funktionsbaustein und Zuweisen der benötigten Parameter `:=` für Eingänge und `=>` für Ausgänge

`RETURN`	Rücksprung	`RETURN;`	Rücksprung zur aufrufenden POE

`IF ... THEN`
`ELSE,`
`ELSIF`
`END_IF`
	Verzweigung	`IF A>100 THEN`
		`f:=1;`
		`ELSIF d=e THEN`
		`f:=2;`
		`ELSE`
		`f:=4;`
		`END_IF`
			Auswahl von Alternativen durch Nutzung von boolescher Logik

`CASE ... OF`
`ELSE`
`END_CASE`
	Mehrfache Auswahl/ Fallunterscheidung	`CASE f OF`
		`1: g:=11;`
		`2: g:=14;`
		`ELSE g:=-1;`
		`END_CASE;`
			Auswahl eines Codeblocks basierend auf dem Wert des Ausdrucks f

`FOR ... TO ... BY`
`... DO`
`END_FOR`
	FOR-Schleife	`FOR h:=1 TO 10`
		`BY 2 DO`
		`f[h/2]:=h;`
		`END_FOR;`
			Wiederholte Ausführung eines Codeblocks mit Start- und Endbedingung

`WHILE ... DO`
`END_DO`
	WHILE-Schleife	`WHILE m>1 DO`
		`n:=n/2;`
		`END_WHILE;`
			Wiederholte Ausführung eines Codeblocks mit Endbedingung

`REPEAT ... UNTIL`
`END_REPEAT`
	REPEAT-Schleife	`REPEAT`
		`i:=i*j;`
		`UNTIL i>10000`
		`END_REPEAT;`
			Wiederholte Ausführung eines Codeblocks mit Endbedingung

`EXIT`	Unterbrechung einer Schleife	`EXIT;`	Sofortiges Verlassen einer Schleife
`;`	Beendet Anweisung		Ende einer Anweisung

Tab. 7.12 Operatoren und ihre Priorität in Strukturiertem Text

Operator	Beschreibung	Priorität
(...)	Klammern	hoch
Function(...)	Funktionsaufruf	
**	Potenzierung	
-, NOT	Negation, Boolesches Komplement	
*, /	Multiplikation, Division	
MOD	Modulo (Restklassenrechnung)	
+, -	Addition, Subtraktion	
>, <, $\leq$, $\geq$	Vergleichsoperatoren	
=	Gleichheit	
<>	Ungleichheit ($\neq$)	
AND, &	Boolesches UND	
XOR	Boolesches exklusives ODER	
OR	Boolesches ODER	niedrig

7.7.3 Aufruf von Funktionsbausteinen in Strukturiertem Text

Der Aufruf von Funktionsbausteinen in Strukturiertem Text erfolgt über den Namen des Funktionsbausteins, wobei die benötigten Parameter in Klammern notiert werden. Der Operator := wird genutzt, um den Wert der Aktualparameter zuzuweisen, => wird verwendet, um sämtliche Ausgangsvariablen zuzuweisen. Da es sich um explizite Zuweisungen handelt, ist die Reihenfolge dieser nicht relevant. Wird ein Parameter während des Aufrufs nicht initialisiert, so wird der Initialwert oder der letzte bekannte Wert verwendet.

7.7.4 Beispiel für Strukturierten Text

Beispiel 7.6: Strukturierter Text
Für das folgende System soll ein Programm in strukturiertem Text geschrieben werden: Wie in Abb. 7.10 gezeigt, wird ein Tank mithilfe von Ventilen befüllt. Das Gewicht des Tanks wird mithilfe einer Waage bestimmt. Über den Funktionsbaustein wird das Gewicht des Tanks überwacht, um zu bestimmen, ob der Tank voll, leer oder etwas dazwischen ist. Der Block erzeugt einen einzelnen Befehl mit vier unterschiedlichen möglichen Werten:

 1: Tank füllen
 2: Stoppen des Füllvorgangs

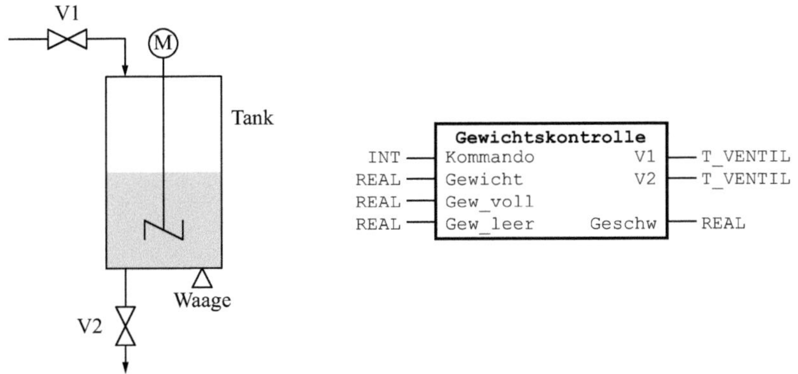

Abb. 7.10 Tanksystem für das Beispiel zu Strukturiertem Text

3: Rührwerk starten
4: Tank entleeren

Je nach Bedarf werden die entsprechenden Ventile geöffnet oder geschlossen, um den Füllstand des Tanks zu regulieren. Das Rührwerk funktioniert nur dann, wenn der Tank gefüllt ist, ansonsten wird den Befehl ignoriert.

Lösung

```
(* Tankzustände *)
TYPE T_STATE : (VOLL,NICHT_LEER,LEER); END_TYPE;
(*Ventilzustände*)
TYPE T_VENT : (EIN,AUS); END_TYPE;

FUNCTION_BLOCK Gewichtssteuerung
VAR_IN
Befehl : INT;
Gewicht : REAL;
Gew_voll,Gew_leer : REAL; (*gleicher Datentyp in einer Zeile*)
END_VAR;
VAR_OUTPUT
V1 : T_VENTIL := AUS;
V2 : T_VENTIL := AUS;
```

```
Geschw: REAL := 0.0;
END_VAR;
VAR (*interne Variablen*)
Zust: T_STATE:= LEER;
END_VAR;
(*Bestimmung des Tankzustands: Vergleich mit Voll- und Leer-
gewicht*)
IF Gewicht >= Gew_voll THEN
Zust := VOLL;
ELSEIF Gewicht <= Gew_leer THEN
Zust := LEER;
ELSE
Zust := NICHT_LEER;
END_IF;
(*Implementierung der Befehle 1: Füllen, 2: Stopp, 3: Rühren,
4: Leeren*)
CASE Befehl OF
1: V2 := AUS;
V1 := SELECT(G := Zust=VOLL, IN0 := EIN, IN1 := AUS);
(*EIN nur wenn G falsch ist*)
2: V2 := AUS;
V1 := AUS;
4: V1 := AUS;
V2 := EIN;
END_CASE;
(*Rührwerkgeschwindigkeit*)
Geschw := SELECT(G := Befehl = 3; IN0 := 0.0; IN1 := 100.0);
END_FUNCTION_BLOCK;
```

7.7.5 Bemerkungen

Die Vorteile des Strukturierten Texts (v. a. im Vergleich mit Anweisungsliste) sind kompakte Formulierung von Programmieraufgaben, klare Programmstruktur und wirkungsvolle Strukturen zur Flusskontrolle der Anweisungen. Nachteilig sind jedoch, dass die Konvertierung des Programms in Maschinensprache nicht direkt beeinflusst werden kann, da sie durch einen Compiler vorgenommen wird und der höhere Abstraktionsgrad einen Verlust an Effizienz mit sich bringt, d. h. das übersetzte Programm ist länger und langsamer.

7.8 Ablaufsprache (AS)

Die **Ablaufsprache (AS)** ist die dritte grafische Methode zur Programmierung einer SPS. Sie besteht aus einer Folge von Schritten und Übergängen, die vordefinierte Aufgaben ausführen und einen visuellen Überblick über den Prozessablauf bieten.

7.8.1 Schritte und Übergänge

Ein **Schritt** kann entweder aktiv oder inaktiv sein. Er enthält eine Zahl an Anweisungen, die ausgeführt werden, solange der Schritt aktiv ist. Ein **Übergang** (auch: Transition) definiert unter Zuhilfenahme boolescher Ausdrücke, wann ein Schritt inaktiv geschaltet wird. Haben die Verbindungen eine vordefinierte Richtung, so beschreiben sie, welcher Schritt bzw. welche Schritte als nächstes aktiviert werden sollen.

Schritte werden, wie in Abb. 7.11 dargestellt, durch ein Rechteck repräsentiert. Ein allgemeiner Schrittblock wird durch ein einfach umrandetes Rechteck dargestellt (links in Abb. 7.11), wohingegen der Anfangsschritt (rechts in Abb. 7.11) mit einem doppelt umrandeten Rechteck gekennzeichnet ist.

Die Übergangsbedingungen werden durch eine horizontale Linie mit Bezeichner dargestellt. Der zugehörige boolesche Ausdruck, oftmals als **Wache** bezeichnet, gibt die Voraussetzungen für das Auftreten des Übergangs an. Die Wache kann, wie in Abb. 7.12 dargestellt, in allen anderen SPS-Programmiersprachen beschrieben werden. Die meistgenutzten Sprachen sind jedoch Strukturierter Text, Funktionsbausteinsprache oder der Kontaktplan. Die Wache wird in vielen Fällen auch ignoriert.

Beim Aufruf der POE wird der besonders markierte Anfangsschritt aktiviert und alle ihm zugewiesenen Anweisungen ausgeführt. Sobald die Übergangsbedingungen den Wert `WAHR` annehmen, wird der Anfangsschritt deaktiviert und der nächste Schritt aktiviert. Findet ein Übergang statt, so wird das Aktiv-Attribut (auch: Token) vom aktuellen Schritt an dessen Nachfolger übergeben. So durchläuft das Aktiv-Attribut alle einzelnen Schritte, wobei es sich bei paralleler Ausführung vervielfacht und danach wieder vereint. Es kann nie vollständig verlorengehen oder sich in sog. unkontrollierter Verteilung (d. h. mehrere Aktiv-Attribute in einem Schritt) befinden.

Abb. 7.11 Schritte in Ablaufsprache: allgemeiner Schritt (links) und Anfangsschritt (rechts)

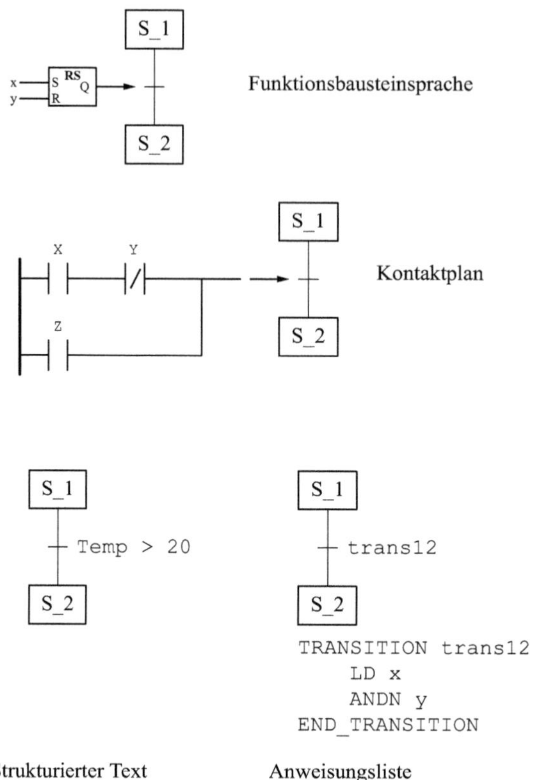

Abb. 7.12 Übergangsbedingungen in verschiedenen SPS-Programmiersprachen

7.8.2 Aktionsblöcke

Ein **Aktionsblock** zeigt die Details der Ausführung in einem bestimmten Schritt. Dabei wird jeder Aktionsblock einem bestimmten Schritt zugeordnet, wobei es jedoch nicht notwendig ist, den Aktionsblock zu benutzen. Es können auch nicht mehr als zwei Aktionsblöcke zu einem Schritt zugeordnet werden.

Jeder Aktionsblock hat, wie in Abb. 7.13 gezeigt, vier Felder:

a) **Befehlsart,** die eine akzeptierbare Markierung enthält (siehe Tab. 7.13).
b) **Befehlsname,** der kurz die Aktion beschreibt.
c) **Kennzeichnung,** die darstellt, welche SPS-Variable verwendet wird.
d) **Aktionsbeschreibung,** die optional in angemessener Sprache die Aktion beschreibt.

Jede der vier genannten Komponenten hat eine festgelegte Position im Aktionsblock. Die Befehlsart muss aus einer kleinen Liste von Abkürzungen ausgewählt werden, die

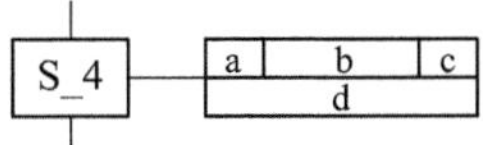

Abb. 7.13 Komponenten eines Aktionsblocks: **a**: Befehlsart; **b**: Befehlsname; **c**: Kennzeichnung; **d**: Aktionsbeschreibung

Tab. 7.13 Befehlsarten in der Ablaufsprache

Befehlsart	Kurzbezeichnung	Beschreibung
N	Nicht gespeichert	Sobald der Schritt beendet ist, wird die Aktion gestoppt
S	Gespeichert (*saved*)	Aktion wird mit gegebenen Werten weiter ausgeführt, bis sie gestoppt wird
R	Rückgesetzt	Aktion wird gestoppt
L	Zeitbegrenzt (*length*)	Aktion dauert die spezifizierte Zeit T
D	Verzögerung (*delay*)	Aktion wird um Zeit T verzögert, bevor sie ausgeführt wird
P	Puls	Aktion dauert nur sehr kurz
DS	Verzögert und gespeichert	Aktion wird verzögert und dann gespeichert
SD	Gespeichert und verzögert	Aktion wird erst gespeichert und ausgeführt genau dann, wenn der Schritt nach der Verzögerung noch aktiviert ist
SL	Gespeichert und zeitlich begrenzt	Zeitbegrenzte Aktion wird gespeichert

beschreiben, wie der Schritt ausgeführt wird. Diese Abkürzungen sind in Tab. 7.13 mit ihren Bedeutungen dargestellt.

7.8.3 Ablaufketten

In Ablaufsprache ist eine Ablaufkette ein Diagramm, das zeigt, wie die einzelnen Komponenten miteinander verknüpft sind. Diese Ablaufkette wird unter Ausnutzung der folgenden Regeln aufgestellt:

1. Eine vertikale Linie verbindet zwei Schritte.
2. Ein Pfeil verdeutlicht die Reihenfolge der Schritte.
3. Ein Aktionsblock wird mit dem zugehörigen Schritt durch eine durchgezogene horizontale Linie verbunden.

Es gibt zwei spezielle Arten von Verbindungen: alternative und parallele Pfade. Ein **alternativer Pfad** wird durch eine einzelne horizontale Linie über alle Alternativen hinweg gekennzeichnet. Diese Horizontale wird am Anfang und am Ende der zu den alternativen Pfaden gehörenden Region platziert. Endet einer der Pfade, so werden alle anderen Pfade zu diesem Zeitpunkt angehalten. Abb. 7.14 stellt allgemein die alternativen Pfade dar. Normalerweise erfolgt die Auswahl der alternativen Pfade von links nach rechts. Diesen Fall zeigt Abb. 7.15. Zuerst wird also die Übergangsbedingung für S_2a getestet. Ist diese WAHR, so wird dieser Pfad gewählt und alle anderen Pfade werden ignoriert. Ergibt die Auswertung ein FALSCH, so werden die Bedingungen für S_2b und S_2c in eben dieser Reihenfolge getestet. Die Pfade werden also in der Reihenfolge S_2a, S_2b und S_2c ausgewählt. Wird, wie beispielsweise in Abb. 7.16, dargestellt, eine nutzerspezifische Reihenfolge vorgegeben, so wird diese befolgt. Für das vorliegende Beispiel bedeutet das, dass zuerst S_2b, dann S_2c und schließlich S_2a getestet wird.

Parallele Pfade werden durch eine doppelte horizontale Linie gekennzeichnet. Sie wird genau wie bei alternativen Pfaden am Anfang und am Ende eines Blocks gesetzt. Alle parallelen Pfade sollten enden, bevor der Prozess weitergeführt werden kann. Abb. 7.17 zeigt ein Beispiel für parallele Pfade.

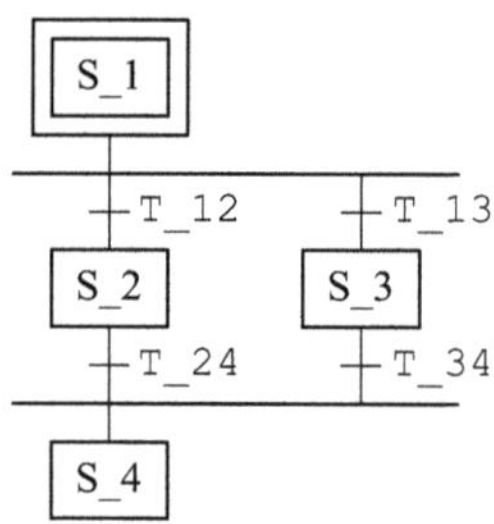

Abb. 7.14 Alternative Pfade in Ablaufsprache

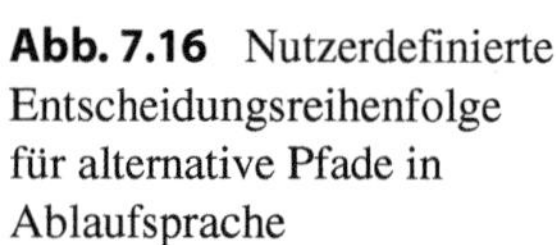
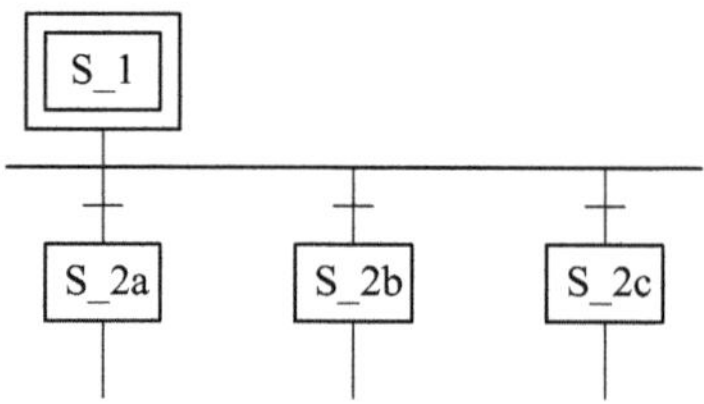

Abb. 7.15 Übliche Entscheidungsreihenfolge für alternative Pfade in Ablaufsprache

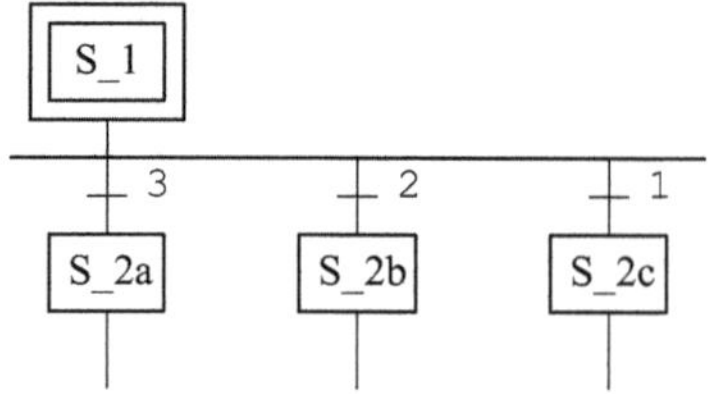

Abb. 7.16 Nutzerdefinierte Entscheidungsreihenfolge für alternative Pfade in Ablaufsprache

Abb. 7.17 Parallele Pfade im Ablaufplan

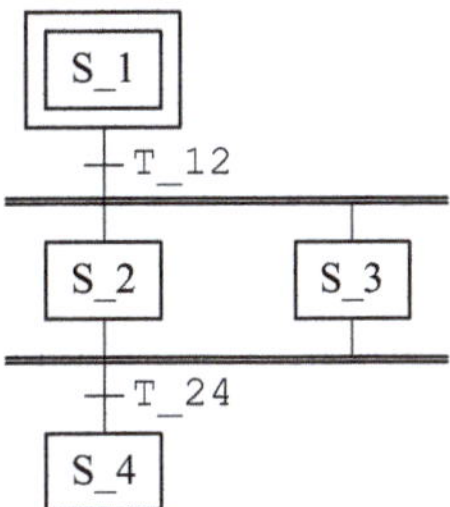

Abb. 7.18 Schema des Reaktors

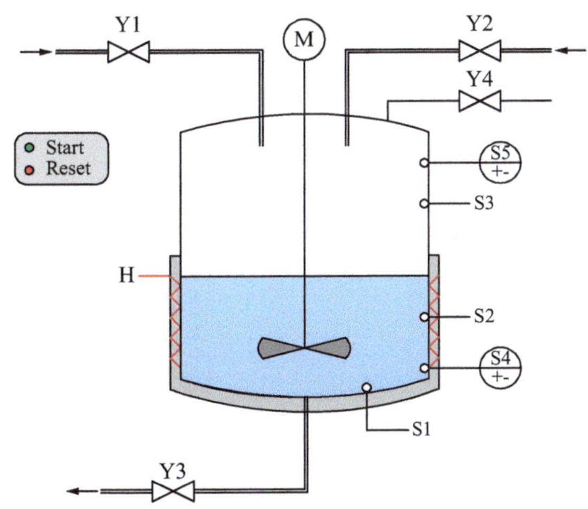

7.8.4 Beispiel

Beispiel 7.7: Erstellung einer Ablaufkette

Gegeben sei ein chemischer Reaktor wie in Abb. 7.18 dargestellt. Für die Regelung des Prozesses soll eine SPS entworfen werden. Zuerst ist jedoch die Ablaufkette für den im Folgenden beschriebenen Prozess zu zeichnen.

Sobald der START-Knopf gedrückt wird, bestätigt der Reaktorsensor S1, dass der Reaktor leer ist und der Temperatursensor S4 und der Drucksensor S5 kein Fehlersignal senden. Dann wird Ventil Y1 geöffnet, solange bis der Sensor S2 den gewünschten Füllstand detektiert, d. h. eine 1 ausgibt. Dann wird der Motor des Rührwerks M eingeschaltet und Ventil Y2 geöffnet. Erreicht der Füllstand das gewünschte Niveau – angezeigt durch Sensor S3, so wird Ventil Y2 wieder geschlossen. Nach einer Wartezeit von 5 s wird die Heizung H eingeschaltet, und zwar so lange, bis der Temperatursensor S4 die Zieltemperatur detektiert. Sollte der Drucksensor S5 während des Erwärmens einen Überdruck im Kessel feststellen, so wird das Überdruckventil Y4 geöffnet, bis der Alarm geklärt ist. Nach dem Aufheizvorgang wird das Rührwerk noch weitere 10 s betrieben und dann wird das Ventil Y3 geöffnet, um den Tank zu entleeren. Ist der Reaktor entleert, also der Wert von S1 wieder bei 1, wird das Ventil Y3 geschlossen und der Prozess startet von vorne.

Lösung

Bevor die Lösung dieses Problems aufgezeigt wird, ist es ratsam, eine allgemeine Prozedur für die Lösung einer solchen Aufgabenstellung abzuleiten. Die Schrittfolge lautet

1. **Definition** aller Variablen inklusive ihrer Werte, das gilt speziell für boolesche Variablen.
2. **Transkript** der Prozessbeschreibung als Schrittfolge; dabei kann ein einzelnstehender Satz mit mehreren Schritten oder mehrere Schritte mit einem einzelnen Satz assoziiert werden.
3. **Zeichnung** der Ablaufkette.

Definition der Variablen:

Die Variablen sind wie folgt definiert:

Eingangsvariable	Symbol	Datentyp	Logischer Wert		Adresse
START-Knopf	START	BOOL	Gedrückt	START = 1	E 0.0
Reaktorstatus	S1	BOOL	Tank leer	S1 = 1	E 0.1
Niveausensor 1	S2	BOOL	Niveau 1 erreicht	S2 = 1	E 0.2
Niveausensor 2	S3	BOOL	Niveau 2 erreicht	S3 = 1	E 0.3
Temperatursensor	S4	BOOL	Temperatur erreicht	S4 = 1	E 0.4
Drucksensor	S5	BOOL	Überdruckalarm	S5 = 1	E 0.5
Ventil 1	Y1	BOOL	Ventil geöffnet	Y1 = 1	A 4.1
Ventil 2	Y2	BOOL	Ventil geöffnet	Y2 = 1	A 4.2
Auslassventil	Y3	BOOL	Ventil geöffnet	Y3 = 1	A 4.3
Überdruckventil	Y4	BOOL	Ventil geöffnet	Y4 = 1	A 4.4
Heizung	H	BOOL	Heizung an	H = 1	A 4.5
Rührwerkmotor	M	BOOL	Motor an	M = 1	A 4.6

Abb. 7.19 zeigt die Ablaufkette mit zusätzlichem Text, sodass klar wird, wie die einzelnen Komponenten erstellt wurden.

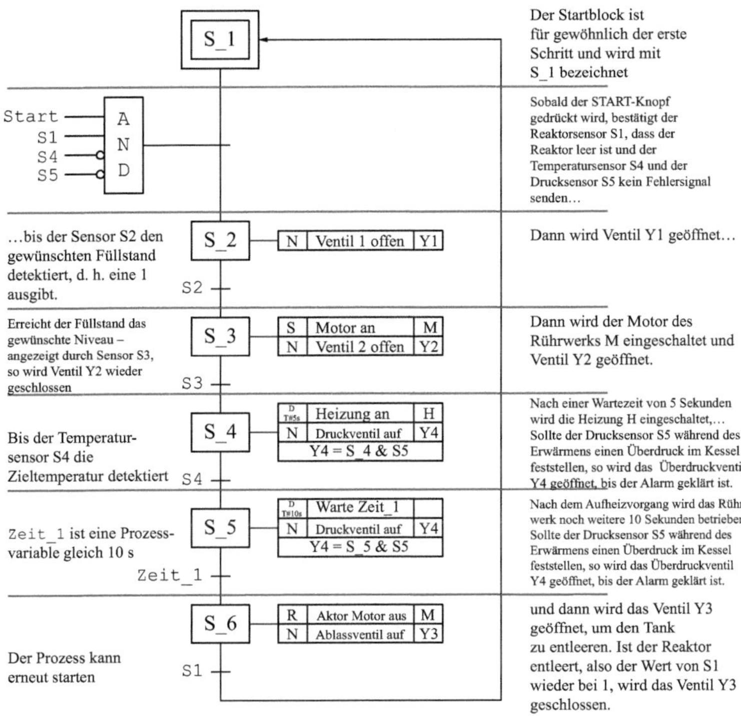

Abb. 7.19 Ablaufkette

7.8.5 Validierung von Ablaufketten

Mithilfe von Ablaufketten können leicht komplexe Netzwerke erstellt werden. Entscheidend ist jedoch, ob die Ablaufketten valide sind und ordnungsgemäß funktionieren.

Trotz dessen, dass es eine Methode zur Bestimmung der Validität von Ablaufketten gibt, garantiert diese nicht, dass alle validen Netzwerke gefunden werden können. Mit der vorgeschlagenen Methode kann nur geprüft werden, ob die Ablaufkette valide ist, jedoch gibt es keine Sicherheit, dass die Ablaufkette bei Versagen der Methode invalide ist. Als Schrittfolge ergibt sich.

1.	Ersetzung aller Schritt-Übergang-Schritt durch einen Schritt	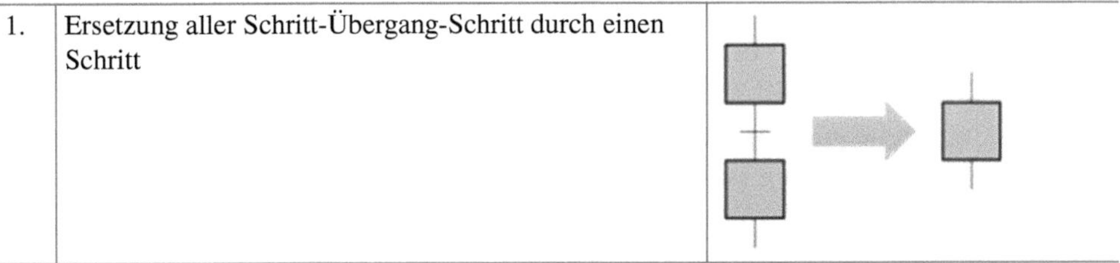

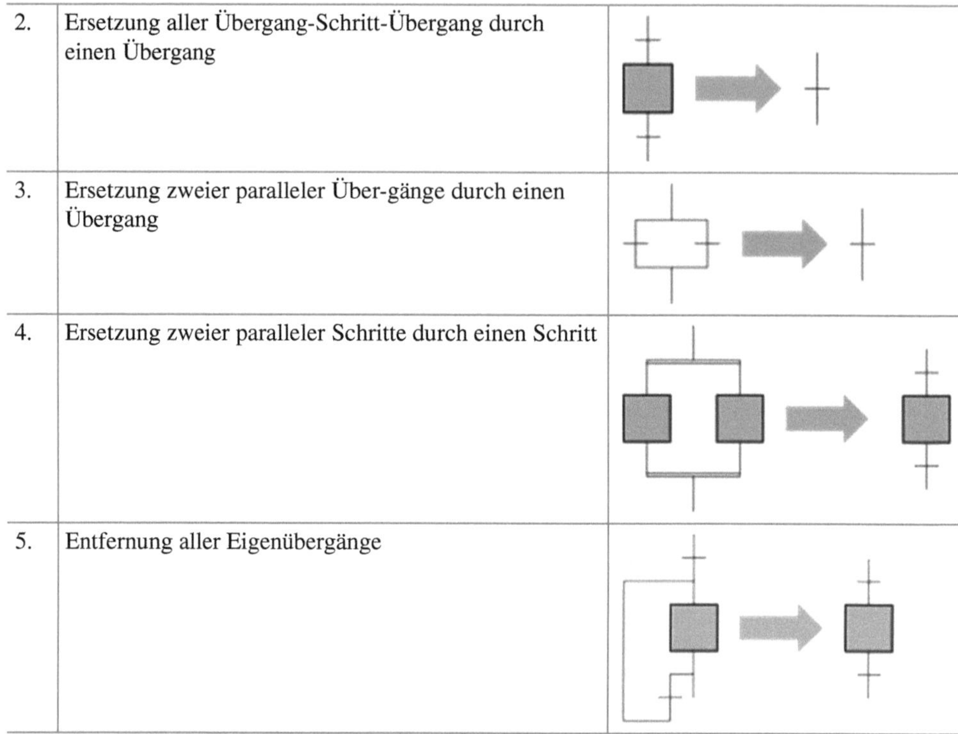

2.	Ersetzung aller Übergang-Schritt-Übergang durch einen Übergang	
3.	Ersetzung zweier paralleler Über-gänge durch einen Übergang	
4.	Ersetzung zweier paralleler Schritte durch einen Schritt	
5.	Entfernung aller Eigenübergänge	

Mit dieser Regel kann die Validität überprüft werden. Eine Ablaufkette ist valide, wenn die Ablaufkette auf einen implementierbaren Einzelschritt reduziert werden kann.

Beispiel 7.8: Bestimmung der Validität von Ablaufketten
Bestimmen Sie die Validität der Ablaufkette in Abb. 7.20.

Lösung
Der oben beschriebenen Methodik wird so lange gefolgt, bis keine weiteren Reduktionen mehr möglich sind. Zuerst wird Regel #1 zweimal angewendet um Abb. 7.21 zu erhalten:

Dann werden Regeln #4 und #5 angewendet, was auf Abb. 7.22 führt.

Als nächstes kann Regel #2 zweifach genutzt werden. Daraus ergibt sich Abb. 7.23.

Im letzten Schritt wird Regel #3 angewendet und wir erhalten Abb. 7.24.

Die reduzierte Ablaufkette ist valide, da sie nur einen einzelnen Schritt und einen einzigen Übergang enthält. Somit kann die gegebene Ablaufkette als valide betrachtet werden.

Abb. 7.20 Ablaufkette, die
validiert werden soll

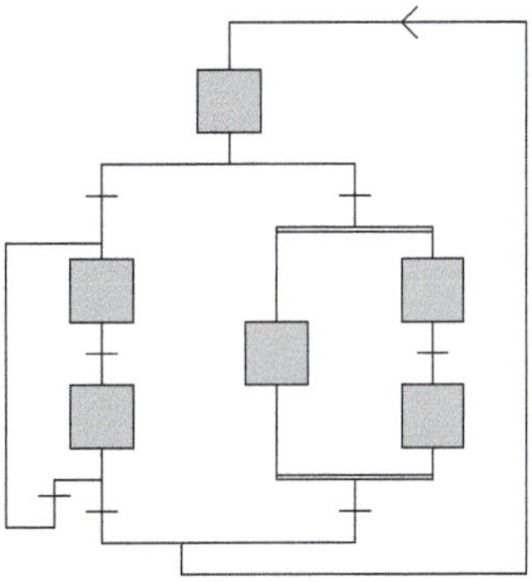

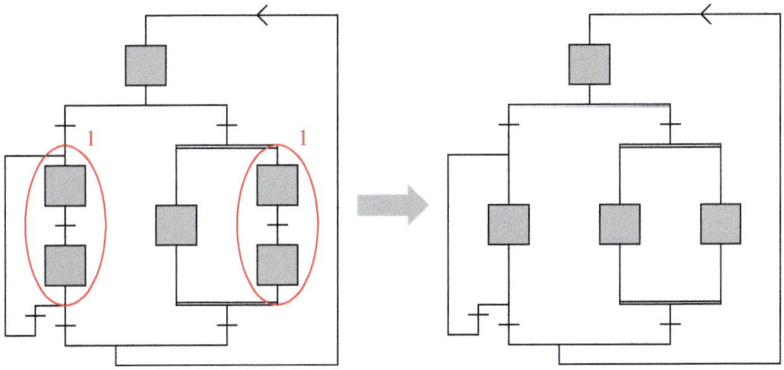

Abb. 7.21 Erste Reduktion

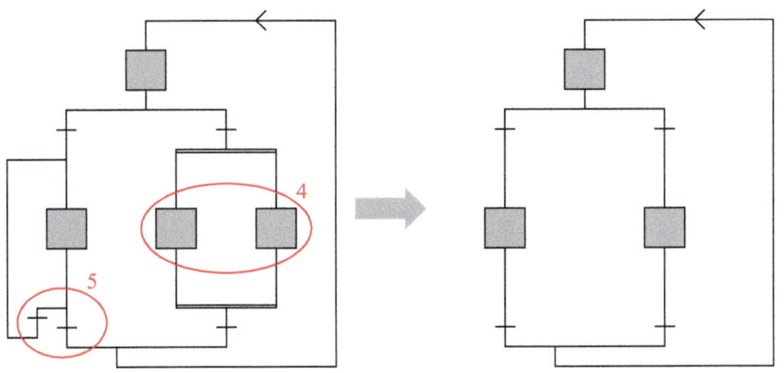

Abb. 7.22 Zweite Reduktion

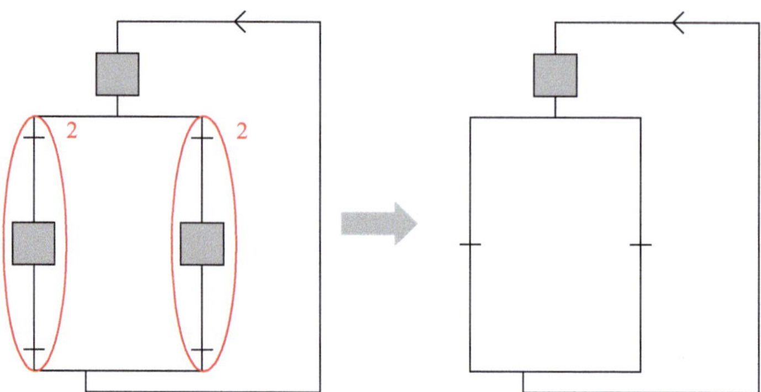

Abb. 7.23 Dritte Reduktion

Abb. 7.24 Vierte und letzte
Reduktion

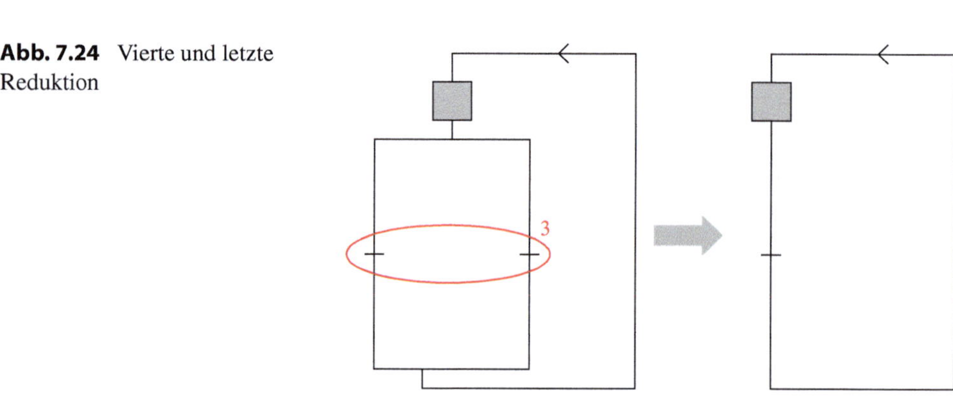

7.9   Weiterführende Literatur

Nachfolgend wird Literatur angegeben, die zusätzliche Informationen zum jeweiligen
Thema bereitstellt:

1. K.-H. John und M. Tiegelkamp (2009). *SPC-Programmierung mit IEC 61131-3:
   Konzepte und Programmiersprachen, Anforderungen an Programmiersysteme, Entscheidungshilfen* (2. Ausg.). Berlin, Deutschland: Springer.

7.10   Aufgaben zum Kapitel

*Die Aufgaben zum Kapitel bestehen aus drei verschiedenen Typen: (a) Grundlegende
Konzepte (Wahr/Falsch), die das Verständnis des Lesers zu den wesentlichen Inhalten
des Kapitels überprüfen; (b) Übungsaufgaben, die darauf ausgelegt sind, die Fähigkeit*

des Lesers zu überprüfen, die erforderlichen Größen für einen unkomplizierten Daten-satz mit einfachen oder ohne technische Hilfsmittel zu berechnen; und (c) Übungen mit Rechnerunterstützung, die nicht nur ein gründliches Verständnis der Grundlagen er-fordern, sondern auch die Verwendung geeigneter Software.

7.10.1 Grundlagen

Stellen Sie fest, ob die folgenden Aussagen wahr oder falsch sind und begründen Sie Ihre Entscheidung!

1. Globale Variablen können nur in einer einzelnen Ressource verwendet werden.
2. Eine nichtunterbrechbare Aufgabe muss immer abgeschlossen werden, bevor eine andere Aufgabe anfangen kann.
3. `1Prog12` ist ein gültiger Funktionsname.
4. `TUI_124` und `TUI_12456` sind laut IEC 61131-3 gleich.
5. `T#4d4.2h` repräsentiert 4 Tage und 4,2 h.
6. `LE` bedeutet *weniger als*.
7. Eine Aufgabe mit der Priorität 3 hat die höchste Priorität in der IEC-Hierarchie.
8. In Funktionsbausteinsprache wird ein Sprung zwischen zwei Teilen eines Funktions-block-Netzwerks durch einen Doppelpfeil gekennzeichnet.
9. In der Funktionsbausteinsprache können wir das `&`-Zeichen verwenden.
10. Im Kontaktplan kann eine Spule zum Speichern eines Werts genutzt werden.
11. Im Kontaktplan können Rückkoppelschleifen eingebaut werden.
12. In Anweisungsliste ist der Ausdruck `SN HIPPO` gültig.
13. In Anweisungsliste verzögern die Klammern `()` die Implementierung einer An-weisung.
14. In Strukturiertem Text hat `OR` eine höhere Priorität im Vergleich zu `AND`.
15. In Strukturiertem Text können wir den `CASE`-Befehl verwenden.
16. In Ablaufsprache bedeutet `N`, dass die Aktion gestoppt wird, sobald der Schritt be-endet ist.
17. In Ablaufsprache bedeutet `R`, dass eine Aktion über die gegebene Zeit verzögert wird.
18. In Ablaufsprache ist es möglich, die Validität des resultierenden Diagramms zu be-stimmen.
19. Kontaktplan eignet sich gut für die Erstellung von komplexen hoch anspruchsvollen Programmen.
20. Anweisungsliste wurde für einfache, optimierte SPS-Programme entworfen.

7.10.2 Übungsaufgaben

Diese Aufgaben sollen mit einem einfachen, nicht programmierbaren und nicht grafikfähigen Taschenrechner mithilfe von Stift und Papier gelöst werden.

21. Ist die Ablaufkette in Abb. 7.25 valide?
22. Geben Sie die Ablaufketten für die Steuerung der folgenden Systeme an:
    a) **Rührprozess:** Abb. 7.26 zeigt das R&ID eines Rührbehälters B mit der Ablaufsteuerung US2. Binäre Eingangssingale von US2 sind die Füllstandsgrenzwertüberschreitung L, das Startsignal S und das Endsignal E. Binäre Ausgangssignale von US2 sind V1 zum Schalten des Zuflussventils, V2 zum Schalten des Abflussventils und R zum Schalten des Rührermotors. Folgender Ablauf wird gewünscht: Nach dem Startsignal (S = 1) soll durch Öffnen des Zuflussventils (mit V1 = 1) bei eingeschaltetem Rührer (R = 1) eine Flüssigkeit zudosiert werden, bis der Füllstand L1 seinen oberen Grenzwert erreicht (L = 1). Dann soll bei geschlossenen Ventilen der Rührer abwechselnd 1 min eingeschaltet und 1 min

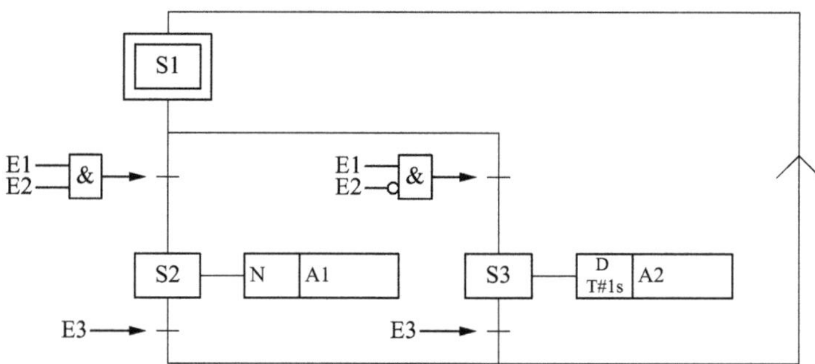

Abb. 7.25 Validierung von Ablaufketten

Abb. 7.26 Rührprozess

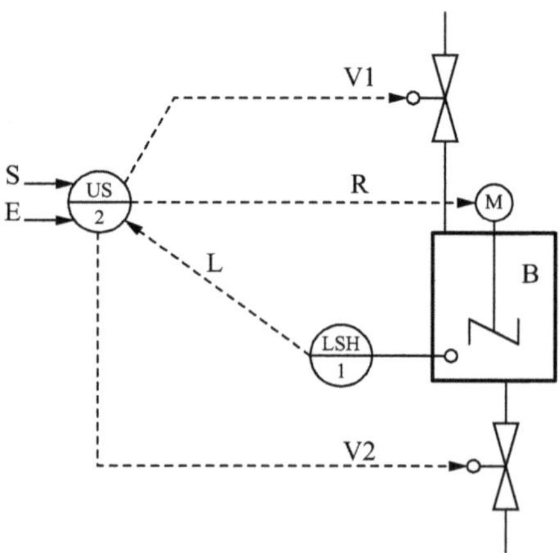

Abb. 7.27 Waschmaschine

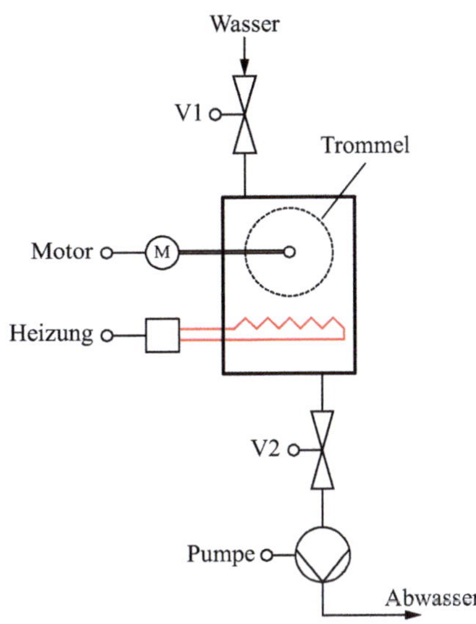

ausgeschaltet werden. Dieses Ein- und Ausschalten soll – unabhängig vom Zustand – sofort beendet werden, wenn die Endetaste gedrückt wird ($E = 1$). Dann soll das Abflussventil für 5 min geöffnet werden. Anschließend soll im Ruhezustand alles ausgeschaltet sein ($V1 = V2 = R = 0$). Mit $S = 1$ wird der Ablauf von vorne gestartet.

b) **Waschmaschine:** Die Steuerung für eine einfache Waschmaschine, die in Abb. 7.27 gezeigt ist (zugehörige Variablen in Tab. 7.14), soll folgenden Ablauf gewährleisten: Nachdem das Eingangssignal START gekommen ist, wird Ventil V1 geöffnet, bis der binäre Füllstandsensor L1 das Erreichen des gewünschten Wasserstandes meldet. Danach soll der MOTOR der Waschtrommel ständig abwechselnd für eine Zeitdauer Ton eingeschaltet und für eine Zeitdauer Toff ausgeschaltet werden. Während dieses abwechselnden Ein- und Ausschaltens

Tab. 7.14 Ein- und Ausgangsvariablen für die Waschmaschine

E/A	Name	Bedeutung des 1-Zustandes
Ausgang	V1	Ventil V1 auf
Ausgang	V2	Ventil V2 auf
Ausgang	HEIZUNG	Heizung ein
Ausgang	MOTOR	Trommelmotor ein
Ausgang	PUMPE	Pumpe ein
Eingang	START	Starttaste gedrückt
Eingang	L0	Füllstand $L \leq L_{min}$
Eingang	L1	Füllstand $L \geq L_{max}$
Eingang	T2	Temperatur $T \geq T_{soll}$

Abb. 7.28 Kontaktplan

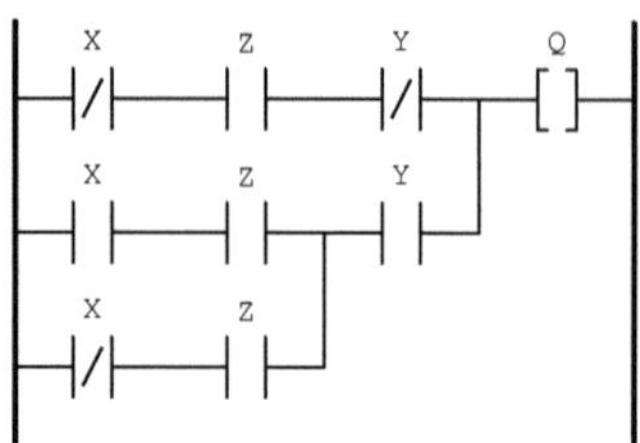

wird zunächst die elektrische HEIZUNG eingeschaltet, bis die Wassertemperatur einen bestimmten Wert erreicht hat, was durch den binären Sensor T2 gemeldet wird. Dann soll ohne weiteres Heizen noch mindestens eine bestimmte Wartezeit Twait vergehen. Wenn dann der Motor nicht mehr läuft, wird auch das abwechselnde Ein- und Ausschalten der Heizung beendet. Nun wird die PUMPE eingeschaltet und gleichzeitig Ventil V2 geöffnet. Wenn der Füllstandsensor L0 eine leere Trommel meldet, wird wieder der Anfangszustand erreicht.

23. Im Folgenden sind verschiedene boolesche Funktionen Q= f(X, Y, Z) gegeben. Gesucht ist jeweils: a) die Funktion in disjunktiver und konjunktiver Normalform, b) die mittels KV-Diagramms minimierte Funktion und c) die SPS-Programme als Anweisungsliste, Kontaktplan und Funktionsbausteinsprache für die minimierte Funktion.

a) Die Funktion wird durch den Kontaktplan in Abb. 7.28 beschrieben.

b) Die Funktion soll die Mehrheitsentscheidung für eine Entscheidungslogik bei einer 2-aus-3-Redundanz realisieren. Das heißt, der Ausgang Q soll dann und nur dann 1 werden, wenn mindestens zwei der Eingänge den Zustand 1 annehmen.

c) Die Funktion ist durch die Wahrheitstabelle in Tab. 7.15 gegeben.

d) Die Funktion ist durch die Wahrheitstabelle in Tab. 7.16 gegeben.

e) Die Funktion $Q=f(B, G, M)$ wird durch folgende Aufgabenstellung beschrieben:

   i. Drei Sensoren in einer Sortieranlage messen die Eigenschaften von Teilen und liefern folgende binäre Signale an Eingänge einer SPS:

     1. **B** (B = 1 bedeutet Bohrung vorhanden),

     2. **G** (G = 1 bedeutet grüner Anstrich vorhanden) und

     3. **M** (M = 1 bedeutet metallischer Werkstoff).

   ii. Fehlerfrei produzierte Teile haben folgende Eigenschaften:

     1. entweder metallisch und grün (mit oder ohne Bohrung)

     2. oder nichtmetallisch, nicht grün, mit Bohrung.

   iii. Der Ausgang Q der SPS soll genau dann eine 1 liefern, wenn das Teil Ausschuss ist, d. h., wenn es nicht die obengenannten Eigenschaften eines fehlerfrei produzierten Teils hat.

Tab. 7.15 Wahrheitstabelle I

X	0	0	0	0	1	1	1	1
Y	0	0	1	1	0	0	1	1
Z	0	1	0	1	0	1	0	1
Q	0	1	1	0	1	1	1	1

Tab. 7.16 Wahrheitstabelle II

X	0	0	0	0	1	1	1	1
Y	0	0	1	1	0	0	1	1
Z	0	1	0	1	0	1	0	1
Q	0	0	1	1	1	0	1	1

7.10.3 Rechnergestützte Aufgaben

Die folgenden Aufgaben sollten mithilfe eines Computers und angepassten Software-Paketen/Programmen wie bspw. CodeSys gelöst werden.

24. Schreiben Sie mit CodeSys das SPS-Programm zur Steuerung einer Abfüllanlage.

Sicherheit in der Automatisierungsindustrie

8

Nachdem die Automatisierung von Prozessen und Anlagen immer weitergehende Verbreitung findet, gibt es einen korrespondierenden Bedarf die Sicherheit derjenigen zu gewährleisten, die mit dem automatisierten System in Kontakt kommen. Weiterhin müssen auch die automatisierten Systeme Sicherheitsbeschränkungen erfüllen, wenn sie bestimmte Aktionen ausführen. Aus den genannten Gründen ist es hilfreich, die verschiedenen Sicherheitsregularien zu wiederholen. Dabei ist anzumerken, dass es stets dem ausführenden Ingenieur obliegt, die Sicherheitsnormen bezüglich Aktualität, Bedeutung und Gesetzeslage bei der Implementierung im Blick zu behalten.

Im Allgemeinen werden zwei Sicherheitstypen unterschieden: **physische** und **digitale** Sicherheit. Die physische Sicherheit beachtet dabei, welche Schritte und Regularien eingehalten werden müssen, damit das Werk und seine Umgebung sicher für Mitarbeiter, Besucher und die Umwelt sind. In Bezug auf den Umweltschutz sind nicht nur Gefahrstoffe zu beachten, sondern auch elektromagnetische oder akustische Emissionen. Digitale Sicherheit hingegen beschäftigt sich mit den Schritten, die notwendig sind, um ein Kommunikationsnetzwerk mit den zugehörigen Geräten sicher gegen Angriffe (Hacking) zu machen, die eine unsichere physische Situation generieren können. Weiterhin muss die digitale Sicherheit gewährleisten, dass keine sensiblen Daten, wie personen- oder prozessbezogene Daten, gestohlen oder auf unangebrachte Weise genutzt werden können. Dieser Aspekt wird im Rahmen strengerer rechtlicher Rahmen, wie der Datenschutzgrundverordnung (DSGVO), immer wichtiger für Unternehmen und Privatpersonen.

Y. A. W. Shardt und C. Gatermann, *Automatisierungstechnik*,
https://doi.org/10.1007/978-3-662-72649-5_8

8.1   Sicherheit im physischen System

Bevor die Spezifika der physischen Sicherheit näher beleuchtet werden können, müssen einige grundlegende Begriffe definiert werden. So ist zu unterscheiden zwischen einer Gefahr bzw. **Gefahrenquelle** und einem **Risiko**. Letzteres beschreibt den Grad bzw. das Ausmaß an Gefahr, der von einer Gefahrenquelle ausgeht. Gefahrenquellen sind bewegliche Objekte, gespeicherte Energie oder Explosionen. Meist handelt es sich um latent (oder versteckt) abgegebene Energie. Potenzielle Gefahrenquellen sind also:

1. **kinetische Energie**, also die Energie, die in bewegten Objekten gespeichert ist. Sie ist beispielsweise in rotierenden Körpern (Pumpen, Turbinen, *etc.*), Fahrzeugen oder Förderbändern gespeichert.
2. **potenzielle Energie**, also Energie, die in unerwartet fallenden Objekten gespeichert ist. Sie ist beispielsweise in Gebäuden gespeichert und wird bei deren Einsturz freigesetzt.
3. **Arbeit** entspricht Energie, die bspw. in Federn, elektrischen Schaltkreisen oder anderen Geräte gespeichert ist. Wird sie freigegeben, so kann es zu massiven Schäden oder Fehlern kommen. Prominente Beispiele sind Kurzschlüsse elektrischer Kreise.
4. **Wärme** beschreibt Energie, die Begrenzungen überwindet. Wärmeaustausch basiert immer auf einem Temperaturunterschied zwischen zwei Punkten im Raum. Da Wärme immer die Umgebung beeinflusst, kann z. B. die Berührung heißer Oberflächen zu Verbrennungen führen. Das Gleiche gilt für die Berührung sehr kalter Oberflächen, die ebenfalls zu Verbrennungen bzw. Erfrierungen führen kann.

Zur Erhöhung der Sicherheit eines physischen Systems kann es sinnvoll sein, die nachfolgenden Schritte beim Entwurf des Gesamtsystems zu beachten:

1. **Minimierung**: Vermeidung (oder Reduktion auf ein Minimum) des Umgangs mit Gefahrstoffen.
2. **Ersetzung**: Austausch gefährlicher Substanzen durch weniger gefährliche Stoffe ähnlicher Wirkung.
3. **Abschwächung**: Ersetzung extremer Betriebsbedingungen durch weniger schwerwiegende/gefährliche.
4. **Vereinfachung**: Erstellung von Prozessen erhöhter Simplizität bzw. verringerter Komplexität.
5. **Isolation**: Aufbau des Systems so, dass der gefährliche Prozess minimalen Einfluss auf das restliche System nimmt, z. B. die räumliche Trennung von Büros und Fertigung.

Die gerade ausgeführten Ideen können in der sog. **eigensicheren Vorausentwicklung** (ISPD) zusammengefasst werden. Diese besteht aus den nachfolgend aufgeführten vier Schritten:

1. **Identifikation**: Bestimmung, was die Gefahrenquellen sind und wie sie den Prozess beeinflussen.
2. **Ausmerzung**: Reduktion so vieler Auswirkungen von Gefahrenquellen wie möglich. Dies kann beispielsweise anhand von **ausfallsicheren** Systemen erfolgen. Diese Systeme arbeiten derart, dass sie bei Störungen in einen sicheren Modus fahren, aus dem heraus keine weiteren Einflüsse auf das System möglich sind. Ein gängiges Beispiel hierfür ist die Konstruktion von Regelventilen, die je nach Prozessbedingungen geöffnet oder geschlossen werden. So sollte beispielsweise ein Kühlprozess so konstruiert werden, dass das Ventil, welches den Zulauf von Kühlwasser regelt, im Notfall geöffnet wird und somit die Kühlung erhalten bleibt.
3. **Minimierung, Simplifizierung und Abschwächung**: Begrenzung des Einflusses auf das System, wenn die Gefahrenquelle nicht (vollständig) ausgemerzt werden kann.
4. **Isolation**: Minimierung des Einflusses von Schäden auf das System. Hierzu können gefährliche Prozesse bspw. von anderen Prozessen isoliert betrieben werden.

Ein anderer Ansatz ist die Durchführung eines **PAAG-Verfahrens**. Die Abkürzung PAAG steht für die vier Schritte dieses Verfahrens: **P**rognose (systematische Suche möglicher Abweichungen und Störungen), **A**uffinden der Ursachen (Ermitteln der Ursachen innerhalb des untersuchten Systems), **A**bschätzen der Auswirkungen (Ermitteln der logischen Folgen der Abweichung) und **G**egenmaßnahmen. Mittels dieses Verfahrens soll bestimmt werden, wo die Gefahrenquellen lokalisiert sind und wie sie abgemildert werden können. Für ein PAAG-Verfahren ist ein detaillierter Plan des Prozesses bzw. Unternehmens notwendig, weshalb dieses Verfahren meist erst in einer späten Stufe des Entwicklungsprozesses durchgeführt wird. Somit kann es aber bereits zu spät für strukturelle Änderungen sein, bzw. sind diese mit hohen Kosten verbunden. Das ist der Grund, weshalb das PAAG-Verfahren oftmals nur dazu eingesetzt wird, ein Verständnis der vorhandenen Gefahrenquellen zu erlangen und die daraus resultierenden Risiken abzuschätzen.

Schließlich sei noch erwähnt, dass **Redundanz** bei der Auslegung von Sicherheitssystemen eine wichtige Rolle spielt. Redundanz beschreibt den Umstand, dass es immer mindestens zwei Wege oder Pfade gibt, die zum angestrebten Ziel führen. Weiterhin impliziert diese Definition, dass für verschiedene Aufgaben verschiedene Pfade genutzt werden sollten. So ist es nicht zielführend, wenn bspw. Alarme und Überwachung auf einem Kanal laufen. Sollte dieser Kanal ausfallen, können neben der weniger priorisierten Überwachung auch keine Alarmsignale mehr übertragen werden. Es werden zwei Typen von Redundanz unterschieden. Unter **homogener Redundanz** versteht man die Implementierung derselben Aufgabe in mehreren identischen bzw. ähnlichen Geräten. So kann beispielsweise die Temperatur mittels dreier unterschiedlicher Sensoren parallel gemessen werden. Dieser Ansatz birgt jedoch das Risiko, dass sich systematische Fehler in den Sensoren oder Geräten ins System fortpflanzen. Bei **inhomogener Redundanz** oder **Redundanz durch Unterschiede** wird dieselbe Aufgabe durch verschiedene Geräte implementiert. So können bspw. drei unterschiedliche Computer mit abweichenden

Algorithmen zur Pfadplanung verwendet werden. Die Abwägung der Ergebnisse erfolgt dann meist über eine Mehrheitsentscheidung. Um bei dem Beispiel der Pfadplanung zu bleiben: liefern zwei der drei Computer unabhängig voneinander dasselbe Ergebnis, so wird die vorgeschlagene Implementierung umgesetzt. Die Auswahl des Ansatzes hängt von den Anforderungen und den Standards im Prozess ab.

8.1.1　Quantifizierung von Risiken und Sicherheitsintegritätslevel

Um ein Sicherheitssystem angemessen zu verstehen und implementieren zu können, bedarf es einer Quantifizierung des Risikos. Sei das Risiko R definiert als.

$$R = CD \tag{1.1}$$

wobei C den Einfluss der Gefahrenquelle und D die Frequenz des Auftretens der Gefährdung darstellt. Die Frequenz des Auftretens der Gefährdung ist wiederum definiert als.

$$D = FPW \tag{1.2}$$

wobei F die Auftrittsfrequenz, P die Wahrscheinlichkeit, dass die Gefährdung nicht abgeschwächt werden kann, und W die Wahrscheinlichkeit, dass ohne ein Sicherheitssystem ungewollte Zustände eingenommen werden, ist. Da es wenig zielführend ist, dem Risiko einen exakten Wert zuzuordnen, wird stattdessen jeder Variable eine bestimmte Stufe zugeordnet und schließlich die Kombination der Variablen/Stufen bewertet.

Für die Variable C sind folgende Stufen definiert:

- **C1**: kleinere Verletzungen
- **C2**: größere oder dauerhafte Verletzungen einer oder mehrerer Personen oder ein Todesfall
- **C3**: bis zu fünf Todesfälle
- **C4**: mehr als fünf Todesfälle.

Bei der Variable F sind lediglich zwei Stufen definiert:

- **F1**: während eines Tages sind Personen maximal 10 % der Zeit im Gefahrenbereich.
- **F2**: während eines Tages sind Personen mehr als 10 % der Zeit im Gefahrenbereich.

Für P gelten die zwei Stufen:

- **P1**: Es ist möglich, die Gefahr abzuschwächen, wobei die nötigen Schritte bereitgestellt werden müssen.
- **P2**: Es ist nicht möglich, die Gefahr abzumildern.

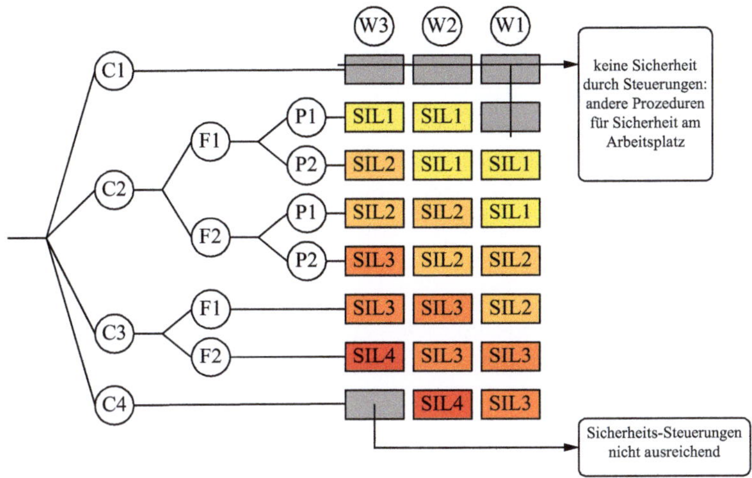

Abb. 8.1 Beziehung zwischen den Parametern und den Gefährdungsstufen

Schließlich sind für *W* noch drei Stufen definiert:

- **W1**: Der ungewünschte Zustand tritt weniger als einmal in zehn Jahren auf.
- **W2**: Der ungewünschte Zustand tritt weniger als einmal pro Jahr auf.
- **W3**: Der ungewünschte Zustand tritt mehr als einmal pro Jahr auf.

Die oben genannten Stufen werden entsprechend den Ergebnissen kombiniert und ergeben zusammen die **Sicherheitsanforderungsstufe** (SIL). Die sich ergebenden SIL werden von SIL1 bis SIL4 klassifiziert, wobei höhere Zahlen ein höheres Gefährdungsniveau implizieren. Die Beziehung zwischen den einzelnen Parametern wird in Abb. 8.1 noch einmal verdeutlicht.

8.2 Sicherheitsregularien

Sicherheitsregularien sind in Deutschland und europa- bzw. weltweit von unterschiedlicher rechtlicher Verbindlichkeit. In Deutschland werden die Normen durch das Deutsche Institut für Normung (kurz DIN) entwickelt und veröffentlicht. Das DIN veröffentlicht jedoch nicht nur sicherheitsrelevante Normen, sondern auch solche zur Formatierung von Briefen, zur Transliteration (Umschrift von Zeichen anderer Alphabete) oder zum Ingenieurwesen. Alle Normen, die durch das DIN entwickelt oder akzeptiert werden, sind ihrer Struktur nach durch den Präfix DIN und eine nachfolgende Zahl gekennzeichnet. Zur Kennzeichnung der allgemeinen Anwendbarkeit der Normen können zusätzliche Buchstaben hinzugefügt werden. Die Bezeichnung DIN EN zeigt, dass es sich bei der Norm um eine europäische Norm handelt, die vom DIN übernommen wurde. Hat die Norm die Bezeichnung DIN ISO, handelt es sich um eine deutsche Adaption einer international durch die *International Standards Organisation* (ISO) entwickelten Norm. Die Bezeichnung DIN EN ISO gibt also an, dass es sich um eine deutsche Übernahme einer unter Federführung von ISO oder dem europäischen Komitee für Normung (Comité Européen de Normalisation, CEN) entstandenen Norm, die dann von beiden Organisationen veröffentlicht wurde, handelt. Sind im Allgemeinen mehrere Präfixe vor einer Norm vorhanden, so zeigt dies, dass es sich um dieselbe Norm nur in unterschiedlicher Notation handelt. Die Norm DIN ISO #### entspricht also der korrespondierenden ISO #### Norm. Einige Beispiele für DIN-Normen sind

1) DIN 31635: Information und Dokumentation – Umschrift des arabischen Alphabets für die Sprachen Arabisch, Osmanisch-Türkisch, Persisch, Kurdisch, Urdu und Paschtu
2) DIN EN ISO 216: Schreibpapier und bestimmte Gruppen von Drucksachen – Endformate – A- und B-Reihen und Kennzeichnung der Maschinenlaufrichtung
3) DIN ISO 509: Technische Zeichnungen – Freistiche – Formen, Maße
4) DIN EN 772-7: Prüfverfahren für Mauersteine – Teil 7: Bestimmung der Wasseraufnahme von Mauerziegeln für Feuchteisolierschichten durch Lagerung in siedendem Wasser

In anderen Ländern werden ähnliche Verfahren verwendet, so haben Normen in Österreich das Präfix ÖNORM, oder in den Vereinigten Staaten von Amerika wird ANSI vor die Norm gesetzt.

Sicherheitsregularien für Maschinen in Deutschland und weiten Teilen Europas können in drei Typen unterteilt werden:

- **Typ A-Verordnungen**: Diese Verordnungen decken die grundlegenden Sicherheitskonzepte, Entwurfsprinzipien und allgemeinen Aspekte von Maschinen ab. Ein Beispiel ist die EN ISO 12100, welche allgemeine Entwurfsprinzipien dokumentiert.
- **Typ B-Verordnungen**: Diese Verordnungen stellen grundlegende Sicherheitsstandards und Anforderungen an Schutzausrüstung dar. Hier gibt es wiederum zwei Subtypen: **B1-Verordungen** decken spezifische Sicherheitsaspekte ab, wohingegen **B2-Verordnungen** Normen für Schutzmaterial bei Maschinen beschreiben. Eine B1-Verordnung ist die EN ISO 13855, welche Richtlinien für die Anordnung von Schutzgeräten vorschreibt. EN 953 ist eine B2-Verordnung, die feste Schutzeinrichtungen an Maschinen beschreibt.
- **Typ C-Verordnungen**: Die Verordnungen definieren spezifische Sicherheitsstandards für Maschinen oder Gruppen von Maschinen. Ein Beispiel ist die EN 693, die Normungen für hydraulische Pressen enthält.

8.3   Digitale Sicherheit

Durch die zunehmende digitale Vernetzung der Produktion in heutigen Werken, ist es zunehmend notwendig, die Informationstechnik-Systeme (IT-Systeme) zu sichern. Die Hauptaufgabe der digitalen Sicherheit ist es also, Eindringlinge von außen fernzuhalten und zu verhindern, dass diese unautorisierte Änderungen am System vornehmen. Dieser Vorgang des Eindringens wird oft als **Hacking** bezeichnet und kann Unternehmen großen Schaden zufügen. Beispielsweise können sensible Prozessdaten oder personenbezogene Daten gestohlen oder Einfluss auf den Prozess genommen werden. Darüber hinaus sind rechtliche Probleme aufgrund von Veröffentlichungen bzw. Verteilung von personenbezogenen Daten denkbar.

Digitale Sicherheit kann durch die Vergabe starker Passwörter sowie Antivirus-Software zur Prüfung auf Eindringlinge erreicht werden. Zur Schaffung mehrerer Sicherheitsebenen sollten interagierende Netzwerke verwendet werden. Weiterhin ist es wichtig, Mitarbeitende zu schulen, da digitale Systeme nur so stark sind wie das schwächste Glied in der Kette. Sensibilisierungen, wie beispielsweise bei der Benutzung fremder USB-Speichermedien, tragen oftmals dazu bei, Hacker-Angriffe zu verhindern und das Unternehmen zu schützen.

8.4   Weiterführende Literatur

Nachfolgend wird Literatur angegeben, die zusätzliche Informationen zum jeweiligen Thema bereitstellt:

1) G. D. Ulrich and P. T. Vasudevan (2004). *Chemical Engineering Process Design and Economics: A Practical Guide* (2. Ausg.), Durham, New Hampshire, USA: Process Publishing.
2) Don W. Green (Hrsg.) (2018). *Perry's Chemical Engineers' Handbook.* (85. Ausg.), New York, New York, USA: McGraw-Hill.

8.5   Aufgaben zum Kapitel

Die Aufgaben zum Kapitel bestehen aus zwei verschiedenen Typen: (a) Grundlegende Konzepte (Wahr/Falsch), die das Verständnis des Lesers zu den wesentlichen Inhalten des Kapitels überprüfen; und (b) Übungsaufgaben, die darauf ausgelegt sind, die Fähigkeit des Lesers zu überprüfen, die erforderlichen Größen für einen unkomplizierten Datensatz mit einfachen oder ohne technische Hilfsmittel zu berechnen.

8.5.1 Grundlagen

Stellen Sie fest, ob die folgenden Aussagen wahr oder falsch sind und begründen Sie Ihre Entscheidung!

1) Prozesssicherheit sollte niemals beachtet werden.
2) Eine Gefahrenquelle stellt einen Sachverhalt dar, der ein hohes Potenzial aufweist, Schaden zu verursachen.
3) Ein Kurzschluss ist ein Beispiel einer Gefahrenquelle, die durch das Freiwerden von gespeicherter Energie oder Arbeit ausgelöst wird.
4) Einstürzende Gebäude stellen eine Gefahrenquelle durch freiwerdende kinetische Energie dar.
5) Gefahrenquellen, die nicht eliminiert werden können, sollten isoliert werden.
6) Der Entwurf komplexer Prozesse ist eine geeignete Strategie zur Minimierung von Risiken.
7) Das Prinzip der Ausfallsicherheit besagt, dass ein versagendes System immer in einem sicheren Zustand ankommen sollte.
8) Unter Beachtung des Prinzips der Ausfallsicherheit sollten Ventile im Fehlerfall immer geschlossen werden.
9) Ein PAAG hat das Ziel der Risikoidentifikation und -minimierung.
10) Redundanz bedeutet, dass ein einzelner Temperatursensor für die Prozessüberwachung und -steuerung eingesetzt wird.
11) Die Auswahl einer Vorgehensweise basierend auf einer Zwei-aus-drei-Entscheidung ist ein Beispiel für Redundanz durch Unterschiede.
12) Ein Risiko mit einer Auftrittsfrequenz von mehr als 10 % ist immer Sicherheitsanforderungsstufe 4 zuzuordnen.
13) Ein Risiko mit der Gefährdungseinflussstufe C3 impliziert, dass es nur kleinere Verletzungen auslösen kann.
14) Ein Risiko mit der Abschwächungsstufe P2 besagt, dass eine Abmilderung nicht möglich ist.
15) Ein Risiko mit einer W-Stufe von W3 impliziert, dass der unerwünschte Zustand häufiger als einmal pro Jahr auftritt.
16 In Deutschland decken Typ A-Verordnungen detaillierte Anforderungen an die Sicherheit einer spezifischen Maschine ab.
17) Ein Beispiel für Typ B-Verordnungen ist der Entwurf von Schutzgittern für Maschinen.
18) Ein Beispiel für Typ C-Verordnungen sind die Normen für den Entwurf von chemischen Reaktoren.
19) Die Nutzung von einfachen Passwörtern sowie minimaler digitaler Sicherheit ist eine gute Strategie für einen kritischen chemischen Prozess.

8.5.2   Übungsaufgaben

Diese Aufgaben sollen mit einem einfachen, nicht programmierbaren und nicht grafikfähigen Taschenrechner mithilfe von Stift und Papier gelöst werden.

20) Bestimmen Sie die Sicherheitsanforderungsstufe für die folgenden Risiken:
    a. Ein Risiko, welches zu C2, F1, W2 und P2 gehört.
    b. Ein Risiko, welches zu C3, F2, P1 und W1 gehört.

21) Bestimmen Sie einige der Sicherheitsprobleme, die bei der Produktion der nachfolgend genannten Chemikalien auftreten können. Würden Sie, basierend auf den dargestellten Sicherheitsprinzipien, die Herstellung der Chemikalien durch Start-Ups ohne prozesstechnischen Hintergrund empfehlen? Begründen Sie Ihre Entscheidung.
    a. Acrylnitril (C_3H_3N), hergestellt aus Propen, Ammoniak und Luft.
    b. Propen (C_3H_6), hergestellt aus Ethen und 2-Buten.

22) Führen Sie für den in Abb. 8.2 dargestellten Kompressor ein PAAG aus.

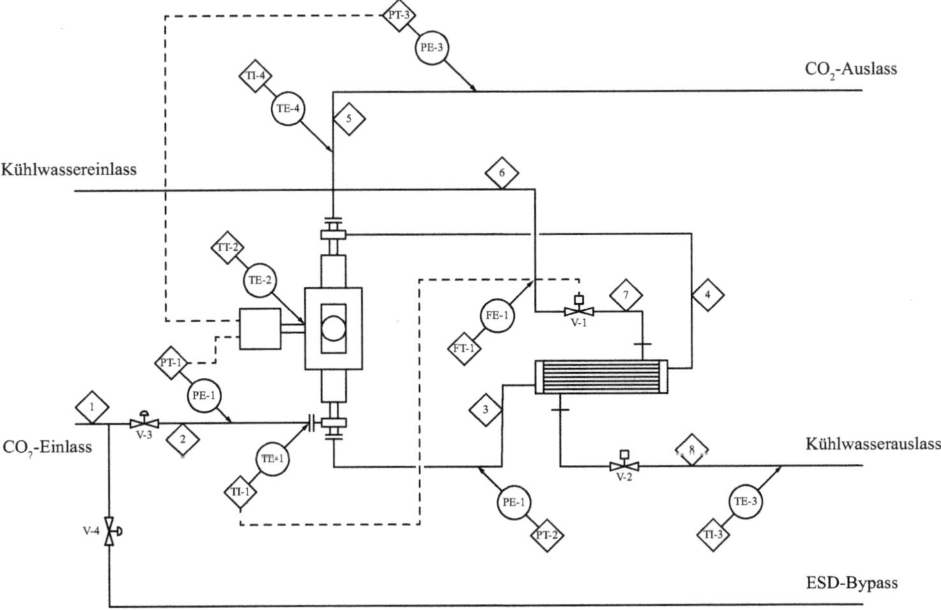

Abb. 8.2   R&ID für eine Kompressor-Einheit

Englisch-Deutsch und Deutsch-Englisch Glossar

9

Dieses Kapitel liefert bidirektionale Übersetzungen für die wichtigsten Konzepte in diesem Buch, da einige Begriffe aus dem Englischen übernommen wurden.

9.1 Englisch-Deutsch Glossar

Englisches Wort	Deutsche Übersetzung
Accepting (marked) state	Akzeptierender Zustand
Access variable (VAR_ACCESS)	Zugriffvariable (VAR_ACCESS)
Accuracy	Richtigkeit, Genauigkeit[1]
Action block	Aktionsblock
Action name (in terms of SFC)	Befehlsname
Actuator	Aktor
Air-to-close	luftschließend
Air-to-open	luftöffnend
Alphabet (in context of automata)	Eingabealphabet (in Kontext von Automaten)
Alternative path (in SFC)	Alternativer Weg
Ampersand (&)	Kaufmanns-UND (&)
Amplitude Ratio (AR)	Amplitudengang
Analogue signal	Analoges Signal
Analogue-to-digital converter	Analog-Digital-Wandler (*oder* -Umsetzer)

---

[1] Im Deutschen wird der Begriff *Genauigkeit* quasi-synonym für die englischen Konzepte *accuracy* und *precision* verwendet. Beide Konzepte müssen erfüllt werden, um einen guten Wert für die *Genauigkeit* zu erhalten.

© Der/die Autor(en), exklusiv lizenziert an Springer-Verlag GmbH, DE, ein Teil von Springer Nature 2026
Y. Shardt und C. Gatermann, *Automatisierungstechnik,*
https://doi.org/10.1007/978-3-662-72649-5_9

Englisches Wort	Deutsche Übersetzung
Array	Feld
Assignment (walrus) operator (:=)	Zuweisung (:=)
Assignment operator (=>)	Zuweisung (=>)
Automation-engineering pyramid	Automatisierungspyramide
Automaton (*pl*: automata)	Automat (*Pl.*: Automaten)[2]
Autoregressive exogenous model (ARX)	Autoregressives Modell mit externen Eingängen (ARX)
Autoregressive Moving Average Exogenous Model (ARMAX)	Autoregressives Moving-Average-Modell (ARMAX)
(Process) Bias	(Prozess)Verzerrung (*oder* Bias)
Bias (in context of control)	Bleibende Regelabweichung
Binary	Binär
Binary signal	Binäres Signal
Bit sequence	Bitfolge
Block diagram	Blockdiagramm
Blocking	Blockierung
Boolean exclusive OR	Boolesches Exklusiv-ODER
(Round) Brackets ()	Runde Klammern ()
Branching	Verzweigung
Bumpless transfer	Stoßfreies Umschalten
Bus	Bus
Calibration	Kalibrierung
Call by reference	Aufruf nach Referenz
Call by value	Aufruf nach Wert
Causal system	Kausales System
Central processing unit (CPU)	Zentrale Verarbeitungseinheit (ZVE)
Characterisation (curve)	Kennlinie
Clock (in automata)	Uhr (für Automaten)
Closed contact	Geschlossener Kontakt
Closed-loop control (regulatory control)	Regelung
Coil	Spule
Colon (:)	Doppelpunkt (:)
Comma (,)	Komma (,)
Command to break a loop	Schleifenabbruch
Commissioning	Inbetriebnahme

---

[2] Dies ist eines der schwachen *n*-Substantive im Deutschen, die die Pluralform auch für alle anderen Fälle im Singular verwenden.

Englisches Wort	Deutsche Übersetzung
Compact state-space representation	Kompakte Zustandsraumdarstellung
Conditional jump	Bedingter Sprung
Conditional return	Bedingter Rücksprung
Configuration	Konfiguration
Conjunction	Konjunktion
Continuous	Stetig; kontinuierlich[3]
Control level	Steuerungsebene
Control valve	Regelventil
Controllable canonical realisation	Regelungsnormalform
Controller	Regler
Controller error	Regelfehler
Controller gain (K_C)	Proportionale Reglerverstärkung (K_C)
Current result	Aktuelles Ergebnis (AE)
Current-to-pressure converter	Strom-zu-Druck-Wandler
Cyclical (in terms of PLCs)	Periodisch
Data historian	Datenhistorie
Data structures	Datenstrukturen
Deadband	Totzone/-bereich
Deadbanding (deadband control)	Weitbereichsregelung
Deadlock	Verklemmung, Deadlock
Deadtime	Totzeit
Decay ratio (*DR*)	Abklingrate (*DR*)
Delay (D)	Verzögert (D)
Delimiter	Begrenzungszeichen
Derivation (in terms of data types)	Ableitung
Derivative kick	Ableitungssprung
Derivative term	Differenzialanteil
Derivative time constant	Vorhaltezeit
Derived data type	Abgeleiteter Datentyp
Deterministic	Deterministisch
Digital signal	Digitales Signal
Digital-to-analogue converter	Digital-Analog-Wandler (*oder* -Umsetzer)
Discrete	diskret
Discrete-event control	Ereignisbasierte Regelung

---

[3] Im Deutschen wird *stetig* genutzt, wenn es um das mathematische Konzept der Kontinuität geht, d. h. keine Lücken enthalten sind. *Kontinuierlich* wird für zeitkontinuierliche Systeme und damit als Gegenteil von *diskreten* Systemen verwendet.

Englisches Wort	Deutsche Übersetzung
Disjunction	Disjunktion
Distributed parameter model	Modell mit verteilten Parametern
Disturbance (variable)	Störung(sgröße)
Disturbance rejection	Störverhalten
Division	Division
Dollar sign ($)	Dollarzeichen ($)
Duality	Dualität
Efficiency	Effizienz
End of line	Zeilenende
Enterprise-resource-planning level	Unternehmensebene
Equality	Gleichheit
Equal-percentage valve	Gleichprozentiges Ventil
Equivalency, Equivalence	Äquivalenz
Erasable programmable ROM (EPROM)	löschbarer, programmierbarer ROM
Ergodic states	ergodische Zustände
Essential prime implicant	Kernprimterm
Exponent	Exponent
External variable (`VAR_EXTERNAL`)	Externe Variable (`VAR_EXTERNAL`)
Falling edge	Fallende Flank
Feedback trim control	Trimmregelung
Feedback variable	Rückkopplungsvariable
Feedforward control	Störgrößenaufschaltung
Field level	Feldebene
Fieldbus	Feldbus
Finite-state automaton	Endlicher Automat
First-order plus deadtime model (FOPDT)	System erster Ordnung mit Totzeitglied (FOPDT-Modell)
Flag (in a PLC)	Markierung, Flag (in SPS)
Floating-point number	Gleitpunktzahl
Flow sensor	Durchflussmessgerät
Function (`FUN`)	Funktion (`FUN`)
Function block (`FB`)	Funktionsbaustein (`FB`)
Function-block language	Funktionsbausteinsprache
Gain	Verstärkung
Gain crossover (ω_g)	Amplitudendurchtritt (ω_g)
Gain margin (GM)	Amplitudenrand (Amplitudenreserve, A_R)
Gain scheduling	arbeitspunktabhängige Verstärkungseinstellung
Gauge pressure	Überdruck
Global variable (`VAR_GLOBAL`)	Globale Variable (`VAR_GLOBAL`)

Englisches Wort	Deutsche Übersetzung
Good manufacturing process (GMP)	Gute Herstellungspraxis
Guard (in terms of SFC)	Wache (für SPS)
Guard (timed automaton)	Bedingung
Hazard-and-operability study (HAZOP)	**P**rognose, **A**uffinden der Ursachen, **A**bschätzen der Auswirkungen, **G**egenmaßnahmen (PAAG-Verfahren)
(Pump) Head	Förderhöhe[4]
Human-machine interface (HMI)	Mensch-Maschine-Schnittstelle (MMS)
Hysteresis	Hysterese
Identifier	Bezeichner
Implicant	Term (Kap. 6)
Implication	Implikation
Impulse response	Impulsantwortmodell
Indicator variable (in terms of SFC)	Kennzeichnung (für Ablaufsprache)
Inequality	Ungleichheit
Inherently safer predesign	Inhärent sicherer Entwurf
Inherently safer predesign (ISPD)	Eigensichere Vorausentwicklung (ISPD)
Input (variable)	Eingang(sgröße)
Input variable (`VAR_INPUT`)	Eingangsvariable (`VAR_INPUT`)
Input-and-output variable (`VAR_IN_OUT`)	Ein- und Ausgangsvariable (`VAR_IN_OUT`)
Input-position control	Eingangs-Positionsregelung
Instruction list (IL)	Anweisungsliste (AL)
Integer	Ganzzahl
Integral term	Integralanteil
Integral time constant	Nachstellzeit
Integral wind-up	Integratoraufwicklung
Integrated time-averaged error (ITAE)	Integrierter zeitgemittelter Fehler (ITAE)
Interlocking	Verzahnung
Invariant	Invariant
Jitter	Zittern, Zeitliches Taktzittern
Jump	Sprung
Karnaugh map (K-map)	Karnaugh-Veitch-Diagramm (KVD)
Keyword	Schlüsselwort
Label	Etikett
Ladder logic (LL)	Kontaktplan (KP)
Language generated by the automaton	Von Automaten erzeugte Sprache

---

[4] Dieser Begriff wird in der deutschsprachigen Literatur typischerweise nicht verwendet. Es existieren jedoch einige Beispiele für seine Verwendung.

Englisches Wort	Deutsche Übersetzung
Language recognised (marked) by the automaton	Von Automaten akzeptierte Sprache
(Time) Length (L)	zeitbegrenzt (L)
Level sensor	Füllstandsensor
Linear	Linear
Link	Link
Literal	Literal
Live zero	Lebender Nullpunkt
Livelock	Livelock
Load	Laden/Last
{FOR, WHILE, REPEAT} Loop	Wiederholungsanweisung {FOR, WHILE, REPEAT}
Lumped-parameter model	Modell mit konzentrierten Parametern
Manipulative variable	Stellgröße
Manometer	Manometer
Manufacturing-execution system (MES)	Produktionsleitsystem
Manufacturing-execution level	Betriebsleitebene
Maxterm	Maxterm
Minterm	Minterm
Minus (−)	Minus (−)
Modulo	Modulo
Multi-input, multi-output system (MIMO)	Mehrgrößensystem
Multi-input, single-output system (MISO)	Mehreingangsgrößen-Einausgangsgrößen-System
Multiplication	Multiplikation
Negated coil	Negierte Spule
Negation	Negation
Negative-transition-sensing coil	Spule mit negativer Flankenerkennung
Negative-transition-sensing contact	Kontakt mit negativer Flankenerkennung
Net positive suction head (NPSH)	Haltedruckhöhe[5]
Noncausal System	Akausales System
Nondeterministic	Nichtdeterministisch
Nonlinear	Nichtlinear
Non-pre-emptive	Nichtunterbrechend
Nonurgent	Nichtdringend

---

[5] Dieses Konzept ist in der deutschsprachigen Literatur typischerweise nicht verankert. Die Übersetzung wird in DIN EN ISO 17769 vorgeschlagen.

Englisches Wort	Deutsche Übersetzung
Not saved (`N`)	Nicht gespeichert (`N`)
Observable (variable)	Beobachtungsgröße
Observable canonical realisation	Beobachtungsnormalform
Observer	Beobachter
Observer gain	Beobachterverstärkung
Octothorpe (#) (also pound sign)	Nummernkreuz, Raute
On demand (in terms of PLCs)	Nichtperiodisch (in SPS)
Open contact	Offener Kontakt
Open-loop control	Steuerung
Open-loop system	Offener Regelkreis
Operand	Operand
Operator	Operator
Output (variable)	Ausgang(sgröße)
Output variable (`VAR_OUTPUT`)	Ausgangsvariable (`VAR_OUTPUT`)
Output-Error Model	Ausgangsfehler-Modell
Overshoot (*OS*)	Überschwingen (*OS*)
Parallel composition	Parallele Komposition
Parallel path	Paralleler Weg/Pfad
PCE category	PCE-Kategorie
PCE processing function	PCE-Verarbeitungsfunktion
Percent (%)	Prozent (%)
Performance (in terms of how well something is/acts)	Leistungsfähigkeit
Period (.)	Punkt (.)
Period of oscillation (*P*)	Periodendauer (*P*)
Periodic state	Periodischer Zustand
Phase crossover (ω_p)	Phasendurchtritt (ω_p)
Phase margin (PM)	Phasenrand (Phasenreserve, φ_R)
Piping-and-instrumentation diagram (P&ID)	Rohrleitungs- und Instrumentenfließschema (R&ID)
Plant-model mismatch	Modellierungsfehler
Plus (+)	Plus (+)
Pointer	Zeiger
Pole (of a transfer function)	Polstelle (einer Übertragungsfunktion)
Positioner (for valves)	Stellungsregler
Positive-transition-sensing coil	Spule mit positiver Flankenerkennung
Positive-transition-sensing contact	Kontakt mit positiver Flankenerkennung[1]
Precision	Wiederholbarkeit/Präzision
Prediction-error model	Vorhersagefehler-Modell

Englisches Wort	Deutsche Übersetzung
Pre-emptive	Unterbrechend
Pressure sensor	Drucksensor
Prime implicant	Primterm
Principle of homogeneity	Homogenitätsprinzip
Principle of superposition	Superpositionsprinzip
Process	Prozess
Process description (in terms of SFC)	Prozessbeschreibung
Process level	Prozessebene
Process-control engineering (PCE)	Prozessleittechnik
Process-control level	Prozessleitebene
Process-flow diagram (PFD)	Verfahrensfließschema, -fließdiagramm (PFD)
Product composition	Produkt-Komposition
Product-of-sums Form (POS)	Konjunktive Normalform (KNF)
Programmable logic controllers (PLC)	Speicherprogrammierbare Steuerung (SPS)
Programme (`PROG`)	Programm (`PROG`)
Programme organisation unit (POU)	Programmorganisationseinheit (POE)
Proportional term	Proportionalanteil
Pulse (`P`)	Puls (`P`)
Pump	Pumpe
Pump characteristic curve	Pumpenkennlinie
Qualifier (in terms of SFC)	Befehlsart
Quick-opening valve	Schnellöffnendes Ventil
Quotation mark (')	Anführungszeichen (')
Random access memory (RAM)	Direktzugriffsspeicher
Range (of a sensor)	Wertebereich (eines Sensors)
Read-only memory (ROM)	Festwertspeicher
Realisability	Realisierbarkeit
Realisation	Normalform
Rejecting state	Nichtakzeptierender Zustand
Reset coil	Rücksetzspule
Resource	Ressource
Return	Rücksprung
Return by value	Rückgabe nach Wert
Rise time, t_r	Anstiegszeit, t_r
Rising edge	Steigende Flank
Robust	Robust
Safety	Sicherheit
Safety-integrity level (SIL)	Sicherheitsanforderungsstufe (SIL)

Englisches Wort	Deutsche Übersetzung
Save	Speichern
Saved (`S`)	Gespeichert (`S`)
Scan (in a PLC)	Scan
Scheduling	Aufgabenplanung
Second-order plus deadtime (SOPDT) model	SOPDT-Modell
Self-loop	Eigenschleife
Semicolon (;)	Semikolon (;)
Sensor	Sensorik
Separation principle	Separationsansatz
Sequential function chart	Ablaufkette
Sequential-function-chart language (SFC)	Ablaufsprache (AS)
Set coil	Setzspule
Setpoint	Referenzwert, Sollwert
Setpoint tracking	Führungsverhalten
Set-reset block	Setz-Rücksetz-Block
Settling time (t_s)	Einschwingzeit (t_s)
Signed integer	Ganzzahl mit Vorzeichen
Simplified internal model control (SIMC)	vereinfachten IMC-Regeln (SIMC)
Single-input, single-output system (SISO)	Eingrößensystem
Slip-jump behaviour	Haftgleiteffekt
Space (as a character)	Leerzeichen
Square brackets []	Eckige Klammern []
Stability	Stabilität
Stable	stabil
State (variable)	Zustand(sgröße)
State-space model	Zustandsmodell
Steady state	Stationärer Zustand
Step	Schritt
Stiction	Haftreibung[6]
String	Zeichenfolge
Structured text (ST)	Strukturierter Text (ST)
Sum-of-products form (SOP)	Disjunktive Normalform (DNF)
Supervisory control	Überwachungssteuerung
Supervisory, control, and data acquisition (SCADA)	Systeme zur Überwachung, Steuerung und Datenerfassung (SCADA)

---

[6] Dieser Term übersetzt das Konzept von *static friction*, wie es in der Physik verwendet wird. Die ingenieurtechnische Interpretation weicht leicht von der Physik ab.

Englisches Wort	Deutsche Übersetzung
System	System
System with memory	Dynamisches System
System without memory (memoryless system)	Statisches System
Task	Aufgabe
Temperature sensor	Temperaturmessgerät
Thermocouple	Thermoelement
Time	Zeit
Time constant	Zeitkonstante[7]
Time delay	Totzeit
Time to first peak (t_p)	Zeit bis zum ersten Maximum (t_p)
Timed automaton	Zeitbewerteter Automat
Time-invariant	Zeitinvariant
Time-varying	Zeitvariant
Timing diagram	Impulsdiagramm (oder Zeitablaufdiagramm)
Token (active attribute)	Token (Aktiv-Attribut)
Track	Schiene
Transducer	Wandler
Transfer function	Übergangsfunktion
Transient	Transient
Transient states	Transiente Zustände
Transition	Übergang
Transition condition	Übergangsbedingung
Transition function	Übergangsfunktion
Truth table	Wahrheitstabelle
Type definition	Typdefinition
Unary	Unitär
Universal accumulator	Universeller Akkumulator
Unsigned integer	Ganzzahl ohne Vorzeichen
Unstable	Instabil
Urgent	Dringend
Vacuum (pressure)	Unterdruck
Value	Wert
Valve	Ventil
Valve stem	Ventilstempel
Variable (VAR)	Variable (VAR)

---

[7] In älterer deutscher Literatur wird auch der Begriff *Verzögerungszeit* verwendet. Dies sollte vermieden werden, um Klarheit über das Diskussionsthema zu schaffen.

Englisches Wort	Deutsche Übersetzung
Watchdog (in a PLC)	Watchdog
Word (in context of automata)	Wort (im Kontext von Automaten)
Zero (of a transfer function)	Nullstelle (einer Übertragungsfunktion)

9.2 Deutsch-Englisch Glossar

Deutsche Übersetzung	Englisches Wort
Abgeleiteter Datentyp	Derived data type
Abklingrate (DR)	Decay ratio (DR)
Ablaufkette	Sequential function chart
Ablaufsprache (AS)	Sequential-function-chart language (SFC)
Ableitung (für Datentype)	Derivation (in terms of data types), Type definition
Ableitungssprung	Derivative kick
Akausales System	Noncausal System
Aktionsblock	Action block
Aktor	Actuator
Aktuelles Ergebnis (AE)	Current result
Akzeptierender Zustand	Accepting (marked) state
Alternativer Weg	Alternative path (in SFC)
Amplitudendurchtritt (ω_g)	Gain crossover (ω_g)
Amplitudengang (AR)	Amplitude Ratio(AR)
Amplitudenrand (Amplitudenreserve, A_R)	Gain margin (GM)
Analog-Digital-Wandler (*oder* -Umsetzer)	Analogue-to-digital converter
Analoges Signal	Analogue signal
Anführungszeichen (')	Quotation mark (')
Anstiegszeit (t_r)	Rise time (t_r)
Anweisungsliste (AL)	Instruction list (IL)
Äquivalenz	Equivalency, Equivalence
Arbeitspunktabhängige Verstärkungseinstellung	Gain scheduling
Aufgabe	Task
Aufgabenplanung	Scheduling
Aufruf nach Referenz	Call by reference
Aufruf nach Wert	Call by value
Ausgang(sgröße)	Output (variable)
Ausgangsfehler-Modell	Output-Error Model

Deutsche Übersetzung	Englisches Wort
Ausgangsvariable (`VAR_OUTPUT`)	Output variable (`VAR_OUTPUT`)
Automat (*Pl.*: Automaten)	Automaton (*pl*: automata)
Automatisierungspyramide	Automation-engineering pyramid
Autoregressives Modell mit externen Eingängen (ARX)	Autoregressive exogenous model(ARX)
Autoregressives Moving-Average-Modell (ARMAX)	Autoregressive Moving Average Exogenous Model(ARMAX)
Bedingter Rücksprung	Conditional return
Bedingter Sprung	Conditional jump
Bedingung	Guard (timed automaton)
Befehlsart	Qualifier (in terms of SFC)
Befehlsname	Action name (in terms of SFC)
Begrenzungszeichen	Delimiter
Beobachter	Observer
Beobachterverstärkung	Observer gain
Beobachtungsgröße	Observable (variable)
Beobachtungsnormalform	Observable canonical realisation
Betriebsleitebene	Manufacturing-execution level
Bezeichner	Identifier
Binär	Binary
Binäres Signal	Binary signal
Bitfolge	Bit sequence
Bleibende Regelabweichung	Bias (in context of control)
Blockdiagramm	Block diagram
Blockierung	Blocking
Boolesches Exklusiv-ODER	Boolean exclusive OR
Bus	Bus
Datenhistorie	Data historian
Datenstrukturen	Data structures
Deterministisch	Deterministic
Differenzialanteil	Derivative term
Digital-Analog-Wandler (*oder* -Umsetzer)	Digital-to-analogue converter
Digitales Signal	Digital signal
Direktzugriffsspeicher	Random access memory (RAM)
Disjunktion	Disjunction
Disjunktive Normalform (DNF)	Sum-of-products form (SOP)
Diskret	Discrete
Division	Division
Dollarzeichen ($)	Dollar sign ($)

Deutsche Übersetzung	Englisches Wort
Doppelpunkt (:)	Colon (:)
Dringend	Urgent
Drucksensor	Pressure sensor
Dualität	Duality
Durchflussmessgerät	Flow sensor
Dynamisches System	System with memory
Eckige Klammern []	Square brackets []
Effizienz	Efficiency
Eigenschleife	Self-loop
Eigensichere Vorausentwicklung (ISPD)	Inherently safer predesign (ISPD)
Ein- und Ausgangsvariable (VAR_IN_OUT)	Input-and-output variable (VAR_IN_OUT)
Eingabealphabet (in Kontext von Automaten)	Alphabet (in context of automata)
Eingang(sgröße)	Input (variable)
Eingangs-Positionsregelung	Input-position control
Eingangsvariable (VAR_INPUT)	Input variable (VAR_INPUT)
Eingrößensystem	Single-input, single-output system (SISO)
Einschwingzeit (t_s)	Settling time (t_s)
Endlicher Automat	Finite-state automaton
Ereignisbasierte Regelung	Discrete-event control
Ergodische Zustände	Ergodic states
Etikett	Label
Exponent	Exponent
Externe Variable (VAR_EXTERNAL)	External variable (VAR_EXTERNAL)
Fallende Flank	Falling edge
Feld	Array
Feldbus	Fieldbus
Feldebene	Field level
Festwertspeicher	Read-only memory (ROM)
Flag (in SPS)	Flag (in a PLC)
FOPDT-Modell	First-order plus deadtime model (FOPDT)
Förderhöhe	(Pump) Head
Führungsverhalten	Setpoint tracking
Füllstandsensor	Level sensor
Funktion (FUN)	Function (FUN)
Funktionsbaustein (FB)	Function block (FB)
Funktionsbausteinsprache	Function-block language
Ganzzahl	Integer
Ganzzahl mit Vorzeichen	Signed integer

Deutsche Übersetzung	Englisches Wort
Ganzzahl ohne Vorzeichen	Unsigned integer
Genauigkeit	Accuracy
Geschlossener Kontakt	Closed contact
Gespeichert (S)	Saved (S)
Gleichheit	Equality
Gleichprozentiges Ventil	Equal-percentage valve
Gleitpunktzahl	Floating-point number
Globale Variable (VAR_GLOBAL)	Global variable (VAR_GLOBAL)
Gute Herstellungspraxis (GMP)	Good manufacturing process (GMP)
Haftgleiteffekt	Slip-jump behaviour
Haftreibung	Stiction
Haltedruckhöhe	Net positive suction head (NPSH)
Homogenitätsprinzip	Principle of homogeneity
Hysterese	Hysteresis
Implikation	Implication
Impulsantwortmodell	Impulse-response model
Impulsdiagramm (oder Zeitablaufdiagramm)	Timing diagram
Inbetriebnahme	Commissioning
Inhärent sicherer Entwurf	Inherently safer predesign
Instabil	Unstable
Integralanteil	Integral term
Integratoraufwicklung	Integral wind-up
Integrierter zeitgemittelter Fehler (ITAE)	Integrated time-averaged error (ITAE)
Invariant	Invariant
Kalibrierung	Calibration
Karnaugh-Veitch-Diagramm (KVD)	Karnaugh map (K-map)
Kaufmanns-UND (&)	Ampersand (&)
Kausales System	Causal system
Kennlinie	Characterisation (curve)
Kennzeichnung (für Ablaufsprache)	Indicator variable (in terms of SFC)
Kernprimterm	Essential prime implicant
Komma (,)	Comma (,)
Kompakte Zustandsraumdarstellung	Compact state-space representation
Konfiguration	Configuration
Konjunktion	Conjunction
Konjunktive Normalform (KNF)	Product-of-sums Form (POS)
Kontakt mit negativer Flankenerkennung	Negative-transition-sensing contact
Kontakt mit positiver Flankenerkennung	Positive-transition-sensing contact

Deutsche Übersetzung	Englisches Wort
Kontaktplan (KP)	Ladder logic (LL)
Kontinuierlich	Continuous
Laden	Load
Lebender Nullpunkt	Live zero
Leerzeichen	Space (as a character)
Leistungsfähigkeit	Performance (in terms of how well something is/acts)
Linear	Linear
Link	Link
Literal	Literal
Livelock	Livelock
Löschbarer, programmierbarer ROM	Erasable programmable ROM (EPROM)
Luftöffnend	Air-to-open
Luftschließend	Air-to-close
Manometer	Manometer
Markierung (in SPS)	Flag (in a PLC)
Maxterm	Maxterm
Mehreingangsgrößen-Einausgangsgrößen-System	Multi-input, single-output system (MISO)
Mehrgrößensystem	Multi-input, multi-output system (MIMO)
Mensch-Maschine-Schnittstelle (MMS)	Human-machine interface (HMI)
Minterm	Minterm
Minus (−)	Minus (−)
Modell mit konzentrierten Parametern	Lumped-parameter model
Modell mit verteilten Parametern	Distributed parameter model
Modellierungsfehler	Plant-model mismatch
Modulo	Modulo
Multiplikation	Multiplication
Nachstellzeit	Integral time constant
Negation	Negation
Negierte Spule	Negated coil
Nicht gespeichert (N)	Not saved (N)
Nichtakzeptierender Zustand	Rejecting state
Nichtdeterministisch	Nondeterministic
Nichtdringend	Nonurgent
Nichtlinear	Nonlinear
Nichtperiodisch (in SPS)	On demand (in terms of PLCs)
Nichtunterbrechend	Non-pre-emptive
Normalform	Realisation

Deutsche Übersetzung	Englisches Wort
Nullstelle (einer Übertragungsfunktion)	Zero (of a transfer function)
Nummernkreuz (#)	Octothorpe (#) (also pound sign)
Offener Kontakt	Open contact
Offener Regelkreis	Open-loop system
Operand	Operand
Operator	Operator
PAAG-Verfahren	Hazard-and-operability study (HAZOP)
Parallele Komposition	Parallel composition
Paralleler Weg	Parallel path
PCE-Kategorie	PCE category
PCE-Verarbeitungsfunktion	PCE processing function
Periodendauer (P)	Period of oscillation (P)
Periodisch	Cyclical (in terms of PLCs)
Periodischer Zustand	Periodic state
Phasendurchtritt (ω_p)	Phase crossover (ω_p)
Phasenrand (Phasenreserve, φ_R)	Phase margin (PM)
Plus (+)	Plus (+)
Polstelle (einer Übertragungsfunktion)	Pole (of a transfer function)
Präzision	Precision
Primterm	Prime implicant
Produktionsleitsystem	Manufacturing execution System (MES)
Produkt-Komposition	Product composition
Programm (PROG)	Programme (PROG)
Programmorganisationseinheit (POE)	Programme organisation unit (POU)
Proportionalanteil	Proportional term
Proportionale Reglerverstärkung (K_C)	Controller gain (K_C)
Prozessbeschreibung	Process description (in terms of SFC)
Prozent (%)	Percent (%)
Prozess	Process
Prozessebene	Process level
Prozessleitebene	Process-control level
Prozessleittechnik (PCE)	Process-control engineering (PCE)
Puls (P)	Pulse (P)
Pumpe	Pump
Pumpenkennlinie	Pump characteristic curve
Punkt (.)	Period (.)
Realisierbarkeit	Realisability
Referenzwert, Sollwert	Setpoint

Deutsche Übersetzung	Englisches Wort
Regelfehler	Controller error
Regelung	Closed-loop control (regulatory control)
Regelungsnormalform	Controllable canonical realisation
Regelventil	Control valve
Regler	Controller
Ressource	Resource
Richtigkeit	Accuracy
Robust	Robust
Rohrleitungs- und Instrumentenfließschema (R&ID)	Piping-and-instrumentation diagram (P&ID)
Rückgabe nach Wert	Return by value
Rückkopplungsvariable	Feedback variable
Rücksetzspule	Reset coil
Rücksprung	Return
Runde Klammern	(Round) Brackets ()
Scan	Scan (in a PLC)
Schiene	Track
Schleifenabbruch	Command to break a loop
Schlüsselwort	Keyword
Schnellöffnendes Ventil	Quick-opening valve
Schritt	Step
Semikolon (;)	Semicolon (;)
Sensorik	Sensor
Separationsansatz	Separation principle
Setz-Rücksetz-Block	Set-reset block
Setzspule	Set coil
Sicherheit	Safety
Sicherheitsanforderungsstufe (SIL)	Safety-integrity level (SIL)
SOPDT-Modell	Second-order plus deadtime (SOPDT) model
Speichern	Save
Speicherprogrammierbare Steuerung (SPS)	Programmable logic controllers (PLC)
Sprung	Jump
Spule	Coil
Spule mit negativer Flankenerkennung	Negative-transition-sensing coil
Spule mit positiver Flankenerkennung	Positive-transition-sensing coil
stabil	Stable
Stabilität	Stability
Stationärer Zustand	Steady state

Deutsche Übersetzung	Englisches Wort
Statisches System	System without memory (memoryless system)
Steigende Flank	Rising edge
Stellgröße	Manipulative variable
Stellungsregler (für Ventile)	Positioner (for valves)
Stetig	Continuous
Steuerung	Open-loop control
Steuerungsebene	Control level
Störung(sgröße)	Disturbance (variable)
Störverhalten	Disturbance rejection
Stoßfreies Umschalten	Bumpless transfer
Strom-zu-Druck-Wandler	Current-to-pressure converter
Strukturierter Text (ST)	Structured text (ST)
Superpositionsprinzip	Principle of superposition
System	System
Systeme zur Überwachung, Steuerung und Datenerfassung (SCADA)	Supervisory, control, and data acquisition (SCADA)
Temperaturmessgerät	Temperature sensor
Term (Kap. 6)	Implicant
Thermoelement	Thermocouple
Token (Aktiv-Attribut)	Token (active attribute)
Totzeit	Deadtime, time delay
Totzone/-bereich	Deadband
Transient	Transient
Transiente Zustände	Transient states
Trimmregelung	Feedback trim control
Typdefinition	Derivation (in terms of data types), Type definition
Überdruck	Gauge pressure
Übergang	Transition
Übergangsbedingung	Transition condition
Übergangsfunktion	Transfer function
Übergangsfunktion	Transition function
Überschwingen (*OS*)	Overshoot (*OS*)
Überwachungssteuerung	Supervisory control
Uhr (für Automaten)	Clock (in automata)
Ungleichheit	Inequality
Unitär	Unary
Universeller Akkumulator	Universal accumulator
Unterbrechend	Pre-emptive

Deutsche Übersetzung	Englisches Wort
Unterdruck	Vacuum (pressure)
Unternehmensebene	Enterprise-resource-planning level
Variable (VAR)	Variable (VAR)
Ventil	Valve
Ventilstempel	Valve stem
Vereinfachten IMC-Regeln (SIMC)	Simplified internal model control (SIMC)
Verfahrensfließschema, -fließdiagramm (PFD)	Process-flow diagram (PFD)
Verklemmung, Deadlock	Deadlock
Verstärkung	Gain
Verzahnung	Interlocking
(Prozess)Verzerrung	(Process) Bias
Verzögert (D)	Delay (D)
Verzweigung	Branching
Von Automaten akzeptierte Sprache	Language recognised (marked) by the automaton
Von Automaten erzeugte Sprache	Language generated by the automaton
Vorhaltezeit	Derivative time constant
Vorhersagefehler-Modell	Prediction-error model
Störgrößenaufschaltung	Feedforward control
Wache (für SPS)	Guard (in terms of SFC)
Wahrheitstabelle	Truth table
Wandler	Transducer
Watchdog	Watchdog (in a PLC)
Weitbereichsregelung	Deadbanding (deadband control)
Wert	Value
Wertebereich (eines Sensors)	Range (of a sensor)
Wiederholbarkeit	Precision
Wiederholungsanweisung {FOR, WHILE, REPEAT}	{FOR, WHILE, REPEAT} Loop
Wort (in Kontext von Automaten)	Word (in context of automata)
Zeichenfolge	String
Zeiger	Pointer
Zeilenende	End of line
Zeit	Time
Zeit bis zum ersten Maximum (t_p)	Time to first peak, (t_p)
Zeitablaufdiagramm	Timing diagram
Zeitbegrenzt (L)	(Time) Length (L)
Zeitbewerteter Automat	Timed automaton
Zeitinvariant	Time-invariant

Deutsche Übersetzung	Englisches Wort
Zeitkonstante[8]	Time constant
Zeitliches Taktzittern	Jitter
Zeitvariant	Time-varying
Zentrale Verarbeitungseinheit (ZVE)	Central processing unit(CPU)
Zittern	Jitter
Zugriffvariable (VAR_ACCESS)	Access variable (VAR_ACCESS)
Zustand(sgröße)	State (variable)
Zustandsmodell	State-space model
Zuweisung (:=)	Assignment (walrus) operator (:=)
Zuweisung (=>)	Assignment operator (=>)

---

[8] In älterer deutscher Literatur wird auch der Begriff *Verzögerungszeit* verwendet. Dies sollte vermieden werden, um Klarheit über das Diskussionsthema zu schaffen.

Partialbruchzerlegung

Sollen im Frequenzbereich gelöste Gleichungen in eine Lösung im Zeitbereich überführt werden, kann die Anwendung der **Partialbruchzerlegung** hilfreich sein. Es gibt viele verschiedene Ansätze für die Durchführung der Partialbruchzerlegung, wobei der im Folgenden gezeigte Ansatz eine einfache Lösungsvariante aufzeigt. Betrachten wir eine rationale Funktion der Form:

$$\frac{N(s)}{D(s)} = \frac{N(s)}{\prod_{i=1}^{n_l} (\alpha_i s + \beta_i)^{n_i} \prod_{j=1}^{n_q} \left(\alpha_j s^2 + \beta_j s + \gamma_j\right)^{n_j}} \tag{1}$$

Die Anzahl der streng linearen Terme ist gegeben durch n_l, n_q ist die Anzahl der streng irreduziblen quadratischen Terme (diese weisen komplexe Lösungen auf) und α, β und γ sind bekannte Konstanten. Sei n die Ordnung des Gesamtsystems. Zur Durchführung der Partialbruchzerlegung nutzen wir die folgenden Brüche in Abhängigkeit der Form der Wurzel:

1) Für jeden linearen Term $(\alpha s + \beta)^n$ setzen wir $\sum_{k=1}^{n} \frac{B_k}{(\alpha s + \beta)^k}$.

2) Für jeden irreduziblen quadratischen Term $(\alpha s^2 + \beta s + \gamma)^m$ setzen wir $\sum_{k=1}^{m} \frac{A_k + B_k s}{(\alpha s^2 + \beta s + \gamma)^k}$.

Nachdem wir die Form der Lösung der Partialbruchzerlegung erhalten haben, müssen wir die unbekannten Parameter bestimmen. Zuerst führen wir eine Kreuzmultiplikation der Brüche aus, um diese auf denselben Nenner zu bringen. Die Lösung für die unbekannten Parameter erfolgt durch Gleichsetzen mit dem bekannten Nenner $N(s)$. Der einfachste Ansatz für die Lösung ist der Folgende:

1) Für jeden linearen Term setzen wir $s = -\beta / \alpha$, um B_n der linearen Terme zu erhalten.

   Dies reduziert die Gleichung auf $B_n \prod_{i=1}^{n_l} (\alpha_i s + \beta_i)^{n_i} \prod_{j=1}^{n_q} \left(\alpha_j s^2 + \beta_j s + \gamma_j\right)^{n_j} = N(S)$,

   wobei wir die entsprechende Wurzel auswerten.

© Der/die Herausgeber bzw. der/die Autor(en), exklusiv lizenziert an Springer-Verlag GmbH, DE, ein Teil von Springer Nature 2026
Y. A. W. Shardt und C. Gatermann, *Automatisierungstechnik*,
https://doi.org/10.1007/978-3-662-72649-5

2) Für jeden quadratischen Term setzen wir s gleich den imaginären Wurzeln. Dies reduziert die Gleichung auf eine einfachere Form und erlaubt die Lösung nach A_n und B_n.

Für die verbleibenden Terme erstellen wir ein Gleichungssystem, indem wir verschiedene Werte für s wählen und mit den bekannten Termen auswerten. So können wir die verbleibenden $n - n_l - 2n_q$ Unbekannten bestimmen. Wir benötigen dafür $n - n_l - 2n_q$ Gleichungen, um die verbleibenden Terme zu finden.

Beispiel A.1: Partialbruchzerlegung
Betrachten wir den folgenden Bruch:

$$\frac{3s + 1}{(s + 2)(s + 1)^2(s^2 + 1)} \tag{2}$$

Für diesen wollen wir die Partialbruchzerlegung bestimmen.
Lösung
Zunächst müssen wir die allgemeine Form des Bruchs aufschreiben. Dazu nutzen wir die obigen Regeln für alle Terme im Nenner. Das ergibt

$$\frac{A}{s + 2} + \frac{B}{s + 1} + \frac{C}{(s + 1)^2} + \frac{Ds + E}{s^2 + 1} \tag{3}$$

Für die Terme $s + 2$ und $s + 1$ gibt es nur eine einzige Komponente, denn ihr Exponent ist 1. Für den mittleren Term $(s + 1)2$ gibt es zwei Terme, da der Exponent in diesem Fall 2 ist. Für die linearen Terme verwenden wir einen konstanten Term im Zähler des Partialbruchs, während wir für den quadratischen Term einen linearen Term mitberücksichtigen.

Im nächsten Schritt bestimmen wir die Konstanten im Zähler. Bevor wir dies tun, führen wir die Kreuzmultiplikation aus, um eine allgemeine Form des Zählers zu erhalten.

$$A(s + 1)^2(s^2 + 1) + B(s + 2)(s + 1)(s^2 + 1) + C(s + 2)(s^2 + 1)$$
$$+ (Ds + E)(s + 2)(s + 1)^2 = 3s + 1 \tag{4}$$

Wie bereits erwähnt sehen wir, dass $s = -1$ oder $s = -2$ alle Terme bis auf einen ausmerzen wird. Dies erlaubt uns eine einfache Berechnung dieses Terms und ergibt für $s = -1$

$$C(-1 + 2)\left((-1)^2 + 1\right) = 3(-1) + 1$$
$$C = \frac{-2}{2} = -1 \tag{5}$$

Genauso erhalten wir für $s = -2$

$$A(-2+1)^2\big((-2)^2+1\big) = 3(-2)+1$$

$$A = \frac{-5}{5} = -1 \tag{6}$$

Für den quadratischen Term setzen wir $s = \pm j$, was uns ein lineares Gleichungssystem mit zwei Unbekannten (D und E) gibt. Die Lösung nach D und E ergibt

$$\begin{cases} (Dj+E)(j+2)(j+1)^2 = 3j+1 \\ (-Dj+E)(-j+2)(-j+1)^2 = -3j+1 \end{cases} \tag{7}$$

Schieben wir alle konstanten Terme nach rechts, erhalten wir

$$\begin{cases} Dj+E = 0{,}5 - 0{,}5j \\ -Dj+E = 0{,}5 + 0{,}5j \end{cases} \tag{8}$$

Die Summation der beiden Gleichungen ergibt $E = (0{,}5+0{,}5)/2 = 0{,}5$. Daraus folgt, dass $D = -0{,}5$. Diese beiden Gleichungen sind immer die komplexe Konjugation voneinander, was uns die Lösung insofern erleichtert, dass wir nur noch eine der beiden Gleichungen lösen müssen und die zweite Lösung durch Konjugation erhalten.

Das verbleibende B kann durch Setzen von s auf einen zufälligen, bisher noch nicht verwendeten, Wert und Einsetzen in Gl. (4) gefunden werden. Dabei setzen wir die bekannten Konstanten ein und s in diesem Fall gleich null.

$$-1(1)^2(1) + B(2)(1)(1) - 1(2)(1) + (0{,}5)(2)(1)^2 = 1$$

$$B = \frac{3}{2} = 1{,}5 \tag{9}$$

Offensichtlich haben wir eine korrekte Lösung gefunden, wenn der Zähler aus Gl. (4) erfüllt ist. Dies können wir mit unserer Lösung nachprüfen.

Literatur

Åström, K. J., & Hägglund, T. (1995). *PID controllers: Theory, design, and tuning* (2. Aufl.). Instrument Society of America.

Bindel, T., & Hofmann, D. (2016). *R&I-Fließschema.* Springer Vieweg. https://doi.org/10.1007/978-3-658-15559-9

Carroll, J., & Long, D. (1989). *Theory of Finite Auotmata with an Introduction to Formal Languages.* Prentice-Hall.

Cassandras, C. G., & Lafortune, S. (2008). *Introduction to Discrete Event Systems* (2. Aufl.). Springer.

El Attar, R. (2004). *Lecture notes on Z-Transform.* Lulu Press.

Green, D. W. (Hrsg.). (2018). *Perry's Chemical Engineers' Handbook* (85. Aufl.). McGraw-Hill.

Gustav, D. (1976). *Einführung in Theorie und Anwendung der Laplace-Transfomration.* Springer.

Halmos, P., & Givant, S. (2009). *Introduction to Boolean Algebras.* Springer.

John, K.-H., & Tiegelkamp, M. (2009). *SPC-Programmierung mit IEC 61131-3: Konzepte und Programmiersprachen, Anforderungeng an Programmiersysteme, Entscheidungshilfen* (2. Aufl.). Springer.

Kreyszig, E. (2011). *Advanced Engineering Mathematics* (10. Aufl.). Wiley.

Liu, L., Tian, S., Xue, D., Zhang, T., & Chen, Y. (2019). Industrial feedforward control technology: A review. *Journal of Intelligent Manufacturing, 30,* 2819–2833.

Lundberg, K. H., Miller, H. R., & Trumper, D. L. (2007). Initial Conditions, Generalizerd Functions, and the Laplace Transform: Troubles at the Origin. *IEEE Control Systems Magazine, 27*(1), 22–35. https://doi.org/10.1109/MCS.2007.284506

Lunze, J. (kein Datum). *Regelungstechnik 1 und 2.* Springer.

Ogata, K. (1995). *Discrete-time control systems* (2. Aufl.). Upper Saddle River, New Jersey, USA: Prentice-Hall.

Rawlings, J. B., Mayne, D. Q., & Diehl, M. M. (2017). *Model Predictive Control: Theory, Computation, and Design* (2. Aufl.). Nob Hill Publishing.

Seborg, D. E., Edgar, T. F., Mellichamp, D. A., & Doyle, F. J. (2011). *Process Dyanamics and Control* (3. Aufl.). John Wiley & Sons, Inc.

Shardt, Y. A. (2012). Data Quality Assessment for Closed-Loop System Identification and Forecasting with Application to Soft Sensors. University of Alberta. http://hdl.handle.net/10402/era.29018

Shardt, Y. A., Zhao, Y., Qi, F., Lee, K. H., Yu, X., Huang, B., & Shah, S. (April 2012). Determining the State of a Process Control System: Current Trends and Future Challenges. *Canadian Journal of Chemical Engineering, 217–245*, https://doi.org/10.1002/cjce.20653

Shoukat Choudhury, M. A., Thornhill, N. F., & Shah, S. L. (2005). Modelling valve stiction. *Control Engineering Practice*, 641–658.

Skogestad, S. (2023). Advanced control using decomposition and simple elements. *Annual Reviews in Control, 56*, Article 100903. https://doi.org/10.1016/j.arcontrol.2023.100903

Sontag, E. D. (1998). *Mathematical Control Theory: Deterministic Finite Dimensional Systems.* Springer.

Toghraei, M. (2019). *Piping and Instrumentation Diagram Development.* Wiley.

Ulrich, G. D., & Vasudevan, P. T. (2004). *Chemical Engineering Process Design and Economics: A Practical Guide.* (Second, Hrsg.). Process Publishing.

Unbehauen, H. (kein Datum). *Regelungstechnik I, II und III.* Springer.

Visioli, A. (2006). *Practical PID control.* Springer-Verlag, London Limited.

Stichwortverzeichnis

© Der/die Herausgeber bzw. der/die Autor(en), exklusiv lizenziert an Springer-Verlag GmbH, DE, ein Teil von Springer Nature 2026

Y. A. W. Shardt und C. Gatermann, *Automatisierungstechnik,*

https://doi.org/10.1007/978-3-662-72649-5